高等学校文科教材

经济应用数学基础（三）

# 概率论与数理统计

## （修订本）

袁荫棠 编

中国人民大学出版社

# 再 版 说 明

  《概率论与数理统计》是原教育部委托中国人民大学经济信息管理系赵树嫄教授主编的高等学校文科教材《经济应用数学基础》的第三册。它介绍了初等概率论的基本知识及数理统计的一些方法，同时还对马尔可夫链作了简单介绍。

  这次修订，对初版编写与排印中的疏漏进行了修正，并对个别章节进行了重写，调整了各章部分习题，还在书后增补了选择题。目录中带有"＊"号的章节，不同专业可视教学需要与学时安排略去不讲。

  本书第一版由赵树嫄主编，袁荫棠编写，陈家鼎、杨海明、严颖等参加了审阅和校对。第二版仍由袁荫棠编写，赵树嫄主编。参加审阅的还有杨海明和严颖等。

  由于我们水平有限，书中难免有不妥之处，欢迎读者批评指正。

**编　者**
1989 年 12 月

# 目　录

# 第一章　随机事件及其概率

## §1.1　随机事件

概率论与数理统计是一门研究随机现象量的规律性的数学学科,是近代数学的重要组成部分,同时也是近代经济理论的应用与研究的重要数学工具。

为了研究随机现象,就要对客观事物进行观察。观察的过程称为试验。概率论里所研究的试验具有下列特点:

(1)在相同的条件下试验可以重复进行;

(2)每次试验的结果具有多种可能性,而且在试验之前可以明确试验的所有可能结果;

(3)在每次试验之前不能准确地预言该次试验将出现哪一种结果。

### (一)随机事件的概念

在概率论中,将试验的结果称为事件。

每次试验中,可能发生也可能不发生,而在大量试验中具有某种规律性的事件称为随机事件(或偶然事件),简称为事件。通常用大写拉丁字母 $A$、$B$、$C$ 等表示。在随机事件中,有些可以看成是由某些事件复合而成的,而有些事件则不能分解为其它事件的组合。这种不能分解成其它事件组合的最简单的随机事件称为基本事件。例如,掷一颗骰子的试验中,其出现的点数,"1 点"、"2 点"、…、

"6点"都是基本事件。"奇数点"也是随机事件,但它不是基本事件。它是由"1点"、"3点"、"5点"这三个基本事件组成的,只要这三个基本事件中的一个发生,"奇数点"这个事件就发生。

每次试验中一定发生的事件称为必然事件,用符号 $\Omega$ 表示。每次试验中一定不发生的事件称为不可能事件,用符号 $\Phi$ 表示。例如,在上面提到的掷骰子试验中,"点数小于7"是必然事件。"点数不小于7"是不可能事件。

应该指出:必然事件与不可能事件有着紧密的联系。如果每次试验中,某一个结果必然发生(如"点数小于7"),那么这个结果的反面(即"点数不小于7")就一定不发生;不论必然事件、不可能事件,还是随机事件,都是相对于一定的试验条件而言的,如果试验的条件变了,事件的性质也会发生变化。比如,掷两颗骰子时,"点数总和小于7"是随机事件,而掷10颗骰子时,"点数总和小于7"就是不可能事件。概率论所研究的都是随机事件,为讨论问题方便,将必然事件 $\Omega$ 及不可能事件 $\Phi$ 作为随机事件的两个极端情况。

### (二)事件的集合与图示

研究事件间的关系和运算,应用点集的概念和图示方法比较容易理解,也比较直观。

对于试验的每一个基本事件,用只包含一个元素 $\omega$ 的单点集合 $\{\omega\}$ 表示;由若干个基本事件复合而成的事件,用包含若干个相应元素的集合表示;由所有基本事件对应的全部元素组成的集合称为样本空间。由于任何一次试验的结果必然出现全部基本事件之一,这样,样本空间作为一个事件是必然事件,仍以 $\Omega$ 表示。每一个基本事件所对应的元素称为样本空间的样本点。因而,可以把随机事件定义为样本点的某个集合。称某事件发生,就是当且仅当属于该集合的某一个样本点在试验中出现。不可能事件就是空集

2

∅。必然事件就是样本空间 $\Omega$。于是事件间的关系和运算就可以用集合论的知识来解释。

为了直观,人们还经常用图形表示事件。一般地,用平面上某一个方(或矩)形区域表示必然事件,该区域内的一个子区域表示事件。

## (三)事件间的关系及其运算

1. 事件的包含

如果事件 $A$ 发生必然导致事件 $B$ 发生,即属于 $A$ 的每一个样本点也都属于 $B$,则称事件 $B$ 包含事件 $A$,或称事件 $A$ 含于事件 $B$。记作

$$B \supset A \quad 或 \quad A \subset B$$

$B \supset A$ 的一个等价说法是:如果 $B$ 不发生,必然导致 $A$ 也不会发生。显然对于任何事件 $A$,有

$$\Phi \subset A \subset \Omega$$

2. 事件的相等

如果事件 $A$ 包含事件 $B$,事件 $B$ 也包含事件 $A$,称事件 $A$ 与 $B$ 相等。即 $A$ 与 $B$ 中的样本点完全相同。记作

$$A = B$$

3. 事件的并(和)

两个事件 $A$、$B$ 中至少有一个发生,即"$A$ 或 $B$",是一个事件,称为事件 $A$ 与 $B$ 的并(和)。它是由属于 $A$ 或 $B$ 的所有样本点构成的集合。记作

$$A + B \quad 或 \quad A \cup B$$

$n$ 个事件 $A_1, \cdots, A_n$ 中至少有一个发生,是一个事件,称为事件 $A_1, \cdots, A_n$ 的和,记作

$$A_1 + \cdots + A_n \quad 或 \quad A_1 \cup \cdots \cup A_n$$

可列个事件 $A_1, A_2, \cdots, A_n, \cdots$ 的和表示可列个事件 $A_1, A_2,$

$\cdots, A_n, \cdots$ 的和表示可列个事件 $A_1, A_2, \cdots, A_n, \cdots$ 中至少有一个事件发生,记作

$$\sum_{i=1}^{\infty} A_i \quad 或 \quad \bigcup_{i=1}^{\infty} A_i$$

**4. 事件的交(积)**

两个事件 $A$ 与 $B$ 同时发生,即"$A$ 且 $B$",是一个事件,称为事件 $A$ 与 $B$ 的交。它是由既属于 $A$ 又属于 $B$ 的所有公共样本点构成的集合。记作

$$AB \quad 或 \quad A \bigcap B$$

**5. 事件的差**

事件 $A$ 发生而事件 $B$ 不发生,是一个事件,称为事件 $A$ 与 $B$ 的差。它是由属于 $A$ 但不属于 $B$ 的那些样本点构成的集合。记作

$$A - B$$

**6. 互不相容事件**

如果事件 $A$ 与 $B$ 不能同时发生,即 $AB = \Phi$,称事件 $A$ 与 $B$ 互不相容(或称互斥)。互不相容事件 $A$ 与 $B$ 没有公共的样本点。显然,基本事件间是互不相容的。

**7. 对立事件**

事件"非 $A$"称为 $A$ 的对立事件(或逆事件)。它是由样本空间中所有不属于 $A$ 的样本点组成的集合。记作

$$\bar{A}$$

显然,$A\bar{A} = \Phi, A + \bar{A} = \Omega, \bar{A} = \Omega - A, \bar{\bar{A}} = A$。

**8. 完备事件组**

若事件 $A_1, \cdots, A_n$ 为两两互不相容的事件,并且 $A_1 + \cdots + A_n = \Omega$,称 $A_1, \cdots, A_n$ 构成一个完备事件组。

各事件的关系及运算如图 1-1 中图形所示。

例 1 掷一颗骰子的试验,观察出现的点数:事件 $A$ 表示"奇数点";$B$ 表示"点数小于 5";$C$ 表示"小于 5 的偶数点"。用集合的

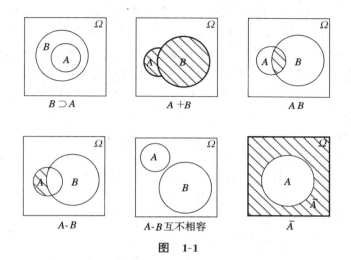

图 1-1

列举表示法表示下列事件: $\Omega, A, B, C, A+B, A-B, B-A, AB,$
$AC, \overline{A}+B$。

解  $\Omega=\{1,2,3,4,5,6\}$    $A=\{1,3,5\}$
    $B=\{1,2,3,4\}$    $C=\{2,4\}$
    $A+B=\{1,2,3,4,5\}$    $A-B=\{5\}$
    $B-A=\{2,4\}$    $AB=\{1,3\}$
    $AC=\Phi$    $C-A=\{2,4\}$
    $\overline{A}+B=\{1,2,3,4,6\}$

例 2  从一批产品中每次取出一个产品进行检验(每次取出
的产品不放回),事件 $A_i$ 表示第 $i$ 次取到合格品($i=1,2,3$)。试用
事件的运算符号表示下列事件:三次都取到了合格品;三次中至少
有一次取到合格品;三次中恰有两次取到合格品;三次中最多有一
次取到合格品。

解  三次全取到合格品: $A_1A_2A_3$;

三次中至少有一次取到合格品：$A_1+A_2+A_3$；

三次中恰有两次取到合格品：$A_1A_2\overline{A_3}+A_1\overline{A_2}A_3+\overline{A_1}A_2A_3$；

三次中至多有一次取到合格品：$\overline{A_1}\overline{A_2}+\overline{A_1}\overline{A_3}+\overline{A_2}\overline{A_3}$。

**例 3** 一名射手连续向某个目标射击三次，事件 $A_i$ 表示该射手第 $i$ 次射击时击中目标（$i=1,2,3$）。试用文字叙述下列事件：$A_1+A_2$；$\overline{A_2}$；$A_1+A_2+A_3$；$A_1A_2A_3$；$A_3-A_2$；$A_3\overline{A_2}$；$\overline{A_1+A_2}$；$\overline{A_1}\overline{A_2}$；$\overline{A_2}+\overline{A_3}$；$\overline{A_2A_3}$；$A_1A_2+A_1A_3+A_2A_3$。

**解** $A_1+A_2$：前两次中至少有一次击中目标；

$\overline{A_2}$：第二次射击未击中目标；

$A_1+A_2+A_3$：三次射击中至少有一次击中目标；

$A_1A_2A_3$：三次射击都击中了目标；

$A_3\overline{A_2}=A_3-A_2$：第三次击中但第二次未击中目标；

$\overline{A_1+A_2}=\overline{A_1}\overline{A_2}$：前两次均未击中目标；

$\overline{A_2}+\overline{A_3}=\overline{A_2A_3}$：后两次中至少有一次未击中目标；

$A_1A_2+A_1A_3+A_2A_3$：三次射击中至少有两次击中目标。

**例 4** 如果 $x$ 表示一个沿数轴做随机运动的质点的位置，试说明下列各事件的关系。

$$A=\{x\,|\,x\leqslant20\} \qquad B=\{x\,|\,x>3\}$$
$$C=\{x\,|\,x<9\} \qquad D=\{x\,|\,x<-5\}$$
$$E=\{x\,|\,x\geqslant9\}$$

**解** 各事件的情况如图 1-2 所示。

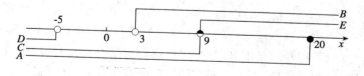

**图 1-2**

由图可见，$A \supset C \supset D, B \supset E$；

      $D$ 与 $B, D$ 与 $E$ 互不相容；

      $C$ 与 $E$ 为对立事件；

      $B$ 与 $C, B$ 与 $A, E$ 与 $A$ 相容，显然 $A$ 与 $C, A$ 与 $D$，$C$ 与 $D, B$ 与 $E$ 也是相容的。

## §1.2　概率

概率论研究的是随机现象量的规律性。因此仅仅知道试验中可能出现哪些事件是不够的，还必须对事件发生的可能性大小的问题进行量的描述。

### （一）概率的统计定义

前面提到随机事件在一次试验中是否发生是不确定的，但在大量重复试验中，它的发生却具有统计规律性。所以应从大量试验出发来研究它。为此，先看下面的试验：

掷硬币 10 次，"正面"出现 6 次，它与试验总次数之比为 0.6；掷骰子 100 次，"1 点"出现 20 次，与试验总次数之比为 0.2。

可见，仅从事件出现的次数，不能确切地描述它出现的可能性的大小，还应考虑它出现的次数在试验总次数中所占的百分比。

在 $n$ 次重复试验中，若事件 $A$ 发生了 $m$ 次，则 $m/n$ 称为事件 $A$ 发生的频率。同样若事件 $B$ 发生了 $k$ 次，则事件 $B$ 发生的频率为 $k/n$。如果 $A$ 是必然事件，有 $m=n$，即必然事件的频率是 1。显然，不可能事件的频率一定为 0，而一般事件的频率必在 0 与 1 之间。如果事件 $A$ 与 $B$ 互不相容，那么事件 $A+B$ 的频率为 $(m+k)/n$。它恰好等于两个事件频率的和 $m/n+k/n$。这称之为频率的可加性。前人掷硬币试验的一些结果列于表 1-1。

**表 1-1**

| 试 验 者 | 抛 掷 次 数 $n$ | 正面出现次数 $m$ | 正面出现频率 $m/n$ |
|---|---|---|---|
| 德·摩尔根 | 2 048 | 1 061 | 0.518 |
| 蒲 丰 | 4 040 | 2 048 | 0.506 9 |
| 皮尔逊 | 12 000 | 6 019 | 0.501 6 |
| 皮尔逊 | 24 000 | 12 012 | 0.500 5 |
| 维 尼 | 30 000 | 14 994 | 0.499 8 |

由表 1-1 看出,出现正面的频率接近 0.5,并且抛掷次数越多,频率越接近 0.5。经验告诉人们,多次重复同一试验时,随机现象呈现出一定的量的规律。具体地说,就是当试验次数 $n$ 很大时,事件 $A$ 的频率具有一种稳定性。它的数值徘徊在某个确定的常数附近。而且一般说来,试验次数越多,事件 $A$ 的频率就越接近那个确定的常数。这种在多次重复试验中,事件频率稳定性的统计规律,便是概率这一概念的经验基础。而所谓某事件发生的可能性大小,就是这个"频率的稳定值"。

定义 1.1 在不变的条件下,重复进行 $n$ 次试验,事件 $A$ 发生的频率稳定地在某一常数 $p$ 附近摆动。且一般说来,$n$ 越大,摆动幅度越小,则称常数 $p$ 为事件 $A$ 的概率,记作 $P(A)$。

数值 $p$(即 $P(A)$)就是在一次试验中对事件 $A$ 发生的可能性大小的数量描述。例如,用 0.5 来描述掷一枚匀称的硬币"正面"出现的可能性。

如上所述,概率的稳定性是概率的经验基础,但并不是说概率决定于试验。一个事件发生的概率完全决定于事件本身的结构,是先于试验而客观存在的。

概率的统计定义仅仅指出了事件的概率是客观存在的,但并不能用这个定义计算 $P(A)$。实际上,人们是采取一次大量试验的频率或一系列频率的平均值作为 $P(A)$ 的近似值的。例如,从对一个妇产医院 6 年出生婴儿的调查中(见表 1-2),可以看到生男孩

8

的频率是稳定的,可以取 0.515 作为生男孩概率的近似值。

表 1-2

| 出生年份 | 新生儿总数 n | 新生儿分类数 | | 频 率(%) | |
|---|---|---|---|---|---|
| | | 男孩数 $m_1$ | 女孩数 $m_2$ | 男 孩 | 女 孩 |
| 1977 | 3 670 | 1 883 | 1 787 | 51.31 | 48.69 |
| 1978 | 4 250 | 2 177 | 2 073 | 51.22 | 48.78 |
| 1979 | 4 055 | 2 138 | 1 917 | 52.73 | 47.27 |
| 1980 | 5 844 | 2 955 | 2 889 | 50.56 | 49.44 |
| 1981 | 6 344 | 3 271 | 3 073 | 51.56 | 48.44 |
| 1982 | 7 231 | 3 722 | 3 509 | 51.47 | 48.53 |
| 6 年总计 | 31 394 | 16 146 | 15 248 | 51.48 | 48.52 |

## (二)概率的古典定义

直接计算某一事件的概率有时是非常困难的,甚至是不可能的。仅在某些情况,才可以直接计算事件的概率。请看下面类型的试验:

(1) 抛掷一枚匀称的硬币,可能出现正面与反面两种结果,并且这两种结果出现的可能性是相同的。

(2) 200 个同型号产品中有 6 个废品,从中每次抽取 3 个进行检验,共有 $C_{200}^3$ 种不同的可能抽取结果,并且任意 3 个产品被取到的机会相同。

这类试验的共同特点是:每次试验只有有限种可能的试验结果,即组成试验的基本事件总数为有限个;每次试验中,各基本事件出现的可能性完全相同。具有上述特点的试验称为古典概型试验。在古典概型试验中,假定能够知道有利于某一事件 A 的基本事件数,就可以通过这个数与试验的基本事件总数之比计算出概率 $P(A)$。

定义 1.2 若试验结果一共由 n 个基本事件 $E_1,\cdots,E_n$ 组成,并且这些事件的出现具有相同的可能性,而事件 A 由其中某

9

$m$ 个基本事件 $E_{i_1}, \cdots, E_{i_m}$ 组成,则事件 $A$ 的概 率 可 以 用 下 式计算:

$$P(A) = \frac{\text{有利于 } A \text{ 的基本事件数}}{\text{试验的基本事件总数}} = \frac{m}{n} \qquad (1.1)$$

这里 $E_1, \cdots, E_n$ 构成一个等概完备事件组。

### (三)计算概率的例题

例1  袋内装有 5 个白球,3 个黑球。从中任取两个球,计算取出的两个球都是白球的概率。

解  组成试验的基本事件总数 $n = C_{5+3}^2$,组成所求事件 $A$(取到两个白球)的基本事件数 $m = C_5^2$,由公式(1.1)有:

$$P(A) = \frac{m}{n} = \frac{C_5^2}{C_8^2} = \frac{5}{14} \approx 0.357$$

例2  一批产品共 200 个,有 6 个废品,求:(1)这批产品的废品率;(2)任取 3 个恰有 1 个是废品的概率;(3)任取 3 个全非废品的概率。

解  设 $P(A)$、$P(A_1)$、$P(A_0)$ 分别表示(1)、(2)、(3)中所求的概率,根据公式(1.1),有:

(1)   $P(A) = \dfrac{6}{200} = 0.03$

(2)   $P(A_1) = \dfrac{C_6^1 C_{194}^2}{C_{200}^3} \approx 0.0855$

(3)   $P(A_0) = \dfrac{C_{194}^3}{C_{200}^3} \approx 0.9122$

例3  两封信随机地向标号为 Ⅰ、Ⅱ、Ⅲ、Ⅳ 的 4 个邮筒投寄,求第二个邮筒恰好被投入 1 封信的概率。

解  设事件 $A$ 表示第二个邮筒只投入 1 封信。两封信随机地投入 4 个邮筒,共有 $4^2$ 种等可能投法,而组成事件 $A$ 的不同投法

只有 $C_2^1 C_3^1$ 种。由公式(1.1),有:

$$P(A) = \frac{m}{n} = \frac{C_2^1 C_3^1}{4^2} = \frac{3}{8}$$

同样还可以计算出前两个邮筒中各有一封信的概率 $P(B)$:

$$P(B) = \frac{m}{n} = \frac{C_2^1}{4^2} = \frac{1}{8}$$

## §1.3　概率的加法法则

例1　100 个产品中有 60 个一等品,30 个二等品,10 个废品。规定一、二等品都为合格品,考虑这批产品的合格率与一、二等品率之间的关系。

设事件 $A$、$B$ 分别表示产品为一、二等品。显然事件 $A$ 与 $B$ 互不相容,并且事件 $A+B$ 表示产品为合格品,按古典定义公式(1.1)有:

$$P(A) = \frac{60}{100} \qquad P(B) = \frac{30}{100}$$

$$P(A+B) = \frac{60+30}{100} = \frac{90}{100}$$

可见

$$P(A+B) = P(A) + P(B)$$

例2　计算§1.2 例2中任取 3 个产品最多只有 1 个废品的概率 $P(B)$。

解　设事件 $A_0$,$A_1$ 分别表示 3 个产品中有 0 个和 1 个废品,则依题意 $B = A_0 + A_1$,且 $A_0$ 与 $A_1$ 互不相容。按古典定义,试验的基本事件总数为 $C_{200}^3$ 个,而有利于 $B$ 的基本事件数恰好是有利于 $A_0$ 与 $A_1$ 的基本事件数之和,因此,

$$P(B) = \frac{C_{194}^3 + C_{194}^2 C_6^1}{C_{200}^3}$$

根据上节例 2 中(2)及(3)的计算结果有

$$P(A_0) + P(A_1) = \frac{C_{194}^3 + C_{194}^2 C_6^1}{C_{200}^3}$$

因此,

$$P(A_0 + A_1) = P(A_0) + P(A_1)$$

另一方面,如果从概率的统计定义出发,由于事件发生的频率所具有的性质,而概率又是其相应频率的稳定值,因此也可以得出上面的运算规律。事实上,对于任意的两个互斥事件,它们都满足下面的运算法则:

加法法则 两个互斥事件之和的概率等于它们概率的和。即当 $AB = \Phi$ 时,

$$P(A + B) = P(A) + P(B) \tag{1.2}$$

实际上,只要 $P(AB) = 0$,(1.2)式就成立。由加法法则可以得到下面几个重要结论:

(1) 如果 $n$ 个事件 $A_1, \cdots, A_n$ 两两互不相容,则

$$P(A_1 + \cdots + A_n) = P(A_1) + \cdots + P(A_n) \tag{1.3}$$

这个性质称为概率的有限可加性。但在建立概率概念时需要规定概率应具有完全可加性(又称可列可加性),即如果可列个事件 $A_1, A_2, \cdots$ 两两互不相容,则有:

$$P\left(\sum_{i=1}^{\infty} A_i\right) = \sum_{i=1}^{\infty} P(A_i) \tag{1.4}$$

今后将直接应用这个结论。

(2) 若 $n$ 个事件 $A_1, \cdots, A_n$ 构成一个完备事件组,则它们概率的和为 1,即

$$P(A_1) + \cdots + P(A_n) = 1 \tag{1.5}$$

特别地,两个对立事件概率之和为 1,即
$$P(A)+P(\overline{A})=1$$
经常使用的形式是
$$P(A)=1-P(\overline{A}) \tag{1.6}$$
　　(3) 如果 $B \supset A$,则
$$P(B-A)=P(B)-P(A) \tag{1.7}$$
　　(4) 对任意两个事件 $A$、$B$,有
$$P(A+B)=P(A)+P(B)-P(AB) \tag{1.8}$$
(1.8)式又称广义加法法则。我们不难把它推广到任意有限个事件的和。这个公式的推广及四个结论的证明留给读者完成。

　　**例 3**　产品有一、二等品及废品 3 种,若一、二等品率分别为 0.63 及 0.35,求产品的合格率与废品率。

　　**解**　令事件 $A$ 表示产品为合格品,$A_1$、$A_2$ 分别表示一、二等品。显然 $A_1$ 与 $A_2$ 互不相容,并且 $A=A_1+A_2$,由(1.2)式,有
$$P(A)=P(A_1+A_2)=P(A_1)+P(A_2)=0.98$$
$$P(\overline{A})=1-P(A)=0.02$$

　　**例 4**　一个袋内装有大小相同的 7 个球,4 个是白球,3 个为黑球。从中一次抽取 3 个,计算至少有两个是白球的概率。

　　**解**　设事件 $A$ 表示抽到的 3 个球中有 $i$ 个白球$(i=2,3)$,显然 $A_2$ 与 $A_3$ 互不相容,由(1.1)式有:
$$P(A_2)=\frac{C_4^2 C_3^1}{C_7^3}=\frac{18}{35} \qquad P(A_3)=\frac{C_4^3}{C_7^3}=\frac{4}{35}$$
根据加法法则,所求的概率为:
$$P(A_2+A_3)=P(A_2)+P(A_3)=\frac{22}{35}$$

　　**例 5**　50 个产品中有 46 个合格品与 4 个废品,从中一次抽取 3 个,求其中有废品的概率。

　　**解**　设事件 $A$ 表示取到的 3 个中有废品,则

$$P(\overline{A}) = \frac{C_{46}^3}{C_{50}^3} = \frac{759}{980} \approx 0.7745$$

$$P(A) = 1 - P(\overline{A}) \approx 0.2255$$

顺便指出,在严格的概率论体系中,把一个随机事件的概率所应具备的三个基本属性作为建立概率的数学理论的出发点,直接规定为三条公理,即:

(1) 对任何事件 $A$,$P(A) \geqslant 0$;

(2) $P(\Omega) = 1$;

(3) 若可列个事件 $A_1, A_2, \cdots$ 两两互不相容,则

$$P(\sum_{i=1}^{\infty} A_i) = \sum_{i=1}^{\infty} P(A_i)$$

前面的加法法则只是公理 3 的一种特殊情况。

## §1.4  条件概率与乘法法则

### (一)条件概率

在§1.3 的例 1 中,若从合格品中任取一件,取到一等品的概率是 60/90,这是合格品中的一等品率。而该例中的 60/100,即 $P(A)$ 是整批产品中的一等品率。为此给出下面定义以示区别。

定义 1.3   在事件 $B$ 已经发生的条件下,事件 $A$ 发生的概率,称为事件 $A$ 在给定 $B$ 下的条件概率,简称为 $A$ 对 $B$ 的条件概率,记作 $P(A|B)$。相应地,把 $P(A)$ 称为无条件概率。这里,只研究作为条件的事件 $B$ 具有正概率($P(B) > 0$)的情况。

可以验证,条件概率也是一种概率,它有概率的三个基本属性。

例 1   市场上供应的灯泡中,甲厂产品占 70%,乙厂占 30%,甲厂产品的合格率是 95%,乙厂的合格率是 80%。若用事件 $A$、$\overline{A}$

分别表示甲、乙两厂的产品，$B$ 表示产品为合格品，试写出有关事件的概率。

**解** 依题意

$$P(A)=70\% \qquad P(\overline{A})=30\%$$

$$P(B|A)=95\% \qquad P(B|\overline{A})=80\%$$

进一步可得：

$$P(\overline{B}|A)=5\% \qquad P(\overline{B}|\overline{A})=20\%$$

**例 2** 全年级 100 名学生中，有男生（以事件 $A$ 表示）80 人，女生 20 人；来自北京的（以事件 $B$ 表示）有 20 人，其中男生 12 人，女生 8 人；免修英语的（用事件 $C$ 表示）40 人中有 32 名男生，8 名女生。试写出 $P(A)$，$P(B)$，$P(B|A)$，$P(A|B)$，$P(AB)$，$P(C)$，$P(C|A)$，$P(\overline{A}|\overline{B})$，$P(AC)$。

**解** 依题意，有

$$P(A)=80/100=0.8 \qquad P(B)=20/100=0.2$$

$$P(B|A)=12/80=0.15 \qquad P(A|B)=12/20=0.6$$

$$P(AB)=12/100=0.12 \qquad P(C)=40/100=0.4$$

$$P(C|A)=32/80=0.4 \qquad P(\overline{A}|\overline{B})=12/80=0.15$$

$$P(AC)=32/100=0.32$$

### （二）乘法法则

从例 2 中可以看到

$$P(B|A)=\frac{P(AB)}{P(A)} \qquad P(A|B)=\frac{P(AB)}{P(B)} \qquad (1.9)$$

事实上，(1.9)式不仅适用于古典概型中条件概率的计算，对于一般情况下任意两个事件，只要有关的条件概率有意义，都满足 (1.9)式。因而在概率论中把某一事件 $B$ 在给定另一事件 $A$ ($P(A)>0$)下的条件概率 $P(B|A)$ 定义为

$$P(B|A)=\frac{P(AB)}{P(A)}$$

于是有概率的乘法法则。

乘法法则 两个事件 $A$、$B$ 之交的概率等于其中任一个事件（其概率不为零）的概率乘以另一个事件在已知前一个事件发生下的条件概率。即

$$P(AB)=P(A)P(B|A) \quad (若\ P(A)>0)$$
$$P(AB)=P(B)P(A|B) \quad (若\ P(B)>0)$$

(1.10)

相应地,关于 $n$ 个事件 $A_1,\cdots,A_n$ 的乘法公式为

$$P(A_1A_2\cdots A_n)$$
$$=P(A_1)P(A_2|A_1)P(A_3|A_1A_2)\cdots P(A_n|A_1\cdots A_{n-1})$$

(1.11)

例 3 求本节例 1 中从市场上买到一个灯泡是甲厂生产的合格灯泡的概率。

解 要计算从市场上买到的灯泡既是甲厂生产的(事件 $A$ 发生),又是合格的(事件 $B$ 发生)概率,也就是求 $A$ 与 $B$ 同时发生的概率。由(1.10)式,有

$$P(AB)=P(A)P(B|A)=0.7\times 0.95=0.665$$

同样方法还可以计算出从市场上买到一个乙厂合格灯泡的概率是 0.24。读者可以思考,它为什么不是 $1-P(AB)$。读者还可以计算买到的一个灯泡是乙厂生产的废品的概率以及市场上供应的灯泡的合格率。

例 4 10 个考签中有 4 个难签,3 人参加抽签(不放回),甲先、乙次、丙最后。求甲抽到难签,甲、乙都抽到难签,甲没抽到难签而乙抽到难签以及甲、乙、丙都抽到难签的概率。

解 设事件 $A$、$B$、$C$ 分别表示甲、乙、丙各抽到难签,由公式 (1.1)、(1.10) 及 (1.11),有

$$P(A)=\frac{m}{n}=\frac{4}{10}$$

$$P(AB) = P(A)P(B|A) = \frac{4}{10} \times \frac{3}{9} = \frac{12}{90}$$

$$P(\overline{A}B) = P(\overline{A})P(B|\overline{A}) = \frac{6}{10} \times \frac{4}{9} = \frac{24}{90}$$

$$P(ABC) = P(A)P(B|A)P(C|AB)$$

$$= \frac{4}{10} \times \frac{3}{9} \times \frac{2}{8} = \frac{24}{720}$$

请读者计算乙抽到难签的概率以及丙抽到难签的概率。

### (三)全概率定理与贝叶斯定理

例 5　计算本节例 1 中市场上灯泡的合格率。

解　由于 $B = AB + \overline{A}B$，并且 $AB$ 与 $\overline{A}B$ 互不相容，由(1.2)及(1.10)式，有：

$$P(B) = P(AB + \overline{A}B) = P(AB) + P(\overline{A}B)$$

$$= P(A)P(B|A) + P(\overline{A})P(B|\overline{A}) = 0.905$$

进一步可以计算买到的合格灯泡恰是甲厂生产的概率 $P(A|B)$：

$$P(A|B) = \frac{P(AB)}{P(B)}$$

$$= \frac{P(A)P(B|A)}{P(A)P(B|A) + P(\overline{A})P(B|\overline{A})}$$

$$\approx 0.735$$

同样的方法可以计算本节例 4 中乙抽到难签的概率 $P(B)$：

$$P(B) = 12/90 + 24/90 = 4/10$$

从形式上看事件 $B$ 是比较复杂的，仅仅使用加法法则或乘法法则无法计算其概率。于是先将复杂的事件 $B$ 分解为较简单的事件 $AB$ 与 $\overline{A}B$；再将加法法则与乘法法则结合起来，计算出需要求的概率。把这个想法一般化，得到全概率定理，又称全概率公式。

定理 1.1(全概率定理)　如果事件 $A_1, A_2, \cdots$ 构成一个完备

17

事件组①,并且都具有正概率,则对任何一个事件 $B$,有

$$P(B) = \sum_i P(A_i) P(B|A_i) \tag{1.12}$$

证　由于 $A_1, A_2, \cdots$ 两两互不相容,因此,$A_1 B, A_2 B, \cdots$ 也两两互不相容。而且

$$B = B\left(\sum_i A_i\right) = \sum_i A_i B$$

由加法法则有

$$P(B) = \sum_i P(A_i B)$$

再利用乘法法则,得到

$$P(B) = \sum_i P(A_i) P(B|A_i)$$

例6　12个乒乓球都是新球,每次比赛时取出3个用完后放回去,求第3次比赛时取到的3个球都是新球的概率。

解　设事件 $A_i$、$B_i$、$C_i$ 分别表示第一、二、三次比赛时取到 $i$ 个新球($i = 0, 1, 2, 3$)。显然,$A_0 = A_1 = A_2 = \Phi$,$A_3 = \Omega$,并且 $B_0, B_1, B_2, B_3$ 构成一个完备事件组,由(1.1)式,有

$$P(B_i) = \frac{C_9^i C_3^{3-i}}{C_{12}^3} \qquad (i = 0, 1, 2, 3)$$

$$P(C_3|B_i) = \frac{C_{9-i}^3}{C_{12}^3} \qquad (i = 0, 1, 2, 3)$$

$$P(C_3) = \sum_{i=0}^{3} P(B_i) P(C_3|B_i)$$

$$= \sum_{i=0}^{3} \frac{C_9^i C_3^{3-i}}{C_{12}^3} \cdot \frac{C_{9-i}^3}{C_{12}^3}$$

$$\approx 0.146$$

定理1.2(贝叶斯定理)　若 $A_1, A_2, \cdots$ 构成一个完备事件组,

---

① 事实上,只要 $A_1, A_2, \cdots$ 的和能包含事件 $B$,即 $A_1 + A_2 + \cdots \supset B$,并且 $A_1 B, A_2 B, \cdots$ 两两互不相容,定理1.1就成立(定理1.2亦同)。

并且它们都具有正概率,则对任何一个概率不为零的事件 $B$,有

$$P(A_m|B) = \frac{P(A_m)P(B|A_m)}{\sum\limits_i P(A_i)P(B|A_i)} \quad (m=1,2,\cdots) \quad (1.13)$$

证 由(1.9)式,有

$$P(A_m|B) = \frac{P(A_m B)}{P(B)}$$

再利用公式(1.10)及(1.12),有

$$P(A_m|B) = \frac{P(A_m)P(B|A_m)}{\sum\limits_i P(A_i)P(B|A_i)}$$

这个定理又称贝叶斯公式。

例 7 假定某工厂甲、乙、丙 3 个车间生产同一种螺钉,产量依次占全厂的 $45\%$、$35\%$、$20\%$。如果各车间的次品率依次为 $4\%$、$2\%$、$5\%$。现在从待出厂产品中检查出 1 个次品,试判断它是由甲车间生产的概率。

解 设事件 $B$ 表示"产品为次品",$A_1$、$A_2$、$A_3$ 分别表示"产品为甲、乙、丙车间生产的"。显然,$A_1,A_2,A_3$ 构成一个完备事件组。依题意,有

$$P(A_1)=45\% \qquad P(A_2)=35\% \qquad P(A_3)=20\%$$

$$P(B|A_1)=4\% \qquad P(B|A_2)=2\% \qquad P(B|A_3)=5\%$$

由(1.13)式,有

$$P(A_1|B) = \frac{P(A_1)P(B|A_1)}{\sum\limits_{i=1}^{3} P(A_i)P(B|A_i)}$$

$$= \frac{45\% \times 4\%}{45\% \times 4\% + 35\% \times 2\% + 20\% \times 5\%}$$

$$\approx 0.514$$

请读者计算任取一个该厂生产的合格品,恰好是甲车间生产的概率。

## §1.5 独立试验概型

### (一)事件的独立性

**定义 1.4** 如果事件 $A$ 发生的可能性不受事件 $B$ 发生与否的影响,即 $P(A|B)=P(A)$,则称事件 $A$ 对于事件 $B$ 独立。显然,若 $A$ 对于 $B$ 独立,则 $B$ 对于 $A$ 也一定独立,称事件 $A$ 与事件 $B$ 相互独立。

**定义 1.5** 如果 $n(n>2)$ 个事件 $A_1,\cdots,A_n$ 中任何一个事件发生的可能性都不受其它一个或几个事件发生与否的影响,则称 $A_1,\cdots,A_n$ 相互独立。

关于独立性的几个结论如下:

(1) 事件 $A$ 与 $B$ 独立的充分必要条件是

$$P(AB)=P(A)P(B)$$

(2) 若事件 $A$ 与 $B$ 独立,则 $A$ 与 $\overline{B}$、$\overline{A}$ 与 $B$、$\overline{A}$ 与 $\overline{B}$ 中的每一对事件都相互独立。

(3) 若事件 $A_1,\cdots,A_n$ 相互独立,则有

$$P(A_1\cdots A_n)=\prod_{i=1}^{n}P(A_i) \tag{1.14}$$

(4) 若事件 $A_1,\cdots,A_n$ 相互独立,则有

$$P(\sum_{i=1}^{n}A_i)=1-\prod_{i=1}^{n}P(\overline{A_i}) \tag{1.15}$$

证

(1) 必要性 若 $A$ 与 $B$ 中有一个事件概率为零,则结论显然成立。设 $A$、$B$ 概率都不为 $0$,由于 $A$ 与 $B$ 独立,有 $P(A|B)=P(A)$。而由 (1.10) 式,有 $P(AB)=P(A|B)P(B)$,因此得到 $P(AB)=P(A)P(B)$。

充分性　不妨设 $P(B)>0$。

∵　$P(AB)=P(A|B)P(B)$ 及 $P(AB)=P(A)P(B)$

∴　$P(A|B)=P(A)$

即 $A$ 与 $B$ 独立。

（2）只证明 $A$ 与 $\overline{B}$ 独立，其它两对的证法类似，留给读者完成。

$$
\begin{aligned}
P(A\overline{B}) &= P(A-AB)\\
&= P(A)-P(AB)\\
&= P(A)-P(A)P(B)\\
&= P(A)P(\overline{B})
\end{aligned}
$$

由结论 1，$A$ 与 $\overline{B}$ 独立。

（3）$P(A_1\cdots A_n)=P(A_1)P(A_2|A_1)\cdots P(A_n|A_1\cdots A_{n-1})$

而　　　$P(A_2|A_1)=P(A_2),\cdots,P(A_n|A_1\cdots A_{n-1})=P(A_n)$

所以　　$P(A_1\cdots A_n)=P(A_1)P(A_2)\cdots P(A_n)$

（4）$P(A_1+\cdots+A_n)=1-P\overline{(A_1+\cdots+A_n)}$

$$=1-P(\overline{A_1}\,\overline{A_2}\cdots\overline{A_n})$$

由于 $A_1,\cdots,A_n$ 相互独立，$\overline{A_1},\cdots,\overline{A_n}$ 也相互独立，所以

$$P(A_1+\cdots+A_n)=1-P(\overline{A_1})\cdots P(\overline{A_n})$$

例 1　甲、乙、丙 3 部机床独立工作，由一个工人照管，某段时间内它们不需要工人照管的概率分别为 0.9、0.8 及 0.85。求在这段时间内有机床需要工人照管的概率以及机床因无人照管而停工的概率。

解　用事件 $A$、$B$、$C$ 分别表示在这段时间内机床甲、乙、丙不需工人照管。依题意，$A$、$B$、$C$ 相互独立，并且

$$P(A)=0.9 \qquad P(B)=0.8 \qquad P(C)=0.85$$

$$P\overline{(ABC)}=1-P(ABC)=1-P(A)P(B)P(C)$$

$$=1-0.612=0.388$$

$$P(\overline{AB}+\overline{BC}+\overline{AC})=P(\overline{AB})+P(\overline{BC})+P(\overline{AC})$$
$$-2P(\overline{ABC})$$
$$=0.1\times0.2+0.2\times0.15+0.1\times0.15$$
$$-2\times0.1\times0.2\times0.15$$
$$=0.059$$

例2 若例1中的3部机床性能相同,设 $P(A)=P(B)=P(C)=0.8$,求这段时间内恰有一部机床需人照管的概率。

解 3部机床中某1部需要照管而另两部不需照管的概率都是 $0.2\times0.8\times0.8=0.128$。而"3部中恰有1部需人照管"用事件 $E$ 表示,需要照管的机床可以是这3部中的任意1部,因此共有3种可能,即
$$P(E)=C_3^1\times0.2\times0.8^2=0.384$$

例3 如图1-3所示,开关电路中开关 $a$、$b$、$c$、$d$ 开或关的概率都是0.5,且各开关是否关闭相互独立。求灯亮的概率以及若已见灯亮,开关 $a$ 与 $b$ 同时关闭的概率。

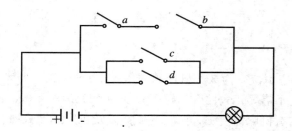

图 1-3

解 令事件 $A$、$B$、$C$、$D$ 分别表示开关 $a$、…、$d$ 关闭,$E$ 表示灯亮。
$$P(E)=P(AB+C+D)$$
$$=P(AB)+P(C)+P(D)-P(ABC)-P(ABD)$$

$$-P(CD)+P(ABCD)$$
$$=P(A)P(B)+P(C)+P(D)$$
$$\quad-P(A)P(B)P(C)-P(A)P(B)P(D)$$
$$\quad-P(C)P(D)+P(A)P(B)P(C)P(D)$$
$$=0.8125$$
$$P(AB\,|\,E)=P(ABE)/P(E)$$

而 $AB\subset E$,故 $ABE=AB$。因此

$$P(AB\,|\,E)=\frac{P(AB)}{P(E)}=\frac{0.25}{0.8125}\approx0.3077$$

## (二)独立试验序列概型

在概率论中,把在同样条件下重复进行试验的数学模型称为独立试验序列概型。

进行 $n$ 次试验,若任何一次试验中各结果发生的可能性都不受其它各次试验结果发生情况的影响,则称这 $n$ 次试验是相互独立的。

例 4 一批产品的废品率为 0.1,每次抽取 1 个,观察后放回去,下次再取 1 个,共重复 3 次,求 3 次中恰有两次取到废品的概率。

解 设 3 次中恰有两次取到废品的事件用 $B$ 表示。每次抽取 1 个产品,重复抽取 3 次的全部结果有 8 种情况。设 $B_1=$(废、废、正),$B_2=$(废、正、废),$B_3=$(正、废、废),$B=B_1+B_2+B_3$,并且 $B_1$,$B_2$,$B_3$ 两两互不相容,因此

$$P(B)=P(B_1)+P(B_2)+P(B_3)$$
$$=3\times(0.1\times0.1\times0.9)$$
$$=3\times0.009=0.027$$

例 5 例 4 中废品率若为 $p(0<p<1)$,重复抽取 $n$ 次,求有 $k$ 次取到废品的概率。

**解** 设所求事件的概率为 $P(B)$，事件 $B$ 由下列 $m$ 个互不相容事件组成：

$$B_1=(\underbrace{废,\cdots,废}_{k\text{ 个}},\underbrace{正,\cdots,正}_{(n-k)\text{ 个}})$$

$$B_2=(\underbrace{废,\cdots,废}_{(k-1)\text{ 个}},正,废,\underbrace{正,\cdots,正}_{(n-k-1)\text{ 个}})$$

$$\cdots\cdots$$

$$B_m=(\underbrace{正,\cdots,正}_{(n-k)\text{ 个}},\underbrace{废,\cdots,废}_{k\text{ 个}})$$

$$P(B_1)=P(B_2)=\cdots=P(B_m)=p^k(1-p)^{n-k}$$

而 $m=C_n^k$，因此，

$$P(B)=\sum_{i=1}^m P(B_i)=mP(B_1)$$
$$=C_n^k p^k q^{n-k}$$

其中 $q=1-p$。

以上两例的共同特点是：在每次试验中某事件 $A$ 或者发生或者不发生，假设每次试验的结果与其它各次试验结果无关，即在每次试验中事件 $A$ 出现的概率都是 $p(0<p<1)$。这样的一系列重复试验（比如 $n$ 次），称为 $n$ 重贝努里试验。

**定理 1.3（贝努里定理）** 设一次试验中事件 $A$ 发生的概率为 $p(0<p<1)$，则 $n$ 重贝努里试验中，事件 $A$ 恰好发生 $k$ 次的概率 $p_n(k)$ 为

$$p_n(k)=C_n^k p^k q^{n-k}\qquad(k=0,1,\cdots,n)\tag{1.16}$$

其中 $q=1-p$。

证明与例 5 相似，留给读者完成。

**例 6** 一条自动生产线上产品的一级品率为 0.6，现检查了 10 件，求至少有两件一级品的概率。

24

解　设所求事件的概率为 $P(B)$，每一件产品可能是一级品也可能不是一级品，各个产品是否为一级品是相互独立的。由(1.16)式，有

$$P(B)=\sum_{k=2}^{10}p_{10}(k)=1-p_{10}(0)-p_{10}(1)$$
$$=1-0.4^{10}-C_{10}^1\times 0.6\times 0.4^9\approx 0.998$$

## 习　题　一

1. 互不相容事件与对立事件的区别何在？说出下列各对事件的关系。

(1) $|x-a|<\delta$ 与 $x-a\geqslant\delta$　(2) $x>20$ 与 $x\leqslant 20$

(3) $x>20$ 与 $x<18$　　　　(4) $x>20$ 与 $x\leqslant 22$

(5) 20 个产品全是合格品与 20 个产品中只有一个废品；

(6) 20 个产品全是合格品与 20 个产品中至少有一个废品。

2. 同时掷两颗骰子，$x$、$y$ 分别表示第一、二两颗骰子出现的点数，设事件 $A$ 表示"两颗骰子出现点数之和为奇数"，$B$ 表示"点数之差为零"，$C$ 为"点数之积不超过 20"，用样本点的集合表示事件 $B-A$；$BC$；$B+\overline{C}$。

3. 用步枪射击目标 5 次，设 $A_i$ 为"第 $i$ 次击中目标"（$i=1,2,3,4,5$)，$B$ 为"5 次中击中次数大于 2"，用文字叙述下列事件：

(1) $A=\sum_{i=1}^{5}A_i$　(2) $\overline{A}$　(3) $\overline{B}$

4. 用图示法简化下列各式（$A$、$B$、$C$ 都相容）：

(1) $(A+B)(B+C)$

(2) $(A+B)(A+\overline{B})$

(3) $(A+B)(A+\overline{B})(\overline{A}+B)$

5. 在图书馆中随意抽取一本书，事件 $A$ 表示"数学书"，$B$ 表

示"中文图书",$C$ 表示"平装书"。(1)说明事件 $AB\bar{C}$ 的实际意义；(2)若 $\bar{C}\subset B$,说明什么情况；(3)$\bar{A}=B$ 是否意味着馆中所有数学书都不是中文版的？

6. 表 1-3 是 10 万个男子中活到 $\xi$ 岁的人数统计表。若以 $A$、$B$、$C$ 分别表示一个新生婴儿活到 40 岁、50 岁、60 岁,由表 1-3 估计 $P(A)$、$P(B)$、$P(C)$。

表　1-3

| 年岁 $\xi$ | 0 | 10 | 20 | 30 | 40 | 50 |
|---|---|---|---|---|---|---|
| 活到 $\xi$ 岁的人数 | 100 000 | 93 601 | 92 293 | 90 092 | 86 880 | 80 521 |
| 年岁 $\xi$ | 60 | 70 | 80 | 90 | 100 | |
| 活到 $\xi$ 岁的人数 | 67 787 | 46 739 | 19 866 | 2 812 | 65 | |

7. 某产品设计长度为 20cm,规定误差不超过 0.5cm 为合格品。今对一批产品进行测量,长度如表 1-4:

表　1-4

| 长度(cm) | 19.5 以下 | 19.5～20.5 | 20.5 以上 |
|---|---|---|---|
| 件　数 | 5 | 68 | 7 |

计算这批产品的合格率。

8. 掷 3 枚硬币,求出现 3 个正面的概率。

9. 10 把钥匙中有 3 把能打开门,今任取两把,求能打开门的概率。

10. 一部 4 卷的文集随便放在书架上,问恰好各卷自左向右或自右向左的卷号为 1、2、3、4 的概率是多少？

11. 100 个产品中有 3 个次品,任取 5 个,求其次品数分别为 0、1、2、3 的概率。

12. $N$ 个产品中有 $N_1$ 个次品,从中任取 $n$ 个($1 \leqslant n \leqslant N_1 \leqslant N$),求其中有 $k(k \leqslant n)$ 个次品的概率。

13. 一个袋内有 5 个红球,3 个白球,2 个黑球,计算任取 3 个球恰为一红、一白、一黑的概率。

14. 两封信随机地投入四个邮筒,求前两个邮筒内没有信的概率以及第一个邮筒内只有一封信的概率。

15. 一批产品中,一、二、三等品率分别为 0.8、0.16、0.04,若规定一、二等品为合格品,求产品的合格率。

16. 袋内装有两个 5 分、三个 2 分、五个 1 分的硬币,任意取出 5 个,求总数超过 1 角的概率。

17. 求习题 11 中次品数不超过一个的概率。

18. 估计习题 6 中的 $P(B|A)$、$P(C|A)$、$P(\overline{C}|B)$ 及 $P(AB)$。

19. 由长期统计资料得知,某一地区在 4 月份下雨(记作事件 $A$)的概率为 4/15,刮风(用 $B$ 表示)的概率为 7/15,既刮风又下雨的概率为 1/10,求 $P(A|B)$、$P(B|A)$、$P(A+B)$。

20. 为了防止意外,在矿内同时设有两种报警系统 $A$ 与 $B$,每种系统单独使用时,其有效的概率系统 $A$ 为 0.92,系统 $B$ 为 0.93,在 $A$ 失灵的条件下,$B$ 有效的概率为 0.85,求:

(1) 发生意外时,这两个报警系统至少有一个有效的概率;

(2) $B$ 失灵的条件下,$A$ 有效的概率。

21. 10 个考签中有 4 个难签,3 人参加抽签考试,不重复地抽取,每人一次,甲先、乙次、丙最后,证明 3 人抽到难签的概率相等。

22. 用 3 个机床加工同一种零件,零件由各机床加工的概率分别为 0.5、0.3、0.2,各机床加工的零件为合格品的概率分别等于 0.94、0.9、0.95,求全部产品中的合格率。

23. 12 个乒乓球中有 9 个新的,3 个旧的,第一次比赛取出了 3 个,用完后放回去,第二次比赛又取出 3 个,求第二次取到的 3 个球中有 2 个新球的概率。

24. 某商店收进甲厂生产的产品 30 箱,乙厂生产的同种产品 20 箱,甲厂每箱装 100 个,废品率为 0.06,乙厂每箱装 120 个,废

品率是 0.05,求:

(1) 任取一箱,从中任取一个为废品的概率;

(2) 若将所有产品开箱混放,求任取一个为废品的概率。

25. 一个机床有 1/3 的时间加工零件 $A$,其余时间加工零件 $B$,加工零件 $A$ 时,停机的概率是 0.3,加工零件 $B$ 时,停机的概率是 0.4,求这个机床停机的概率。

26. 甲、乙两部机器制造大量的同一种机器零件,根据长期资料的总结,甲机器制造出的零件废品率为 1%,乙机器制造的零件废品率为 2%。现有同一机器制造的一批零件,估计这一批零件是乙机器制造的可能性比它们是甲机器制造的可能性大一倍,今从该批零件中任意取出一件,经检查恰好是废品。试由此检查结果计算这批零件为甲机器制造的概率。

27. 有两个口袋,甲袋中盛有两个白球,一个黑球,乙袋中盛有一个白球,两个黑球。由甲袋任取一个球放入乙袋,再从乙袋中取出一个球,求取到白球的概率。

28. 上题中若发现从乙袋中取出的是白球,问从甲袋中取出放入乙袋的球,黑、白哪种颜色可能性大?

29. 假设有 3 箱同种型号零件,里面分别装有 50 件、30 件和 40 件,而一等品分别有 20 件、12 件及 24 件。现在任选一箱从中随机地先后各抽取一个零件(第一次取到的零件不放回)。试求先取出的零件是一等品的概率;并计算两次都取出一等品的概率。

30. 发报台分别以概率 0.6 和 0.4 发出信号"·"及"—"。由于通信系统受到干扰,当发出信号"·"时,收报台分别以概率 0.8 及 0.2 收到信息"·"及"—";又当发出信号"—"时,收报台分别以概率 0.9 及 0.1 收到信号"—"及"·"。求当收报台收到"·"时,发报台确系发出信号"·"的概率,以及收到"—"时,确系发出"—"的概率。

31. 甲、乙两人射击,甲击中的概率为 0.8,乙击中的概率为

0.7,两人同时射击,并假定中靶与否是独立的。求(1)两人都中靶的概率;(2)甲中乙不中的概率;(3)甲不中乙中的概率。

32. 从厂外打电话给这个工厂某一车间要由工厂的总机转进,若总机打通的概率为0.6,车间的分机占线的概率为0.3,假定二者是独立的,求从厂外向该车间打电话能打通的概率。

33. 加工一个产品要经过三道工序,第一、二、三道工序不出废品的概率分别为0.9、0.95、0.8,若假定各工序是否出废品为独立的,求经过三道工序而不出废品的概率。

34. 一个自动报警器由雷达和计算机两部分组成,两部分有任何一个失灵,这个报警器就失灵,若使用100小时后,雷达部分失灵的概率为0.1,计算机失灵的概率为0.3,若两部分失灵与否为独立的,求这个报警器使用100小时而不失灵的概率。

35. 制造一种零件可采用两种工艺,第一种工艺有三道工序,每道工序的废品率分别为0.1、0.2、0.3;第二种工艺有两道工序,每道工序的废品率都是0.3;如果用第一种工艺,在合格零件中,一级品率为0.9;而用第二种工艺,合格品中的一级品率只有0.8,试问哪一种工艺能保证得到一级品的概率较大?

36.3人独立地去破译一个密码,他们能译出的概率分别为1/5、1/3、1/4,问能将此密码译出的概率是多少?

37. 电灯泡使用寿命在1 000小时以上的概率为0.2,求3个灯泡在使用1 000小时后,最多只有1个坏了的概率。

38. 某机构有一个9人组成的顾问小组,若每个顾问贡献正确意见的百分比是0.7,现在该机构对某事可行与否个别征求各位顾问意见,并按多数人意见作出决策,求作出正确决策的概率。

39. 现有外包装完全相同的优、良、中3个等级的产品,其数量完全相同,每次取1件,有放回地连续取3次,计算下列各事件的概率:$A=$ "3件都是优质品";$B=$ "3件都是同一等级";$C=$ "3件等级全不相同";$D=$ "3件等级不全相同";$E=$ "3件中无优质品";$F$＝"3 件中既无优质品也无中级品";$G$＝"无优质品或无中级品"。

40. 某店内有 4 名售货员,据经验每名售货员平均在一小时内只用秤 15 分钟,问该店配置几台秤较为合理?

# 第二章 随机变量及其分布

## §2.1 随机变量的概念

在第一章中，介绍了随机事件及其概率。可以看到很多随机事件都可以采取数量的标识。比如，某一段时间内车间正在工作的车床数目，抽样检查产品质量时出现的废品个数，掷骰子出现的点数等等。对于那些没有采取数量标识的事件，也可以给它们以数量标识。比如，某工人一天"完成定额"记为 1，"没完成定额"记为 0；生产的产品是"优质品"记为 2，是"次品"记为 1，是"废品"记为 0 等等。这样一来，对于试验的结果就都可以给予数量的描述。

由于随机因素的作用，试验的结果有多种可能性。如果对于试验的每一可能结果，也就是一个样本点 $\omega$，都对应着一个实数 $\xi(\omega)$，而 $\xi(\omega)$ 又是随着试验结果不同而变化的一个变量，则称它为随机变量。随机变量一般用希腊字母 $\xi$、$\eta$、$\zeta$ 或大写拉丁字母 $X$、$Y$、$Z$ 等表示。例如：

（1）一个射手对目标进行射击，击中目标记为 1 分，未中目标记 0 分。如果用 $\xi$ 表示射手在一次射击中的得分，则它是一个随机变量，可以取 0 和 1 两个可能值。

（2）某段时间内候车室的旅客数目记为 $\xi$，它是一个随机变量，可以取 0 及一切不大于 $M$ 的自然数，$M$ 为候车室的最大容量。

（3）单位面积上某农作物的产量 $\xi$ 是一个随机变量。它可以取一个区间内的一切实数值，即 $\xi \in [0, T]$，$T$ 为某一个常数。

（4）一个沿数轴进行随机运动的质点,它在数轴上的位置$\xi$是一个随机变量,可以取任何实数,即$\xi \in (-\infty, +\infty)$。

显然随机变量是建立在随机事件基础上的一个概念。既然事件发生的可能性对应于一定的概率,那么随机变量也以一定的概率取各种可能值。按其取值情况可以把随机变量分为两类:

（1）离散型随机变量只可能取有限个或无限可列个值;

（2）非离散型随机变量可以在整个数轴上取值,或至少有一部分值取某实数区间的全部值。

非离散型随机变量范围很广,情况比较复杂,其中最重要的,在实际中常遇到的是连续型随机变量。

本书只研究离散型及连续型随机变量两种。

## §2.2 随机变量的分布

### （一）离散型随机变量的分布

定义 2.1　如果随机变量$\xi$只取有限个或可列个可能值,而且以确定的概率取这些不同的值,则称$\xi$为离散型随机变量。

为直观起见,将$\xi$可能取的值及相应概率列成概率分布表(见表 2-1)。

表　2-1

| $\xi$ | $x_1$ | $x_2$ | $\cdots$ | $x_k$ | $\cdots$ |
|-------|-------|-------|----------|-------|----------|
| $P$ | $p_1$ | $p_2$ | $\cdots$ | $p_k$ | $\cdots$ |

此外,$\xi$的概率分布情况也可以用一系列等式表示:
$$P(\xi = x_k) = p_k \qquad (k = 1, 2, \cdots) \tag{2.1}$$
其中$\{\xi = x_1\}, \{\xi = x_2\}, \cdots, \{\xi = x_k\}, \cdots$构成一个完备事件组。此时,(2.1)式称为随机变量$\xi$的概率函数(或概率分布)。概率函数

32

具有下列基本性质：

(1) $p_k \geqslant 0 \qquad k = 1, 2, \cdots$

(2) $\sum\limits_k p_k = 1$

一般所说的离散型随机变量的分布就是指它的概率函数或概率分布表。

**例 1**　一批产品的废品率为 5%，从中任意抽取一个进行检验，用随机变量 $\xi$ 来描述废品出现的情况。即写出 $\xi$ 的分布。

**解**　这个试验中，用 $\xi$ 表示废品的个数，显然 $\xi$ 只可能取 0 及 1 两个值。"$\xi = 0$" 表示"产品为合格品"，其概率为这批产品的合格率，即 $P\{\xi = 0\} = 1 - 5\% = 95\%$，而 "$\xi = 1$" 表示"产品是废品"，即 $P(\xi = 1) = 5\%$，列成概率分布表如表 2-2 所示。

表　**2-2**

| $\xi$ | 0 | 1 |
|-------|-----|-----|
| $P$ | 95% | 5% |

也可以用下述等式表示：

$$P\{\xi = k\} = (5\%)^k (95\%)^{1-k} \qquad (k = 0, 1)$$

**两点分布**：只有两个可能取值的随机变量所服从的分布，称为两点分布。其概率函数为

$$P\{\xi = x_k\} = p_k \qquad (k = 1, 2)$$

**0-1 分布**：只取 0 和 1 两个值的随机变量所服从的分布，称为 0-1 分布。其概率函数为

$$P\{\xi = k\} = p^k (1 - p)^{1-k} \qquad (k = 0, 1) \qquad (2.2)$$

它的概率分布图如图 2-1 所示。

**例 2**　产品有一、二、三等品及废品 4 种，其一、二、三等品率和废品率分别为 60%、10%、20%、10%，任取一个产品检验其质量，用随机变量 $\xi$ 描述检验结果并画出其概率函数图。

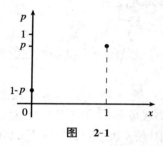

图 2-1

解 令"$\xi = k$"与产品为"$k$ 等品"($k = 1, 2, 3$)相对应,"$\xi = 0$"与产品为"废品"相对应。$\xi$ 是一个随机变量,它可以取 0、1、2、3 这 4 个可能值。依题意,$P(\xi = 0) = 0.1$,$P(\xi = 1) = 0.6$,$P(\xi = 2) = 0.1$,$P(\xi = 3) = 0.2$,列成概率分布表如表 2-3:

表 2-3

| $\xi$ | 0 | 1 | 2 | 3 |
|---|---|---|---|---|
| $P$ | 0.1 | 0.6 | 0.1 | 0.2 |

其概率分布图如图 2-2。

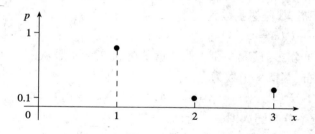

图 2-2

例 3    用随机变量去描述掷一颗骰子的试验情况。

解    令 $\xi$ 表示掷一颗骰子出现的点数,它可以取 1 到 6 共 6 个自然数,相应概率都是 1/6。列成概率分布表如表 2-4 所示,其概率分布图如图 2-3 所示。

表    2-4

| $\xi$ | 1 | 2 | 3 | 4 | 5 | 6 |
|---|---|---|---|---|---|---|
| $P$ | 1/6 | 1/6 | 1/6 | 1/6 | 1/6 | 1/6 |

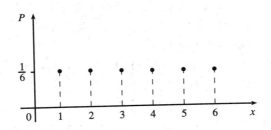

图    2-3

如果 $\xi$ 有概率函数:

$$P(\xi = x_k) = \frac{1}{n} \quad (k = 1, 2, \cdots, n) \tag{2.3}$$

且当 $i \neq j$ 时 $x_i \neq x_j$,则称 $\xi$ 服从离散型均匀分布。

例 4    社会上定期发行某种奖券,每券 1 元,中奖率为 $p$。某人每次购买 1 张奖券,如果没有中奖下次再继续购买 1 张,直至中奖为止。求该人购买次数 $\xi$ 的分布。

解    "$\xi = 1$"表示第一次购买的奖券中奖,依题意 $P\{\xi = 1\}$ $= p$;

"$\xi = 2$"表示购买两次奖券,但第一次未中奖,其概率为 $1 - p$,而第二次中奖,其概率为 $p$。由于各期奖券中奖与否是相互独立

35

的,所以 $P\{\xi = 2\} = (1 - p)p$;

"$\xi = i$"表示购买$i$次,前$i-1$次都未中奖,而第$i$次中奖,$P\{\xi = i\} = (1 - p)^{i-1}p$。

由此得到$\xi$的概率函数为

$$P\{\xi = i\} = p(1 - p)^{i-1} \qquad (i = 1, 2, \cdots) \qquad (2.4)$$

不难验证,$\sum\limits_{i=1}^{\infty} p(1 - p)^{i-1} = 1$。称具有形如(2.4)式概率函数的随机变量服从几何分布。

例5 盒内装有外形与功率均相同的15个灯泡,其中10个螺口,5个卡口,灯口向下放着。现在需用1个螺口灯泡,从盒中任取一个,如果取到卡口灯泡就不再放回去。求在取到螺口灯泡之前已取出的卡口灯泡数$\xi$的分布。

解 "$\xi = 0$"表示第一个就取到了螺口灯泡,"$\xi = 1$"表示第一个取到卡口而第二个才取到螺口灯泡,因此$P\{\xi = 0\} = 10/15 = 2/3$;$P\{\xi = 1\} = (5/15)(10/14) = 5/21$。同样方法,可以依次计算出$P\{\xi = k\}(k = 2, 3, 4, 5)$,列成概率分布表如表2-5:

表 **2-5**

| $\xi$ | 0 | 1 | 2 | 3 | 4 | 5 |
|---|---|---|---|---|---|---|
| $p$ | 2/3 | 5/21 | 20/273 | 5/273 | 10/3 003 | 1/3 003 |

易见,$\sum\limits_{k=0}^{5} p_k = 1$。

## (二)随机变量的分布函数

定义2.2 若$\xi$是一个随机变量(可以是离散型的,也可以是非离散型的),对任何实数$x$,令

$$F(x) = P(\xi \leqslant x) \qquad (2.5)$$

称$F(x)$是随机变量$\xi$的分布函数。

$F(x)$，即事件"$\xi \leqslant x$"的概率是 $x$ 的一个实函数。对任意实数 $x_1 < x_2$，有

$$P(x_1 < \xi \leqslant x_2) = P(\xi \leqslant x_2) - P(\xi \leqslant x_1)$$

故 $\qquad P(x_1 < \xi \leqslant x_2) = F(x_2) - F(x_1)$ $\qquad$ (2.6)

因此，若已知 $\xi$ 的分布函数 $F(x)$，就能知道 $\xi$ 在任何一个区间上取值的概率。从这个意义上说，分布函数完整地描述了随机变量的变化情况，它具有下面几个性质：

（1） $0 \leqslant F(x) \leqslant 1$，对一切 $x \in (-\infty, +\infty)$ 成立；

（2） $F(x)$ 是 $x$ 的不减函数；

（3） $F(-\infty) = \lim\limits_{x \to -\infty} F(x) = 0, F(+\infty) = \lim\limits_{x \to +\infty} F(x) = 1$；

（4） $F(x)$ 至多有可列个间断点，而在其间断点上也是右连续的。

前两个性质由定义 2.2 及概率性质可直接得到，后两个性质直观上也是容易理解的，但严格的证明还要补充其它知识，这在专门的概率论书中有论述，这里不进行证明。

例 6　求本节例 1 中的分布函数。

解　在例 1 中，$\xi$ 的分布如前面表 2-2 所示。

$$F(x) = P(\xi \leqslant x) = \begin{cases} 0 & x < 0 \\ 0.95 & 0 \leqslant x < 1 \\ 1 & x \geqslant 1 \end{cases}$$

对于一般的 0-1 分布，其分布函数为

$$F(x) = \begin{cases} 0 & x < 0 \\ 1-p & 0 \leqslant x < 1 \\ 1 & x \geqslant 1 \end{cases}$$

其中 $p$ 为 $\xi$ 取值为 1 的概率。$F(x)$ 图形如图 2-4。

37

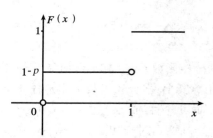

图 2-4

例 7　求例 3 中 $\xi$ 的分布函数 $F(x)$。

解

$$F(x) = \begin{cases} 0 & x < 1 \\ \dfrac{k}{6} & k \leqslant x < k+1 \quad (k=1,2,3,4,5) \\ 1 & x \geqslant 6 \end{cases}$$

$F(x)$ 的图形如图 2-5 所示。

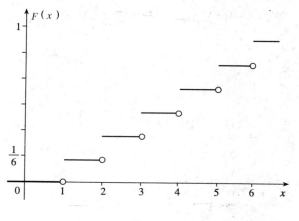

图 2-5

分布函数与概率函数满足关系：

$$F(x) = \sum_{k : x_k \leqslant x} p_k \qquad (2.7)$$

由图 2-4 及图 2-5 可见，离散型随机变量的分布函数的图形是阶梯曲线。它在 $\xi$ 的一切有概率（指正概率）的点 $x_k$ 都有一个跳跃，其跃度为 $\xi$ 取值 $x_k$ 的概率 $p_k$。而在分布函数 $F(x)$ 的任何一个连续点 $x$ 上，$\xi$ 取值 $x$ 的概率都是零，这一点对连续型随机变量也是成立的。

### （三）连续型随机变量的分布

尽管分布函数是描述各种类型随机变量变化规律的最一般的共同形式。但由于它不够直观，往往不常用。比如，对于离散型随机变量，用概率函数来描述既简单又直观。对于连续型随机变量也希望有一种比分布函数更直观的描述方式。

例 8　在区间 $[4, 10]$ 上任意抛掷一个质点，用 $\xi$ 表示这个质点与原点的距离，则 $\xi$ 是一个随机变量。如果这个质点落在 $[4, 10]$ 上任一子区间内的概率与这个区间长度成正比，求 $\xi$ 的分布函数。

解　$\xi$ 可以取 $[4, 10]$ 上的一切实数，即 $4 \leqslant \xi \leqslant 10$ 是一个必然事件，$P(4 \leqslant \xi \leqslant 10) = 1$。若 $[c, d] \subset [4, 10]$，有 $P(c \leqslant \xi \leqslant d) = \lambda(d - c)$，$\lambda$ 为比例常数。特别地，取 $c = 4, d = 10, P(4 \leqslant \xi \leqslant 10) = \lambda(10 - 4) = 6\lambda$，而已知 $P(4 \leqslant \xi \leqslant 10) = 1$，因此 $\lambda = 1/6$。

$$F(x) = P(\xi \leqslant x) = \begin{cases} 0 & x < 4 \\ \dfrac{1}{6}(x - 4) & 4 \leqslant x < 10 \\ 1 & x \geqslant 10 \end{cases}$$

$F(x)$ 的图形如图 2-6 所示。

在这里，分布函数 $F(x)$ 是 $(-\infty, +\infty)$ 上的一个非降有界的连续函数，在整个数轴上没有一个跳跃点（可见，对于这样的随

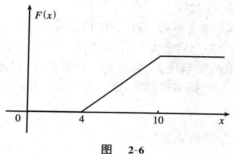

图　2-6

机变量,它取任何一个具体值的概率都是零)。比例系数 $\lambda$,反映了概率分布在区间 $[4,10]$ 上任意一个子区间 $[c,d]$ 上的密集程度,记作 $\varphi(x)$。

$$\varphi(x) = \begin{cases} \dfrac{1}{6} & 4 < x < 10 \\ 0 & \text{其它} \end{cases}$$

而前面求出的分布函数 $F(x)$,恰好就是非负函数 $\varphi(x)$ 在 $(-\infty, x]$ 上的广义积分。即

$$F(x) = \int_{-\infty}^{x} \varphi(t)\mathrm{d}t$$

定义 2.3　对于任何实数 $x$,如果随机变量 $\xi$ 的分布函数 $F(x)$ 可以写成

$$F(x) = \int_{-\infty}^{x} \varphi(t)\mathrm{d}t \tag{2.8}$$

其中 $\varphi(x) \geqslant 0$,则称 $\xi$ 为连续型随机变量。称 $\varphi(x)$ 为 $\xi$ 的概率分布密度函数,也常写为 $\xi \sim \varphi(x)$。它具有下列两个最基本的性质:

(1)　$\varphi(x) \geqslant 0$

(2)　$\displaystyle\int_{-\infty}^{\infty} \varphi(x)\mathrm{d}x = 1$

显然，$P\{a < \xi \leqslant b\} = \int_a^b \varphi(x)\mathrm{d}x$。并且在 $\varphi(x)$ 的一切连续点有 $F'(x) = \varphi(x)$。对于这一点进一步剖析，可以得到

$$\varphi(x) = \lim_{\triangle x \to 0} \frac{P\{x < \xi \leqslant x + \triangle x\}}{\triangle x}$$

这表明，$\varphi(x)$ 不是 $\xi$ 取值 $x$ 的概率，而是它在 $x$ 点概率分布的密集程度。但是 $\varphi(x)$ 的大小能反映出 $\xi$ 在 $x$ 附近取值的概率大小。因此，对于连续型随机变量，用密度函数描述它的分布比分布函数直观。以后一般用概率函数和概率分布密度函数来分别描述离散型和连续型随机变量。

例 9　若 $\xi$ 有概率密度

$$\varphi(x) = \begin{cases} \lambda & a \leqslant x \leqslant b \\ 0 & \text{其它} \end{cases} \quad (a < b) \tag{2.9}$$

则称 $\xi$ 服从区间 $[a,b]$ 上的均匀分布。试求 $F(x)$。

解　$\because \int_{-\infty}^{+\infty} \varphi(x)\mathrm{d}x = \int_a^b \lambda\mathrm{d}x = \lambda(b - a) = 1$

$\therefore \lambda = \dfrac{1}{b - a}$

由（2.8）式，有

$$F(x) = \begin{cases} 0 & x < a \\ \dfrac{x - a}{b - a} & a \leqslant x < b \\ 1 & x \geqslant b \end{cases}$$

例 10　已知连续型随机变量 $\xi$ 有概率密度

$$\varphi(x) = \begin{cases} kx + 1 & 0 \leqslant x \leqslant 2 \\ 0 & \text{其它} \end{cases}$$

求系数 $k$ 及分布函数 $F(x)$，并计算 $P\{1.5 < \xi < 2.5\}$。

解　$\because \int_{-\infty}^{+\infty} \varphi(x)\mathrm{d}x = 1$，即 $\int_0^2 (kx + 1)\mathrm{d}x = 1$

$\therefore 2k + 2 = 1, k = -\dfrac{1}{2}$

$$F(x) = \int_{-\infty}^{x} \varphi(t)\mathrm{d}t = \begin{cases} 0 & x < 0 \\ -\dfrac{1}{4}x^2 + x & 0 \leqslant x \leqslant 2 \\ 1 & x > 2 \end{cases}$$

$$P\{1.5 < \xi < 2.5\} = F(2.5) - F(1.5)$$
$$= 0.0625$$

在本节最后,给出随机变量一个一般的定义:

定义 2.4 如果每次试验的结果,也就是每一个样本点 $\omega$,都对应着一个确定的实数 $\xi$,并且对于任何实数 $x$,"$\xi \leqslant x$"有确定的概率,称 $\xi$ 为随机变量。

# §2.3 二元随机变量

定义 2.5 如果每次试验的结果对应着一组确定的实数 $(\xi_1, \cdots, \xi_n)$,它们是随试验结果不同而变化的 $n$ 个随机变量,并且对任何一组实数 $x_1, \cdots, x_n$,事件"$\xi_1 \leqslant x_1, \cdots, \xi_n \leqslant x_n$"有确定的概率,则称 $n$ 个随机变量的整体 $(\xi_1, \cdots, \xi_n)$ 为一个 $n$ 元随机变量(或 $n$ 元随机向量)。

定义 2.6 称 $n$ 元函数

$$F(x_1, \cdots, x_n) = P(\xi_1 \leqslant x_1, \cdots, \xi_n \leqslant x_n) \qquad (2.10)$$
$$(x_1, \cdots, x_n) \in R^n$$

为 $n$ 元随机变量的分布函数。

本节只研究二元随机变量,它的很多结果不难推广到 $n > 2$ 的情况。

## (一)离散型

1. 联合分布

定义 2.7 如果二元随机变量 $(\xi, \eta)$ 所有可能取的数对为有限或可列个,并且以确定的概率取各个不同的数对,则称$(\xi,\eta)$为二元离散型随机变量。

为了直观,可以把$(\xi,\eta)$所有的可能取值及相应概率列成表(见表 2-6),称为$(\xi,\eta)$的联合概率分布表。

**表 2-6**

| $\xi$ \\ $\eta$ | $y_1$ | $y_2$ | $\cdots$ | $y_j$ | $\cdots$ |
|---|---|---|---|---|---|
| $x_1$ | $p_{11}$ | $p_{12}$ | $\cdots$ | $p_{1j}$ | $\cdots$ |
| $x_2$ | $p_{21}$ | $p_{22}$ | $\cdots$ | $p_{2j}$ | $\cdots$ |
| $\vdots$ | $\cdots$ | $\cdots$ | $\cdots$ | $\cdots$ | $\cdots$ |
| $x_i$ | $p_{i1}$ | $p_{i2}$ | $\cdots$ | $p_{ij}$ | $\cdots$ |
| $\vdots$ | $\cdots$ | $\cdots$ | $\cdots$ | $\cdots$ | $\cdots$ |

为了简单,也可以用一系列等式来表示二元离散型随机变量$(\xi,\eta)$的联合概率分布。

$$P\{\xi = x_i, \eta = y_j\} = p_{ij} \quad (i,j = 1,2,\cdots) \qquad (2.11)$$

(2.11)式也称为$\xi$与$\eta$的联合分布律。它具有下列基本性质:

(1)　$p_{ij} \geqslant 0$

(2)　$\sum_i \sum_j p_{ij} = 1$

**例 1**　同一品种的 5 个产品中,有 2 个正品。每次从中取 1 个检验质量,不放回地抽取,连续 2 次。记"$\xi_k = 0$"表示第 $k$ 次取到正品,而"$\xi_k = 1$"为第 $k$ 次取到次品$(k = 1,2)$。写出$(\xi_1,\xi_2)$的联合分布律。

**解**　试验结果共由 4 个基本事件组成,相应概率可按公式(1.10)计算:

$$P\{\xi_1 = 0, \xi_2 = 0\} = P\{\xi_1 = 0\}P\{\xi_2 = 0 | \xi_1 = 0\}$$
$$= \frac{2}{5} \times \frac{1}{4} = 0.1$$

$$P\{\xi_1 = 0, \xi_2 = 1\} = \frac{2}{5} \times \frac{3}{4} = 0.3$$

$$P\{\xi_1 = 1, \xi_2 = 0\} = \frac{3}{5} \times \frac{2}{4} = 0.3$$

$$P\{\xi_1 = 1, \xi_2 = 1\} = \frac{3}{5} \times \frac{2}{4} = 0.3$$

列成概率分布表如表 2-7 所示。

表　2-7

| $\xi_1$ ＼ $\xi_2$ | 0 | 1 |
|---|---|---|
| 0 | 0.1 | 0.3 |
| 1 | 0.3 | 0.3 |

2. 边缘分布与联合分布的关系

二元随机变量 $(\xi, \eta)$ 中，分量 $\xi$（或 $\eta$）的概率分布称为 $(\xi, \eta)$ 的关于 $\xi$（或 $\eta$）的边缘分布。如果已知 $(\xi, \eta)$ 的联合分布由 (2.11) 式给出，则

$$P\{\xi = x_i\} = \sum_j P\{\xi = x_i, \eta = y_j\}$$

$$= \sum_j p_{ij} \triangleq p_i^{(1)} \qquad (i = 1, 2, \cdots) \quad (2.12)$$

$$P\{\eta = y_j\} = \sum_i p_{ij} \triangleq p_j^{(2)} \qquad (j = 1, 2, \cdots) \quad (2.13)$$

上面两式中的符号"$\triangleq$"表示"记作"的意思。显然，$p_i^{(1)}(i = 1, 2, \cdots)$ 是非负的，且对所有的 $i$，它们的和为 1。$p_i^{(1)}$ 恰好是表 2-6 中第 $i$ 行各概率的和。它表示不论 $\eta$ 取什么值，$\xi$ 取值 $x_i$ 的概率。对于 $p_j^{(2)}$ 也同样。

例 2　将两封信随机地往编号为 Ⅰ、Ⅱ、Ⅲ、Ⅳ 的 4 个邮筒内投。$\xi_i$ 表示第 $i$ 个邮筒内信的数目 $(i = 1, 2)$。写出 $(\xi_1, \xi_2)$ 的联合分布及 $(\xi_1, \xi_2)$ 中关于 $\xi_1$ 的边缘分布。

解　由 §1.2 例 3 得，试验共有 $4^2$ 种不同的等可能结果：

$$p_{00} = P\{\xi_1 = 0, \xi_2 = 0\} = \frac{4}{16}$$

$$p_{01} = P\{\xi_1 = 0, \xi_2 = 1\} = \frac{2 \times 2}{16} = \frac{4}{16}$$

$$p_{10} = p_{01} = \frac{4}{16} \qquad p_{11} = \frac{2}{16} \quad (见 \S 1.2 例 3)$$

$$p_{02} = p_{20} = \frac{1}{16} \qquad p_{12} = p_{21} = p_{22} = 0$$

将上述结果列于表 2-8 中。

表 2-8

| $\xi_1$ \ $\xi_2$ | 0 | 1 | 2 | $p_i^{(1)}$ |
|---|---|---|---|---|
| 0 | 4/16 | 4/16 | 1/16 | 9/16 |
| 1 | 4/16 | 2/16 | 0 | 6/16 |
| 2 | 1/16 | 0 | 0 | 1/16 |

由表 2-8,关于 $\xi_1$ 的边缘分布可列成表 2-9。

表 2-9

| $\xi_1$ | 0 | 1 | 2 |
|---|---|---|---|
| $P$ | 9/16 | 6/16 | 1/16 |

### 3. 条件分布

对于二元离散型随机变量 $(\xi, \eta)$,如果 $P\{\eta = y_j\} > 0$,称 $p_{ij}/p_j^{(2)} (i = 1, 2, \cdots)$ 为在 $\eta = y_j$ 条件下关于 $\xi$ 的条件分布。记为

$$P\{\xi = x_i | \eta = y_j\} = \frac{p_{ij}}{p_j^{(2)}} \qquad (i = 1, 2, \cdots) \qquad (2.14)$$

显然,$P\{\xi = x_i | \eta = y_i\}$ 是非负的,并且对于所有的 $i$,它们的和为 1。同样地,若 $p_i^{(1)} > 0$,称

$$P\{\eta = y_j | \xi = x_i\} = \frac{p_{ij}}{p_i^{(1)}} \qquad (j = 1, 2, \cdots) \qquad (2.15)$$

为在 $\xi = x_i$ 条件下关于 $\eta$ 的条件分布。

**例 3**　求出本节例 2 中,在 $\xi_2 = 1$ 条件下关于 $\xi_1$ 的条件分布。

**解**　由公式(2.14)

$$P\{\xi_1 = i | \xi_2 = 1\} = \frac{p_{i1}}{p_1^{(2)}} \qquad (i = 0,1,2)$$

$$P\{\xi_1 = 0 | \xi_2 = 1\} = \frac{p_{01}}{p_1^{(2)}} = \frac{2}{3}$$

$$P\{\xi_1 = 1 | \xi_2 = 1\} = \frac{p_{11}}{p_1^{(2)}} = \frac{1}{3}$$

$$P\{\xi_1 = 2 | \xi_2 = 1\} = \frac{p_{21}}{p_1^{(2)}} = 0$$

即,当 $\xi_2 = 1$ 时,$\xi_1$ 的条件分布如表 2-10 所示。

表　**2-10**

| $\xi_1$ | 0 | 1 |
|---|---|---|
| $P\{\xi_1 | \xi_2 = 1\}$ | 2/3 | 1/3 |

**例 4**　某射手在射击中,每次击中目标的概率为 $p(0 < p < 1)$,射击进行到第二次击中目标为止,$\xi_i$ 表示第 $i$ 次击中目标时所进行的射击次数$(i = 1,2)$,求 $\xi_1$ 和 $\xi_2$ 的联合分布以及它们的条件分布。

**解**　事件"$\xi_1 = i, \xi_2 = j$"表示第 $i$ 次及第 $j$ 次击中了目标($1 \leqslant i < j$),而其余 $j - 2$ 次都没有击中目标。已知各次射击是相互独立的,所以

$$p_{ij} = P\{\xi_1 = i, \xi_2 = j\} = p^2 q^{j-2} \qquad (q = 1 - p)$$

边缘分布为:

$$p_i^{(1)} = P(\xi_1 = i) = \sum_{j=i+1}^{\infty} p_{ij} = pq^{i-1} \qquad (i = 1,2,\cdots)$$

$$p_j^{(2)} = P(\xi_2 = j) = \sum_{i=1}^{j-1} p_{1j} = (j-1)p^2 q^{j-2}$$

$$(j = 2,3,\cdots)$$

46

对于任意大于 1 的正整数 $j = 2, 3, \cdots$, 有 $p_j^{(2)} > 0$, 因此关于 $\xi_1$ 的条件分布为:

$$P\{\xi_1 = i \mid \xi_2 = j\} = \frac{p_{ij}}{p_j^{(2)}}$$

$$= \frac{p^2 q^{j-2}}{(j-1)p^2 q^{j-2}} = \frac{1}{j-1}$$

$$(i = 1, 2, \cdots, j - 1)$$

同样可得, 关于 $\xi_2$ 的条件分布为:

$$P\{\xi_2 = j \mid \xi_1 = i\} = \frac{p_{ij}}{p_i^{(1)}}$$

$$= \frac{p^2 q^{j-2}}{p q^{i-1}} = p q^{j-i-1}$$

$$(j = i+1, i+2, \cdots)$$

## (二) 连续型

### 1. 联合概率密度

定义 2.8 如果存在一个非负函数 $\varphi(x, y)$, 使得二元随机变量 $(\xi, \eta)$ 的分布函数 $F(x, y)$, 对于任意的实数 $x, y$ 都有

$$F(x, y) = \int_{-\infty}^{x} \int_{-\infty}^{y} \varphi(s, t) \mathrm{d}t \mathrm{d}s \qquad (2.16)$$

则称 $(\xi, \eta)$ 是二元连续型随机变量。$\varphi(x, y)$ 称为 $\xi$ 与 $\eta$ 的联合概率密度。它具有下面两个基本性质:

(1) 对一切实数 $x, y, \varphi(x, y) \geqslant 0$;

(2) $\displaystyle\int_{-\infty}^{\infty} \int_{-\infty}^{\infty} \varphi(x, y) \mathrm{d}x \mathrm{d}y = 1$。

显然, 对任意实数 $a < b$ 及 $c < d$, 有

$$P\{a < \xi \leqslant b, c < \eta \leqslant d\} = \int_a^b \int_c^d \varphi(x, y) \mathrm{d}y \mathrm{d}x$$

### 2. 边缘概率密度

$$F_\xi(x) = P\{\xi \leqslant x, -\infty < \eta < +\infty\}$$

$$= \int_{-\infty}^{x} \mathrm{d}s \int_{-\infty}^{\infty} \varphi(s,t)\mathrm{d}t \qquad (2.17)$$

$$F_{\eta}(y) = P\{-\infty < \xi < +\infty, \eta \leqslant y\}$$

$$= \int_{-\infty}^{y} \mathrm{d}t \int_{-\infty}^{\infty} \varphi(s,t)\mathrm{d}s \qquad (2.18)$$

分别称为二元随机变量$(\xi,\eta)$中关于$\xi$及关于$\eta$的边缘分布函数。若记

$$\varphi_1(x) = \int_{-\infty}^{\infty} \varphi(x,y)\mathrm{d}y \qquad (2.19)$$

显然$\varphi_1(x) \geqslant 0$,并且对任何实数$x$,都有

$$F_{\xi}(x) = \int_{-\infty}^{x} \varphi_1(s)\mathrm{d}s$$

因此,$\varphi_1(x)$是$(\xi,\eta)$中关于$\xi$的边缘概率密度。同样地记

$$\varphi_2(y) = \int_{-\infty}^{\infty} \varphi(x,y)\mathrm{d}x \qquad (2.20)$$

则$\varphi_2(y)$是$(\xi,\eta)$中关于$\eta$的边缘概率密度。

3. 条件概率密度

不加说明,下面直接给出条件概率密度的公式:

若$\varphi_2(y) > 0$,称

$$\varphi(x|y) = \frac{\varphi(x,y)}{\varphi_2(y)} \qquad (2.21)$$

为在$\eta = y$条件下,关于$\xi$的条件概率密度。

当$\varphi_1(x) > 0$时,称

$$\varphi(y|x) = \frac{\varphi(x,y)}{\varphi_1(x)} \qquad (2.22)$$

为在$\xi = x$条件下,关于$\eta$的条件概率密度。

**(三)随机变量的相互独立性**

定义 2.9 对于任何实数$x,y$,如果二元随机变量$(\xi,\eta)$的联合分布函数$F(x,y)$等于$\xi$和$\eta$的边缘分布函数的乘积,即

$$F(x,y) = F_{\xi}(x) \cdot F_{\eta}(y) \qquad (2.23)$$

则称随机变量 $\xi$ 与 $\eta$ 相互独立。

不进行证明,下面给出两个随机变量 $\xi$ 与 $\eta$ 独立的充要条件:

离散型　$\xi$ 与 $\eta$ 独立 $\Leftrightarrow$ 对一切 $i,j = 1,2,\cdots$

$$p_{ij} = p_i^{(1)} p_j^{(2)} \qquad\qquad (2.24)$$

连续型　$\xi$ 与 $\eta$ 独立 $\Leftrightarrow$ 对任何实数 $x,y$

$$\varphi(x,y) = \varphi_1(x)\varphi_2(y) \qquad\qquad (2.25)$$

例 5　本节例 2 中的两个随机变量 $\xi_1$ 与 $\xi_2$ 是否独立?

解　由例 2 中表 2-8 可得:

$$p_{22} = P\{\xi_1 = 2, \xi_2 = 2\} = 0$$

而 $p_2^{(1)} = P\{\xi_1 = 2\} = 1/16, p_2^{(2)} = P\{\xi_2 = 2\} = 1/16$,易见,

$$p_{22} \neq p_2^{(1)} \cdot p_2^{(2)}$$

因此,$\xi_1$ 与 $\xi_2$ 不独立。

例 6　两个连续型随机变量 $\xi_1$ 与 $\xi_2$ 相互独立,其概率密度为

$$\varphi_i(x_i) = \frac{1}{\sqrt{2\pi}\sigma_i} e^{-\frac{1}{2}\left(\frac{x_i - \mu_i}{\sigma_i}\right)^2} \qquad\qquad (i = 1,2)$$

其中 $\mu_i, \sigma_i$ 都是常数,$\sigma_i > 0 (i = 1,2)$。求 $\xi_1$ 与 $\xi_2$ 的联合概率密度。

解　由 $(2.25)$ 式可得:

$$
\begin{aligned}
\varphi(x_1, x_2) &= \prod_{i=1}^{2} \frac{1}{\sqrt{2\pi}\,\sigma_i} e^{-\frac{1}{2}\left(\frac{x_i - \mu_i}{\sigma_i}\right)^2} \\
&= \frac{1}{2\pi\sigma_1\sigma_2} e^{-\frac{1}{2}\left[\left(\frac{x_1 - \mu_1}{\sigma_1}\right)^2 + \left(\frac{x_2 - \mu_2}{\sigma_2}\right)^2\right]}
\end{aligned}
$$

# §2.4　随机变量函数的分布

我们常常遇到一些随机变量,它们的分布往往难于直接得到(如滚珠体积的测量值等),但是与它们有关系的另一些随机变量,其分布却是容易知道的(如滚珠直径的测量值)。因此,要研究随机变量之间的关系,从而通过它们之间的关系,由已知的随机变量的

分布求出与之有关的另一个随机变量的分布。

定义 2.10　设 $f(x)$ 是定义在随机变量 $\xi$ 的一切可能值 $x$ 的集合上的函数。如果对于 $\xi$ 的每一可能取值 $x$，有另一个随机变量 $\eta$ 的相应取值 $y = f(x)$。则称 $\eta$ 为 $\xi$ 的函数，记作 $\eta = f(\xi)$。

我们的任务是，如何根据 $\xi$ 的分布求出 $\eta$ 的分布，或由 $(\xi_1, \cdots, \xi_n)$ 的分布求出 $\eta = f(\xi_1, \cdots, \xi_n)$ 的分布。下面分离散型和连续型两种情况讨论。

### （一）离散型随机变量函数的分布

例 1　测量一个正方形的边长，其结果是一个随机变量 $\xi$（为简便起见把它看成是离散型的）。$\xi$ 的分布如表 2-11：

表　2-11

| $\xi$ | 9 | 10 | 11 | 12 |
|---|---|---|---|---|
| $P$ | 0.2 | 0.3 | 0.4 | 0.1 |

求周长 $\eta$ 和面积 $\zeta$ 的分布律。

解　$\eta$ 和 $\zeta$ 都是 $\xi$ 的函数，且 $\eta = 4\xi$，$\zeta = \xi^2$。事件"$\eta = 36$"即"$4\xi = 36$"与"$\xi = 9$"相等，故 $P\{\eta = 36\} = P\{\xi = 9\}$。依此计算，可得表 2-12。

表　2-12

| $\eta$ | 36 | 40 | 44 | 48 |
|---|---|---|---|---|
| $P$ | 0.2 | 0.3 | 0.4 | 0.1 |

同样地，$\zeta$ 的分布律如表 2-13 所示。

表　2-13

| $\zeta$ | 81 | 100 | 121 | 144 |
|---|---|---|---|---|
| $P$ | 0.2 | 0.3 | 0.4 | 0.1 |

例 2    $\xi$ 的分布如表 2-14：

表    2-14

| $\xi$ | −1 | 0 | 1 | 1.5 | 3 |
|---|---|---|---|---|---|
| $P$ | 0.2 | 0.1 | 0.3 | 0.3 | 0.1 |

求 $\xi^2$ 的分布。

解    事件"$\xi^2 = 0$"，"$\xi^2 = 2.25$"，"$\xi^2 = 9$"，分别与事件"$\xi = 0$"，"$\xi = 1.5$"，"$\xi = 3$"相等，其概率当然分别相等。事件"$\xi^2 = 1$"与两个互斥事件"$\xi = -1$"及"$\xi = 1$"的和相等，其概率是这两个事件概率的和。$\xi^2$ 的分布如表 2-15 所示。

表    2-15

| $\xi^2$ | 0 | 1 | 2.25 | 9 |
|---|---|---|---|---|
| $P$ | 0.1 | 0.5 | 0.3 | 0.1 |

例 3    一个仪器由两个主要部件组成，其总长度为此二部件长度的和，这两个部件的长度 $\xi$ 和 $\eta$ 为两个相互独立的随机变量，其分布律如表 2-16、表 2-17 所示。求此仪器长度的分布律。

表    2-16

| $\xi$ | 9 | 10 | 11 |
|---|---|---|---|
| $P$ | 0.3 | 0.5 | 0.2 |

表    2-17

| $\eta$ | 6 | 7 |
|---|---|---|
| $P$ | 0.4 | 0.6 |

解    设仪器总长度为 $\zeta = \xi + \eta$，其可能取值如表 2-18 所示：

表    2-18

| $\xi$ | 9 | 9 | 10 | 10 | 11 | 11 |
|---|---|---|---|---|---|---|
| $\eta$ | 6 | 7 | 6 | 7 | 6 | 7 |
| $\zeta = \xi + \eta$ | 15 | 16 | 16 | 17 | 17 | 18 |

$$P(\zeta = 15) = P(\xi = 9, \eta = 6) = P(\xi = 9)P(\eta = 6)$$

51

$$= 0.3 \times 0.4 = 0.12$$
$$P(\zeta = 16) = P(\xi = 9, \eta = 7) + P(\xi = 10, \eta = 6)$$
$$= 0.3 \times 0.6 + 0.5 \times 0.4 = 0.38$$

同样方法可得

$$P(\zeta = 17) = 0.38 \qquad P(\zeta = 18) = 0.12$$

因而 $\zeta$ 的分布律如表 2-19 所示。

表　2-19

| $\zeta$ | 15 | 16 | 17 | 18 |
|---|---|---|---|---|
| $P$ | 0.12 | 0.38 | 0.38 | 0.12 |

例 4　求 §2.3 例 2 中前两个邮筒内信的数目之和 $\xi_1 + \xi_2$ 的分布律。

解　$\xi_1 + \xi_2$ 只可能取 $0,1,2$ 三个值。

$$P(\xi_1 + \xi_2 = 0) = P(\xi_1 = 0, \xi_2 = 0) = \frac{4}{16}$$
$$P(\xi_1 + \xi_2 = 1) = P(\xi_1 = 0, \xi_2 = 1) + P(\xi_1 = 1, \xi_2 = 0)$$
$$= \frac{8}{16}$$
$$P(\xi_1 + \xi_2 = 2) = P(\xi_1 = 1, \xi_2 = 1) + P(\xi_1 = 0, \xi_2 = 2)$$
$$+ P(\xi_1 = 2, \xi_2 = 0) = \frac{4}{16}$$

列成概率分布表如表 2-20 所示。

表　2-20

| $\xi_1 + \xi_2$ | 0 | 1 | 2 |
|---|---|---|---|
| $P$ | 1/4 | 1/2 | 1/4 |

仿此方法,读者不难计算出该例中 $\xi_1 - \xi_2$ 的分布如表 2-21 所示。

表 2-21

| $\xi_1-\xi_2$ | $-2$ | $-1$ | 0 | 1 | 2 |
|---|---|---|---|---|---|
| $P$ | 1/16 | 4/16 | 6/16 | 4/16 | 1/16 |

## （二）连续型

例 5　已知 $\xi$ 的概率密度是 $\varphi_\xi(x)$，$\eta=4\xi-1$，求 $\eta$ 的概率密度 $\varphi_\eta(x)$。

解　首先求 $\eta$ 的分布函数 $F_\eta(x)$。依题意，有

$$F_\eta(x) = P\{\eta \leqslant x\} = P\{4\xi-1 \leqslant x\}$$

$$= P\left\{\xi \leqslant \frac{x+1}{4}\right\} = F_\xi\left(\frac{x+1}{4}\right)$$

其中 $F_\xi(x)$ 为 $\xi$ 的分布函数。然后根据概率密度与分布函数间的关系，上式两边都对 $x$ 求导：

$$\varphi_\eta(x) = \varphi_\xi\left(\frac{x+1}{4}\right) \cdot \frac{1}{4}$$

在这里，把所求随机事件"$\eta \leqslant y$"的概率转化为求与它相等的随机事件"$\xi \leqslant (x+1)/4$"的概率。而后者恰是已知随机变量 $\xi$ 的分布函数在 $\frac{1}{4}(x+1)$ 的值。于是建立了两个随机变量 $\eta$ 与 $\xi$ 的分布函数之间的关系：

$$F_\eta(x) = F_\xi\left(\frac{x+1}{4}\right)$$

这对计算随机变量函数的概率密度是关键的一步。

例 6　设随机变量 $\xi$ 的分布函数为 $F_\xi(x)$，求 $\xi^2$ 的分布函数。

解　当 $x < 0$ 时，$F_{\xi^2}(x) = P(\xi^2 \leqslant x) = 0$。

设 $x \geqslant 0$，

$$F_{\xi^2}(x) = P(\xi^2 \leqslant x) = P(-\sqrt{x} \leqslant \xi \leqslant \sqrt{x})$$

$$= P(-\sqrt{x} < \xi \leqslant \sqrt{x}) + P(\xi = -\sqrt{x})$$

53

$$= F_\xi(\sqrt{x}) - F_\xi(-\sqrt{x}) + P(\xi = -\sqrt{x})$$

特别地,如果 $\xi$ 是具有概率密度为 $\varphi_\xi(x)$ 的连续型随机变量,$P(\xi = -\sqrt{x}) = 0$,则 $\xi^2$ 的概率密度为

$$\varphi_{\xi^2}(x) = \begin{cases} \dfrac{\varphi_\xi(\sqrt{x}) + \varphi_\xi(-\sqrt{x})}{2\sqrt{x}} & x > 0 \\ 0 & x \leqslant 0 \end{cases} \tag{2.26}$$

**例 7** 和的分布。已知 $(\xi, \eta)$ 的联合概率密度是 $\varphi(x_1, x_2)$,$\zeta = \xi + \eta$,求 $\zeta$ 的概率密度 $\varphi_\zeta(x)$。

**解** 先求 $\zeta$ 的分布函数,再求其概率密度。

$$\begin{aligned} F_\zeta = P(\zeta \leqslant x) &= \iint\limits_{x_1 + x_2 \leqslant x} \varphi(x_1, x_2) \mathrm{d}x_1 \mathrm{d}x_2 \\ &= \int_{-\infty}^{+\infty} \mathrm{d}x_1 \int_{-\infty}^{x - x_1} \varphi(x_1, x_2) \mathrm{d}x_2 \\ &\xlongequal{u = x_1 + x_2} \int_{-\infty}^{+\infty} \mathrm{d}x_1 \int_{-\infty}^{x} \varphi(x_1, u - x_1) \mathrm{d}u \\ &= \int_{-\infty}^{x} \mathrm{d}u \int_{-\infty}^{+\infty} \varphi(x_1, u - x_1) \mathrm{d}x_1 \end{aligned}$$

由定义 2.3 可知,$\zeta$ 的密度函数为

$$\varphi_\zeta(x) = \int_{-\infty}^{+\infty} \varphi(x_1, x - x_1) \mathrm{d}x_1 \tag{2.27}$$

若 $\xi$ 与 $\eta$ 相互独立,则有

$$\varphi_\zeta(x) = \int_{-\infty}^{+\infty} \varphi_\xi(x_1) \varphi_\eta(x - x_1) \mathrm{d}x_1 \tag{2.28}$$

或 $$\varphi_\zeta(x) = \int_{-\infty}^{+\infty} \varphi_\xi(x - x_2) \varphi_\eta(x - x_2) \mathrm{d}x_2 \tag{2.29}$$

# 习 题 二

1. 用随机变量来描述掷一枚硬币的试验结果。写出它的概率函数和分布函数。

2. 如果 $\xi$ 服从 0-1 分布, 又知 $\xi$ 取 1 的概率为它取 0 的概率的两倍。写出 $\xi$ 的分布律和分布函数。

3. 如果 $\xi$ 的概率函数为 $P\{\xi = a\} = 1$, 则称 $\xi$ 服从退化分布。写出它的分布函数 $F(x)$, 画出 $F(x)$ 的图形。

4. 一批产品分一、二、三级, 其中一级品是二级品的两倍, 三级品是二级品的一半。从这批产品中随机地抽取一个检验质量, 用随机变量描述检验的可能结果, 写出它的概率函数。

5. 一批产品 20 个, 其中有 5 个次品, 从这批产品中随意抽取 4 个, 求这 4 个中的次品数 $\xi$ 的分布律(精确到 0.01)。

6. 一批产品包括 10 件正品, 3 件次品, 有放回地抽取, 每次一件, 直到取得正品为止。假定每件产品被取到的机会相同, 求抽取次数 $\xi$ 的概率函数。

7. 上题中如果每次取出一件产品后, 总以一件正品放回去, 直到取得正品为止, 求抽取次数 $\xi$ 的分布律。

8. 自动生产线在调整之后出现废品的概率为 $p$, 当在生产过程中出现废品时立即重新进行调整, 求在两次调整之间生产的合格品数 $\xi$ 的概率函数。

9. 已知随机变量 $\xi$ 只能取 $-1, 0, 1, 2$ 四个值, 相应概率依次为 $\dfrac{1}{2c}, \dfrac{3}{4c}, \dfrac{5}{8c}, \dfrac{7}{16c}$, 确定常数 $c$ 并计算 $P\{\xi < 1 \mid \xi \neq 0\}$。

10. 写出第 4 题及第 9 题中各随机变量的分布函数。

11. 已知 $\xi \sim \varphi(x) = \begin{cases} \dfrac{1}{2\sqrt{(x)}} & 0 < x < 1 \\ 0 & \text{其它} \end{cases}$, 求 $\xi$ 的分布函数 $F(x)$, 画出 $F(x)$ 的图形。

12. 已知 $\xi \sim \varphi(x) = \begin{cases} 2x & 0 < x < 1 \\ 0 & \text{其它} \end{cases}$, 求 $P\{\xi \leq 0.5\}$; $P\{\xi = 0.5\}$; $F(x)$。

13. 某型号电子管, 其寿命(以小时计)为一随机变量, 概率密

度 $\varphi(x) = \begin{cases} \dfrac{100}{x^2} & x \geqslant 100 \\ 0 & \text{其它} \end{cases}$，某一个电子设备内配有 3 个这样的电子管，求电子管使用 150 小时都不需要更换的概率。

14. 设连续型随机变量的分布函数为：

$$F(x) = \begin{cases} 0 & x < 0 \\ Ax^2 & 0 \leqslant x < 1 \\ 1 & x \geqslant 1 \end{cases}$$

求系数 $A$；$P\{0.3 < \xi < 0.7\}$；概率密度 $\varphi(x)$。

15. 服从柯西分布的随机变量 $\xi$ 的分布函数是 $F(x) = A + B\text{arctg}x$，求常数 $A, B$；$P\{|\xi| < 1\}$ 以及概率密度 $\varphi(x)$。

16. 服从拉普拉斯分布的随机变量 $\xi$ 的概率密度 $\varphi(x) = Ae^{-|x|}$，求系数 $A$ 及分布函数 $F(x)$。

17. 已知 $\xi \sim \varphi(x) = \begin{cases} 12x^2 - 12x + 3 & 0 < x < 1 \\ 0 & \text{其它} \end{cases}$，计算 $P\{\xi \leqslant 0.2 | 0.1 < \xi \leqslant 0.5\}$。

18. 已知 $\xi \sim \varphi(x) = ce^{-x^2+x}$，确定常数 $c$。

19. 已知 $\xi \sim \varphi(x) = \begin{cases} c\lambda e^{-\lambda x} & x > a(\lambda > 0) \\ 0 & \text{其它} \end{cases}$，求常数 $c$ 及 $P\{a-1 < \xi \leqslant a+1\}$。

20. 二元离散型随机变量 $(\xi, \eta)$ 有如表 2-22 所示的联合概率分布：

表 2-22

| η〳ξ | 0 | 1 | 2 | 3 | 4 | 5 | 6 |
|---|---|---|---|---|---|---|---|
| 0 | 0.202 | 0.174 | 0.113 | 0.062 | 0.049 | 0.023 | 0.004 |
| 1 | 0 | 0.099 | 0.064 | 0.040 | 0.031 | 0.020 | 0.006 |
| 2 | 0 | 0 | 0.031 | 0.025 | 0.018 | 0.013 | 0.008 |
| 3 | 0 | 0 | 0 | 0.001 | 0.002 | 0.004 | 0.011 |

56

求边缘概率分布,$\xi$ 与 $\eta$ 是否独立?

21. 假设电子显示牌上有 3 个灯泡在第一排,5 个灯泡在第二排。令 $\xi,\eta$ 分别表示在某一规定时间内第一排和第二排烧坏的灯泡数。若 $\xi$ 与 $\eta$ 的联合分布如表 2-23 所示。试计算在规定时间内下列事件的概率:

(1) 第一排烧坏的灯泡数不超过一个;

(2) 第一排与第二排烧坏的灯泡数相等;

(3) 第一排烧坏的灯泡数不超过第二排烧坏的灯泡数。

表　2-23

| $\xi$ \ $\eta$ | 0 | 1 | 2 | 3 | 4 | 5 |
|---|---|---|---|---|---|---|
| 0 | 0.01 | 0.01 | 0.03 | 0.05 | 0.07 | 0.09 |
| 1 | 0.01 | 0.02 | 0.04 | 0.05 | 0.06 | 0.08 |
| 2 | 0.01 | 0.03 | 0.05 | 0.05 | 0.05 | 0.06 |
| 3 | 0.01 | 0.01 | 0.04 | 0.06 | 0.06 | 0.05 |

22. 袋中装有标上号码 1,2,2 的 3 个球,从中任取一个并且不再放回,然后再从袋中任取一球,以 $\xi$、$\eta$ 分别记为第一、二次取到球上的号码数,求 $(\xi,\eta)$ 的分布律(袋中各球被取机会相同)。

23. $(\xi,\eta)$ 只取下列数组中的值:

$$(0,0) \quad (-1,1) \quad (-1,\frac{1}{3}) \quad (2,0)$$

且相应概率依次为 1/6,1/3,1/12,5/12。列出 $(\xi,\eta)$ 的概率分布表;写出关于 $\eta$ 的边缘分布。

24. 在第 22 题中,若改为袋内装有号码是 1,2,2,3 的 4 个球,其它假定不变,求 $(\xi,\eta)$ 的联合概率分布。

25. $\xi$ 表示随机地在 1—4 的 4 个整数中取出的一个整数,$\eta$ 表示在 1—$\xi$ 中随机地取出的一个整数值,求 $(\xi,\eta)$ 的联合概率分布。

26. 已知 $(\xi,\eta) \sim \varphi(x,y) = \begin{cases} c\sin(x+y) & 0 \leqslant x,y \leqslant \dfrac{\pi}{4} \\ 0 \end{cases}$,

试确定常数 $c$ 并求 $\eta$ 的边缘概率密度。

27. 已知 $\xi$ 服从参数 $p = 0.6$ 的 0-1 分布,在 $\xi = 0$ 及 $\xi = 1$ 下,关于 $\eta$ 的条件分布分别如表 2-24 及表 2-25 所示。

表 2-24

| $\eta$ | 1 | 2 | 3 |
|---|---|---|---|
| $P\{\eta\|\xi=0\}$ | 1/4 | 1/2 | 1/4 |

表 2-25

| $\eta$ | 1 | 2 | 3 |
|---|---|---|---|
| $P\{\eta\|\xi=1\}$ | 1/2 | 1/6 | 1/3 |

求二元随机变量 $(\xi,\eta)$ 的联合概率分布,以及在 $\eta \neq 1$ 时关于 $\xi$ 的条件分布。

28. 第 22 题中的两个随机变量 $\xi$ 与 $\eta$ 是否独立?当 $\xi = 1$ 时,$\eta$ 的条件分布是什么?

29. $\xi$ 与 $\eta$ 相互独立,其概率分布如表 2-26 及表 2-27 所示,求 $(\xi,\eta)$ 的联合概率分布,$P(\xi + \eta = 1)$,$P(\xi + \eta \neq 0)$。

表 2-26

| $\xi$ | $-2$ | $-1$ | 0 | 1/2 |
|---|---|---|---|---|
| $P$ | 1/4 | 1/3 | 1/12 | 1/3 |

表 2-27

| $\eta$ | $-1/2$ | 1 | 3 |
|---|---|---|---|
| $P$ | 1/2 | 1/4 | 1/4 |

30. 测量一矩形土地的长与宽,测量结果得到如表 2-28、表 2-29 所示的分布律(长与宽相互独立),求周长 $\zeta$ 的分布。

表 2-28

| 长度 $\xi$ | 29 | 30 | 31 |
|---|---|---|---|
| $P$ | 0.3 | 0.5 | 0.2 |

表 2-29

| 宽度 $\eta$ | 19 | 20 | 21 |
|---|---|---|---|
| $P$ | 0.3 | 0.4 | 0.3 |

31. 测量一圆形物件的半径 $R$,其分布如表 2-30 所示,求圆周长 $\xi$ 与圆面积 $\eta$ 的分布。

表 **2-30**

| R | 10 | 11 | 12 | 13 |
|---|----|----|----|----|
| P | 0.1 | 0.4 | 0.3 | 0.2 |

32. 一个商店每星期四进货,以备星期五、六、日 3 天销售,根据多周统计,这 3 天销售件数 $\xi_1$、$\xi_2$、$\xi_3$ 彼此独立,且有如下分布(见表 2-31 至表 2-33)。问 3 天的销售总量 $\eta = \sum_{i=1}^{3} \xi_i$ 这个随机变量可以取哪些值?如果进货 45 件,不够卖的概率是多少?如果进货 40 件够卖的概率是多少?

表 **2-31**

| $\xi_1$ | 10 | 11 | 12 |
|---------|-----|-----|-----|
| P | 0.2 | 0.7 | 0.1 |

表 **2-32**

| $\xi_2$ | 13 | 14 | 15 |
|---------|-----|-----|-----|
| P | 0.3 | 0.6 | 0.1 |

表 **2-33**

| $\xi_3$ | 17 | 18 | 19 |
|---------|-----|-----|-----|
| P | 0.1 | 0.8 | 0.1 |

33. 求出第 22 题中 $\xi + \eta$ 的分布律。

34. 求出第 23 题中 $\xi - \eta$ 的分布律。

35. 已知 $P\{\xi = k\} = a/k$,$P\{\eta = -k\} = b/k^2 (k = 1,2,3)$,$\xi$ 与 $\eta$ 独立,确定 $a,b$ 的值;求出 $(\xi, \eta)$ 的联合概率分布以及 $\xi + \eta$ 的概率分布。

36. 已知 $\xi$ 服从区间 [0,1] 上的均匀分布,求 $\xi$ 的函数 $\eta = 3\xi + 1$ 的概率密度。

37. 已知 $\xi \sim \varphi(x) = \begin{cases} \dfrac{2}{\pi(1 + x^2)} & x > 0 \\ 0 & \text{其它} \end{cases}$,$\eta = \ln\xi$,求 $\eta$ 的概率密度。

# 第三章  随机变量的数字特征

前一章介绍了随机变量的分布,它是对随机变量的一种完整的描述。然而实际上,求出分布率并不是一件容易的事。在很多情况下,人们并不需要去全面地考察随机变量的变化情况,而只要知道随机变量的一些综合指标就够了。例如,在测量某零件长度时,由于种种偶然因素的影响,零件长度的测量结果是一个随机变量。一般关心的是这个零件的平均长度以及测量结果的精确程度。即测量长度对平均值的偏离程度。又如检查各批棉花的质量时,人们关心的不仅是棉花纤维的平均长度,而且还关心纤维长度与平均长度之差,在棉花纤维的平均长度一定的情况下,这个差愈大,表示棉花质量愈低。由上面例子看到,需要引进一些用来表示上面提到的平均值和偏离程度的量。这些与随机变量有关的数值,虽然不能完整地描述随机变量,但能描述它在某些方面的重要特征。随机变量的数字特征就是用数字表示随机变量的分布特点。本章将介绍最常用的两种数字特征。

## §3.1  数学期望

对于随机变量,时常要考虑它平均取什么值。先来看一个例子:一批钢筋共有 10 根,抗拉强度指标为 120 和 130 的各有 2 根,125 的有 3 根,110,135,140 的各有 1 根,则它们的平均抗拉强度指标为

$$(110+120\times2+125\times3+130\times2+135+140)\times\frac{1}{10}$$

$$=110\times\frac{1}{10}+120\times\frac{2}{10}+125\times\frac{3}{10}+130\times\frac{2}{10}$$

$$+135\times\frac{1}{10}+140\times\frac{1}{10}$$

$$=126$$

从计算中可以看到,平均抗拉强度指标并不是这 10 根钢筋所取到的 6 个值的简单平均,而是以取这些值的次数与试验总次数的比值(频率)为权重的加权平均。

定义 3.1  离散型随机变量 $\xi$ 有概率函数:$P\{\xi=x_k\}=p_k(k=1,2,\cdots)$,若级数 $\sum\limits_{k=1}^{\infty}x_kp_k$ 绝对收敛,则称这级数为 $\xi$ 的数学期望,简称期望或均值。记为 $E\xi$,即

$$E\xi=\sum_{k=1}^{\infty}x_kp_k \tag{3.1}$$

对于离散型随机变量 $\xi$,$E\xi$ 就是 $\xi$ 的各可能值与其对应概率乘积的和。

在实际的试验中,随机变量观测值的算术平均值与随机变量的数学期望有密切的联系。设进行 $N$ 次独立试验,得到的 $\xi$ 的统计分布如表 3-1 所示。

表　3-1

| $\xi$ | $x_1$ | $x_2$ | $\cdots$ | $x_n$ | 总　　　计 |
|---|---|---|---|---|---|
| 频　数 | $m_1$ | $m_2$ | $\cdots$ | $m_n$ | $N=\sum\limits_{i=1}^{n}m_i$ |
| 频　率 | $\omega(x_1)$ | $\omega(x_2)$ | $\cdots$ | $\omega(x_n)$ | $\sum\limits_{i=1}^{n}\omega(x_i)=\sum\limits_{i=1}^{n}\dfrac{m_i}{N}=1$ |

随机变量观测值的算术平均值是:

$$\bar{x} = \frac{1}{N}(\underbrace{x_1 + \cdots + x_1}_{m_1\ \text{个}} + \underbrace{x_2 + \cdots + x_2}_{m_2\ \text{个}} + \cdots + \underbrace{x_n + \cdots + x_n}_{m_n\ \text{个}})$$

$$= \frac{1}{N}(x_1 m_1 + x_2 m_2 + \cdots + x_n m_n)$$

$$= \sum_{i=1}^{n} x_i \omega(x_i)$$

由此可见,$\xi$ 的观测值的算术平均值,也就是其频率分布的算术平均值 $\bar{x}$。它与 $\xi$ 理论分布的数学期望 $E\xi$ 的计算方法是完全相似的。这里只是用试验中的频率代替了对应的概率。而当试验次数很大时,事件"$\xi = x_i$";发生的频率 $\omega(x_i)$ 在对应概率 $p_i$ 的附近摆动,所以随机变量 $\xi$ 观测值的算术平均值也将在它的期望值 $E\xi$ 附近摆动。

例 1 若 $\xi$ 服从 $0-1$ 分布,其概率函数为 $P\{\xi = k\} = p^k(1-p)^{1-k}(k=0,1)$,求 $E\xi$。

解 $E\xi = \sum_{k=0}^{1} kP\{\xi = k\} = 0 \times (1-p) + 1 \times p = p$

例 2 甲、乙两名射手在一次射击中得分(分别用 $\xi$、$\eta$ 表示)的分布律如表 3-2、表 3-3 所示。

表 3-2

| $\xi$ | 1 | 2 | 3 |
|---|---|---|---|
| $P$ | 0.4 | 0.1 | 0.5 |

表 3-3

| $\eta$ | 1 | 2 | 3 |
|---|---|---|---|
| $P$ | 0.1 | 0.6 | 0.3 |

试比较甲、乙两射手的技术。

解 $E\xi = 1 \times 0.4 + 2 \times 0.1 + 3 \times 0.5 = 2.1$

$E\eta = 1 \times 0.1 + 2 \times 0.6 + 3 \times 0.3 = 2.2$

这表明,如果进行多次射击,他们得分的平均值分别是 2.1 和 2.2,故乙射手较甲射手的技术好。

例 3 一批产品中有一、二、三等品、等外品及废品 5 种,相应的概率分别为 0.7、0.1、0.1、0.06 及 0.04,若其产值分别为 6 元、5.4 元、5 元、4 元及 0 元。求产品的平均产值。

解 产品产值 $\xi$ 是一个随机变量,它的分布律如表 3-4:

表 3-4

| $\xi$ | 6 | 5.4 | 5 | 4 | 0 |
|---|---|---|---|---|---|
| $P$ | 0.7 | 0.1 | 0.1 | 0.06 | 0.04 |

因此

$$E\xi = 6 \times 0.7 + 5.4 \times 0.1 + 5 \times 0.1 + 4 \times 0.06 + 0 \times 0.04$$
$$= 5.48(元)$$

定义 3.2 设连续型随机变量 $\xi$ 有概率密度 $\varphi(x)$,若积分 $\int_{-\infty}^{+\infty} x\varphi(x)\mathrm{d}x$ 绝对收敛,则

$$E\xi = \int_{-\infty}^{+\infty} x\varphi(x)\mathrm{d}x \qquad (3.2)$$

称为 $\xi$ 的数学期望。

这就是说,连续型随机变量 $\xi$ 的数学期望是它的概率密度 $\varphi(x)$ 与实数 $x$ 的乘积在无穷区间 $(-\infty, +\infty)$ 上的广义积分。

例 4 计算在区间 $[a,b]$ 上服从均匀分布的随机变量 $\xi$ 的数学期望。

解 依题意,

$$\varphi(x) = \begin{cases} \dfrac{1}{b-a} & a < x < b \\ 0 & 其它 \end{cases}$$

故

$$E\xi = \int_a^b x \cdot \frac{1}{b-a}\mathrm{d}x$$
$$= \frac{a+b}{2}$$

## §3.2 数学期望的性质

(1) 常量的期望就是这个常量本身,即 $E(c) = c$。

证 常量 $c$ 可以看作是以概率1只取一个值 $c$ 的随机变量。所以 $E(c) = c \times 1 = c$。

(2) 随机变量 $\xi$ 与常量之和的数学期望等于 $\xi$ 的期望与这个常量的和。

证 设 $\xi$ 是连续型随机变量(请读者证明离散型的情况),其概率密度是 $\varphi(x)$。令 $\eta = \xi + c$,不难计算出 $\eta$ 的概率密度 $\varphi_\eta(x) = \varphi(x - c)$,由定义 3.2 有

$$E\eta = \int_{-\infty}^{\infty} x\varphi_\eta(x)\mathrm{d}x = \int_{-\infty}^{\infty} x\varphi(x - c)\mathrm{d}x$$

令 $s = x - c$,则

$$E\eta = \int_{-\infty}^{\infty} (s + c)\varphi(s)\mathrm{d}s$$
$$= \int_{-\infty}^{\infty} s\varphi(s)\mathrm{d}s + c\int_{-\infty}^{\infty} \varphi(s)\mathrm{d}s = E\xi + c$$

(3) 常量与随机变量乘积的期望等于这个常量与随机变量期望的乘积。

证 若 $c = 0$,则 $c\xi$ 是个常量,由性质1,结论成立。若 $c \neq 0$,当 $\xi$ 是离散型随机变量($\xi$ 是连续型的情况,请读者自己证明),其概率函数是 $P\{\xi = x_k\} = p_k (k = 1, 2, \cdots)$,则随机变量 $c\xi$ 的概率函数为 $P\{c\xi = cx_k\} = p_k (k = 1, 2, \cdots)$。由定义 3.1 有

$$E(c\xi) = \sum_k (cx_k)p_k = c\sum_k x_k p_k = cE\xi$$

(4) 随机变量线性函数的数学期望等于这个随机变量期望的同一线性函数。

证 $E(k\xi + b) = E(k\xi) + b = kE\xi + b$

(5) 两个随机变量之和的数学期望等于这两个随机变量数学

期望的和。

证　如果 $\xi,\eta$ 是离散型随机变量(连续型的证明留给读者完成),有

$$E(\xi + \eta) = \sum_i \sum_j (x_i + y_j)p_{ij}$$
$$= \sum_i \sum_j x_i p_{ij} + \sum_i \sum_j y_j p_{ij}$$
$$= \sum_i x_i p_i^{(1)} + \sum_j y_j p_j^{(2)}$$
$$= E\xi + E\eta$$

这个性质可以推广到任意有限个随机变量的情况,即对于 $n > 2$ 也同样有

$$E(\xi_1 + \xi_2 + \cdots + \xi_n) = E\xi_1 + E\xi_2 + \cdots + E\xi_n \quad (3.3)$$

特别地,$n$ 个随机变量的算术平均数仍是一个随机变量,其期望值等于这 $n$ 个随机变量期望的算术平均数,即

$$E\left(\frac{1}{n}\sum_{i=1}^n \xi_i\right) = \frac{1}{n}\sum_{i=1}^n E\xi_i \quad (3.4)$$

(6) 两个相互独立随机变量乘积的数学期望等于它们数学期望的乘积,即

$$E(\xi\eta) = E\xi \cdot E\eta \quad (3.5)$$

证　对于离散型随机变量,由于 $\xi$ 与 $\eta$ 独立,所以 $p_{ij} = p_i^{(1)} \cdot p_j^{(2)}$。

$$E(\xi\eta) = \sum_i \sum_j x_i y_j p_{ij}$$
$$= \sum_i \sum_j x_i y_j p_i^{(1)} p_j^{(2)}$$
$$= \sum_i x_i p_i^{(1)} \sum_j y_j p_j^{(2)}$$
$$= E\xi \cdot E\eta$$

对于连续型随机变量,利用 $\xi$ 与 $\eta$ 的独立性,有 $\varphi(x,y) = \varphi_1(x) \cdot$

$\varphi_2(y)$,同样不难证明上面的结论。

关于随机变量函数的数学期望,这里只介绍两个重要的公式而不加以证明。

如果 $\xi$ 是离散型随机变量,有概率函数 $P\{\xi = x_k\} = p_k (k = 1, 2, \cdots)$,则它的函数 $\eta = f(\xi)$ 的数学期望 $E[f(\xi)]$ 可按下面公式计算:

$$E\eta = E[f(\xi)] = \sum_k f(x_k) p_k \qquad (3.6)$$

如果 $\xi$ 是连续型随机变量,有概率密度 $\varphi(x)$,则 $\eta = f(\xi)$ 的期望可按下面公式计算:

$$E\eta = E[f(\xi)] = \int_{-\infty}^{+\infty} f(x) \varphi(x) \mathrm{d}x \qquad (3.7)$$

如果用定义计算 $E[f(\xi)]$,需要先找出 $\eta = f(\xi)$ 的分布,然而,求 $f(\xi)$ 的分布有时是很麻烦的。公式(3.6)及(3.7)说明,可以直接利用 $\xi$ 的分布计算 $f(\xi)$ 的期望(我们假定 $E[f(\xi)]$ 存在。)

**例1** 计算 §2.4 例 3 中的 $E(\xi + \eta)$ 及 $E(\xi\eta)$。

**解** $E\xi = 9 \times 0.3 + 10 \times 0.5 + 11 \times 0.2 = 9.9$

$E\eta = 6 \times 0.4 + 7 \times 0.6 = 6.6$

利用(3.3)式,有

$E(\xi + \eta) = E\xi + E\eta = 16.5$

由于 $\xi$ 与 $\eta$ 相互独立,由公式(3.5),有

$E(\xi\eta) = E\xi \cdot E\eta = 65.34$

**例2** 计算上例中的 $E\eta^2$。

**解** $E\eta^2 = 6^2 \times 0.4 + 7^2 \times 0.6 = 43.8$

注意,下面的计算法是错误的:

$E\eta^2 = E(\eta \cdot \eta) = E\eta \cdot E\eta = 6.6^2 = 43.56$

这是因为,(3.5)式要求两个随机变量相互独立,而一个随机变量与它本身绝不能说是独立的,因此,一般说来 $E\eta^2 \neq (E\eta)^2$。

**例3** 有一队射手共 9 人,技术不相上下,每人射击中靶的概

率均为 0.8；进行射击，各自打中靶为止，但限制每人最多只打 3 次。问大约需为他们准备多少发子弹？

**解** 设 $\xi_i$ 表示第 $i$ 名射手所需的子弹数目，$\xi$ 表示 9 名射手所需子弹数目，依题意，$\xi = \sum_{i=1}^{9} \xi_i, i = 1, \cdots, 9$，并且 $\xi_i$ 有如下分布律（见表 3-5）：

表 **3-5**

| $\xi_i$ | 1 | 2 | 3 |
|---|---|---|---|
| $P$ | 0.8 | 0.16 | 0.04 |

$E\xi_i = 1.24, E\xi = \sum_{i=1}^{9} E\xi_i = 9 \times 1.24 = 11.16$。再多准备 $10\% \sim 15\%$，大约需为他们准备 13 发子弹。有兴趣的读者还可以计算准备 13 发子弹够用的概率。

**例 4** 某种无线电元件的使用寿命 $\xi$ 是一个随机变量，其概率密度为

$$\varphi(x) = \begin{cases} \lambda e^{-\lambda x} & x > 0 \\ 0 & x \leqslant 0 \end{cases}$$

其中 $\lambda > 0$，求这种元件的平均使用寿命。

**解** $E\xi = \int_{-\infty}^{+\infty} x\varphi(x)\mathrm{d}x = \int_{0}^{+\infty} \lambda x e^{-\lambda x}\mathrm{d}x = \dfrac{1}{\lambda}$

**例 5** 据统计，一位 40 岁的健康（一般体检未发现病症）者，在 5 年之内活着或自杀死亡的概率为 $p(0 < p < 1, p$ 为已知)，在 5 年内非自杀死亡的概率为 $1 - p$。保险公司开办 5 年人寿保险，参加者需交保险费 $a$ 元（$a$ 已知)，若 5 年之内非自杀死亡，公司赔偿 $b$ 元（$b > a$)。$b$ 应如何定才能使公司可期望获益；若有 $m$ 人参加保险，公司可期望从中收益多少？

**解** 设 $\xi_i$ 表示公司从第 $i$ 个参加者身上所得的收益，则 $\xi_i$ 是一个随机变量，其分布如下（见表 3-6）：

表 3-6

| $\xi_i$ | $a$ | $a-b$ |
|---|---|---|
| $P$ | $p$ | $1-p$ |

公司期望获益为 $E\xi_i > 0$,而

$$E\xi_i = ap + (a-b)(1-p) = a - b(1-p)$$

因此,$a < b < a(1-p)^{-1}$。对于 $m$ 个人,获益 $\xi$ 元,$\xi = \sum_{i=1}^{m}\xi_i, E\xi$

$= \sum_{i=1}^{m} E\xi_i = ma - mb(1-p)$。

## §3.3  条件期望

例 1    计算 §2.3 例 2 中在第 2 个邮筒有一封信的条件下第 1 个邮筒内信的数目的平均值。

解    §2.3 例 3 中已计算出 $\xi_2 = 1$ 条件下关于 $\xi_1$ 的条件分布为

$$P\{\xi_1 = k | \xi_2 = 1\} = \left(\frac{1}{3}\right)^k \left(\frac{2}{3}\right)^{1-k} \qquad (k = 0,1)$$

因此,在 $\xi_2 = 1$ 条件下,关于 $\xi_1$ 的平均值应为

$$E\{\xi_1 | \xi_2 = 1\} = 0 \times \frac{2}{3} + 1 \times \frac{1}{3} = \frac{1}{3}$$

对于二元离散型随机变量 $(\xi, \eta)$,在 $\xi$ 取某一个定值,比如 $\xi = x_i$ 的条件下,求 $\eta$ 的数学期望,称此期望为给定 $\xi = x_i$ 时 $\eta$ 的条件期望,记作 $E\{\eta | \xi = x_i\}$,有

$$E\{\eta | \xi = x_i\} = \sum_j y_j P\{\eta = y_j | \xi = x_i\} \qquad (3.8)$$

同样地定义给定 $\eta = y_j$ 时关于 $\xi$ 的条件期望为

$$E\{\xi | \eta = y_j\} = \sum_i x_i P\{\xi = x_i | \eta = y_j\} \qquad (3.9)$$

对于二元连续型随机变量,定义:

$$E(\eta|x) = \int_{-\infty}^{+\infty} y\varphi(y|x)\mathrm{d}y \tag{3.10}$$

$$E(\xi|y) = \int_{-\infty}^{+\infty} x\varphi(x|y)\mathrm{d}x \tag{3.11}$$

其中 $\varphi(y|x)$ 及 $\varphi(x|y)$ 分别是在 $\xi = x$ 的条件下关于 $\eta$ 的条件概率密度和在 $\eta = y$ 条件下关于 $\xi$ 的条件概率密度。当然这个定义假定各式都是有意义的。

## §3.4  方差、协方差

### (一)方差的概念

先看两个例子。

设甲、乙两炮射击弹着点与目标的距离分别为 $\xi_1$、$\xi_2$(为简便起见,假定它们只取离散值),并有如下分布律(见表 3-7、表 3-8):

表  3-7

| $\xi_1$ | 80 | 85 | 90 | 95 | 100 |
|---|---|---|---|---|---|
| $P$ | 0.2 | 0.2 | 0.2 | 0.2 | 0.2 |

表  3-8

| $\xi_2$ | 85 | 87.5 | 90 | 92.5 | 95 |
|---|---|---|---|---|---|
| $P$ | 0.2 | 0.2 | 0.2 | 0.2 | 0.2 |

由计算可知,两炮有相同的期望值($E\xi_i = 90, i = 1, 2$),但比较两组数据可知乙炮较甲炮准确。因为它的弹着点比较集中。

又如有两批钢筋,每批各 10 根,它们的抗拉强度指标如下:

第一批:110  120  120  125  125  125  130  130  135  140

第二批:90  100  120  125  130  130  135  140  145  145

它们的平均抗拉强度指标都是 126。但是,使用钢筋时,一般要求抗拉强度指标不低于一个指定数值(如 115)。那么,第二批钢筋的抗拉强度指标与其平均值偏差较大,即取值较分散,所以尽管它们中有几根抗拉强度指标很大,但不合格的根数比第一批多,因而从实用价值来讲,可以认为第二批的质量比第一批差。

可见在实际问题中,仅靠期望值(或平均值)不能完善地说明随机变量的分布特征,还必须研究其离散程度。通常人们关心的是随机变量 $\xi$ 对期望值 $E\xi$ 的离散程度。

**定义 3.3** 如果随机变量 $\xi$ 的数学期望 $E\xi$ 存在,称 $\xi - E\xi$ 为随机变量 $\xi$ 的离差。

显然,随机变量离差的期望是零,即

$$E(\xi - E\xi) = 0 \tag{3.12}$$

不论正偏差大还是负偏差大,同样都是离散程度大,为了消除离差 $\xi - E\xi$ 的符号,用 $(\xi - E\xi)^2$ 来衡量 $\xi$ 与 $E\xi$ 的偏差。

**定义 3.4** 随机变量离差平方的数学期望,称为随机变量的方差,记作 $D\xi$ 或 $\sigma_\xi^2$。而 $\sqrt{D\xi}$ 称为 $\xi$ 的标准差(或方差根)。

$$D\xi = E(\xi - E\xi)^2 \tag{3.13}$$

如果 $\xi$ 是离散型随机变量,并且 $P\{\xi = x_k\} = p_k (k = 1, 2, \cdots)$,则

$$D\xi = \sum_k (x_k - E\xi)^2 p_k \tag{3.14}$$

如果 $\xi$ 是连续型随机变量,有概率密度 $\varphi(x)$,则

$$D\xi = \int_{-\infty}^{+\infty} (x - E\xi)^2 \varphi(x) \mathrm{d}x \tag{3.15}$$

可见,随机变量的方差是一个非负数,常量的方差是零。当 $\xi$ 的可能值密集在它的期望值 $E\xi$ 附近时,方差较小,反之则方差较大。因此,方差的大小可以表示随机变量分布的离散程度。

**例 1** 计算参数为 $p$ 的 0-1 分布的方差。

**解** 根据 $\xi$ 的概率函数

$$P\{\xi = k\} = p^k (1 - p)^{1-k} \qquad (k = 0, 1)$$

在 §3.1 例 1 中已经计算过 $E\xi = p$,故有

$$D\xi = (0 - p)^2 (1 - p) + (1 - p)^2 p = p(1 - p)$$

例2　计算本节开始所举甲、乙两炮射击一例中的 $D\xi_1$ 及 $D\xi_2$。

解　前面已经计算过 $E\xi_1 = E\xi_2 = 90$，所以

$$D\xi_1 = (80 - 90)^2 \times 0.2 + (85 - 90)^2 \times 0.2 + \cdots$$
$$+ (100 - 90)^2 \times 0.2$$
$$= 50$$

类似地，得

$$D\xi_2 = 12.5$$

## (二)方差的性质

(1) 常量的方差等于零。

证　$D(c) = E(c - Ec)^2 = E(c - c)^2 = 0$

(2) 随机变量与常量之和的方差就等于这个随机变量的方差本身。

证　$D(\xi + c) = E\{\xi + c - E(\xi + c)\}^2 = E\{\xi + c - E\xi - c\}^2$
$$= E\{\xi - E\xi\}^2 = D\xi$$

(3) 常量与随机变量乘积的方差，等于这常量的平方与随机变量方差的乘积。

证　$D(c\xi) = E\{c\xi - E(c\xi)\}^2 = E\{c(\xi - E\xi)\}^2$
$$= E\{c^2(\xi - E\xi)^2\} = c^2 D\xi$$

(4) 两个独立随机变量之和的方差，等于这两个随机变量方差的和。

证　$D(\xi + \eta) = E\{\xi + \eta - E(\xi + \eta)\}^2$
$$= E\{\xi - E\xi + \eta - E\eta\}^2$$
$$= E(\xi - E\xi)^2 + E(\eta - E\eta)^2$$
$$+ 2E(\xi - E\xi)(\eta - E\eta)$$
$$= D\xi + D\eta$$

这里用到了两个独立随机变量 $\xi, \eta$ 的线性函数 $\xi - E\xi$ 与 $\eta - E\eta$

也是独立的这一结论。因此，

$$E(\xi-E\xi)(\eta-E\eta)=E(\xi-E\xi)E(\eta-E\eta)=0$$

性质 4 可以推广到任意有限个随机变量的情况，即，若 $\xi_1,\cdots,$ $\xi_n$ 相互独立，则有

$$D(\xi_1+\cdots+\xi_n)=D\xi_1+\cdots+D\xi_n \qquad (3.16)$$

进一步可得：$n$ 个相互独立随机变量算术平均数的方差等于其方差算术平均数的 $1/n$ 倍：

$$D\left(\frac{\xi_1+\cdots+\xi_n}{n}\right)=\frac{1}{n}\cdot\frac{D\xi_1+\cdots+D\xi_n}{n}$$

（5）任意随机变量的方差等于这个随机变量平方的期望与其期望的平方之差：

$$D\xi=E\xi^2-(E\xi)^2 \qquad (3.17)$$

证　$D\xi=E(\xi-E\xi)^2$

$\qquad\quad=E(\xi^2-2\xi E\xi+(E\xi)^2)$

$\qquad\quad=E\xi^2-2E\xi\cdot E\xi+(E\xi)^2$

$\qquad\quad=E\xi^2-(E\xi)^2$

这个公式很重要，它不仅证明了一般情况下随机变量平方的数学期望大于其期望的平方这个重要结论，而且经常用它来简化方差的计算。

例 3　计算在区间 $[a,b]$ 上服从均匀分布的随机变量 $\xi$ 的方差。

解　§3.1 例 4 中已经算出 $E\xi=(a+b)/2$，而

$$E\xi^2=\int_{-\infty}^{+\infty}x^2\varphi(x)\mathrm{d}x$$

$$\qquad=\int_a^b x^2\cdot\frac{1}{b-a}\mathrm{d}x=\frac{1}{3}(b^2+ab+a^2)$$

利用（3.17）式，有

$$D\xi=E\xi^2-(E\xi)^2$$

$$\qquad=\frac{1}{3}(b^2+ab+a^2)-\frac{1}{4}(b+a)^2=\frac{1}{12}(b-a)^2$$

例 4   计算 §2.4 例 3 中 $\xi - \eta$ 的方差。

解   一种方法是先求出 $\xi - \eta$ 的分布,然后直接应用方差定义计算。但更简单的方法是先计算出 $\xi$ 与 $\eta$ 各自的方差,再利用方差性质求出 $D(\xi - \eta)$。

$$D\xi = (-0.9)^2 \times 0.3 + 0.1^2 \times 0.5 + 1.1^2 \times 0.2 = 0.49$$

以同样方法可以计算出 $D\eta = 0.24$。由于 $\xi$ 与 $\eta$ 独立,因此有

$$D(\xi - \eta) = D\xi + D(-\eta) = D\xi + (-1)^2 D\eta$$
$$= D\xi + D\eta = 0.73$$

例 5   若连续型随机变量的概率密度是

$$\varphi(x) = \begin{cases} ax^2 + bx + c & 0 < x < 1 \\ 0 & 其它 \end{cases}$$

已知 $E\xi = 0.5, D\xi = 0.15$,求系数 $a, b, c$。

解   $\because \int_{-\infty}^{+\infty} \varphi(x) \mathrm{d}x = 1$

$\therefore \int_0^1 (ax^2 + bx + c) \mathrm{d}x = 1$

即

$$\frac{1}{3}a + \frac{b}{2} + c = 1 \qquad\qquad ①$$

$\because E\xi = 0.5 \qquad \therefore \int_0^1 x(ax^2 + bx + c)\mathrm{d}x = 0.5$

即

$$\frac{1}{4}a + \frac{1}{3}b + \frac{1}{2}c = 0.5 \qquad\qquad ②$$

$\because D\xi = 0.15 \qquad E\xi = 0.5 \qquad \therefore E\xi^2 = 0.4$

即

$$\int_0^1 x^2(ax^2 + bx + c)\mathrm{d}x = \frac{1}{5}a + \frac{1}{4}b + \frac{1}{3}c = 0.4$$

$$③$$

解 ①、②、③ 式所组成的关于 $a, b, c$ 的方程组,得到:

73

$$a = 12 \qquad b = -12 \qquad c = 3$$

### （三）协方差与相关系数

定义 3.5　对于二元随机变量 $(\xi, \eta)$，称数值 $E(\xi - E\xi)(\eta - E\eta)$ 为 $\xi$ 与 $\eta$ 的协方差，记作 $\mathrm{cov}(\xi, \eta)$：

$$\mathrm{cov}(\xi, \eta) = E(\xi - E\xi)(\eta - E\eta) \tag{3.18}$$

定义 3.6　对于二元随机变量 $(\xi, \eta)$，如果它们的方差都不为零，$\mathrm{cov}(\xi, \eta)$ 除以 $\sqrt{D\xi}\ \sqrt{D\eta}$ 的商称为 $\xi$ 与 $\eta$ 的相关系数，记作 $\rho$，即

$$\rho = \frac{\mathrm{cov}(\xi, \eta)}{\sqrt{D\xi}\ \sqrt{D\eta}} \tag{3.19}$$

可以证明 $|\rho| \leqslant 1$。如果 $|\rho| = 1$，$\xi$ 与 $\eta$ 有线性关系，称 $\xi$ 与 $\eta$ 完全线性相关；如果 $\rho = 0$，称 $\xi$ 与 $\eta$ 不相关。实际上 $\rho$ 是刻画 $\xi$ 与 $\eta$ 间线性相关程度的一个数字特征。特别地，相互独立的两个随机变量 $\xi$ 与 $\eta$ 一定不相关，即 $\rho$ 必为零，证明如下：

证　　$\mathrm{cov}(\xi, \eta) = E(\xi - E\xi)(\eta - E\eta)$

因 $\xi$ 与 $\eta$ 独立，有 $\xi - E\xi$ 与 $\eta - E\eta$ 也独立，所以

$$\mathrm{cov}(\xi, \eta) = E(\xi - E\xi)E(\eta - E\eta)$$

由公式（3.12），得到 $\mathrm{cov}(\xi, \eta) = 0$，因而

$$\rho = \frac{\mathrm{cov}(\xi, \eta)}{\sqrt{D\xi}\ \sqrt{D\eta}} = 0$$

注意，这个结论的逆命题不成立，即不相关的两个随机变量不一定相互独立。本章习题的第 23 题就给出了一个反例。类似地，相互独立的两个随机变量代数和的方差等于它们方差的和，但满足代数和的方差等于其方差之和的两个随机变量也并不一定相互独立，而只要它们不相关就可以了。

# 习　题　三

1. 计算习题二第 2 题中随机变量的期望值。

2. 用两种方法计算习题二第 30 题中周长的期望值。一种是利用矩形长与宽的期望计算，另一种是利用周长的分布计算。

3. 对习题二第 31 题，(1) 计算圆半径的期望值；(2) $E(2\pi R)$ 是否等于 $2\pi ER$?(3) 能否用 $\pi(ER)^2$ 来计算圆面积的期望值，如果不能用，又该如何计算?其结果是什么?

4. 连续型随机变量 $\xi$ 的概率密度为

$$\varphi(x) = \begin{cases} kx^a & 0 < x < 1 \quad (k, a > 0) \\ 0 & \text{其它} \end{cases}$$

又知 $E\xi = 0.75$，求 $k$ 和 $a$ 的值。

5. 计算服从拉普拉斯分布的随机变量的期望和方差(参看习题二第 16 题)。

6. 表 3-9 是某公共汽车公司的 188 辆汽车行驶到发生第一次引擎故障的里程数的分布数列(表中各组里程只包括上限不包括下限)。若表 3-9 中各以组中值为代表。从 188 辆汽车中,任意抽选 15 辆,得出下列数字:90,50,150,110,90,90,110,90,50,110,90,70,50,70,150。(1) 求这 15 个数字的平均数;(2) 计算表 3-9 中的期望并与(1) 相比较。

表　3-9

| 第一次发生引擎故障里数 | 车辆数 | 第一次发生引擎故障里数 | 车辆数 |
| --- | --- | --- | --- |
| $0 \sim 20$ | 5 | $100 \sim 120$ | 46 |
| $20 \sim 40$ | 11 | $120 \sim 140$ | 33 |
| $40 \sim 60$ | 16 | $140 \sim 160$ | 16 |
| $60 \sim 80$ | 25 | $160 \sim 180$ | 2 |
| $80 \sim 100$ | 34 | | |

7. 两种种子各播种 100 公顷地，调查其收获量，如表 3-10（每组产量只包括上限）。

表 3-10

| 公顷产量(kg) | 4 350～4 650 | 4 650～4 950 | 4 950～5 250 | 5 250～5 550 | 总计 |
|---|---|---|---|---|---|
| 种子甲公顷数 | 12 | 38 | 40 | 10 | 100 |
| 种子乙公顷数 | 23 | 24 | 30 | 23 | 100 |

分别求出它们产量的平均值（计算时以组中值为代表）。

8. 一个螺丝钉的重量是随机变量，期望值为 10g，标准差为 1g。100 个一盒的同型号螺丝钉重量的期望值和标准差各为多少（假设每个螺丝钉的重量都不受其它螺丝钉重量的影响）？

9. 已知 100 个产品中有 10 个次品，求任意取出的 5 个产品中次品数的期望值。

10. 一批零件中有 9 个合格品与 3 个废品，在安装机器时，从这批零件中任取 1 个，如果取出的是废品就不再放回去。求在取得合格品以前，已经取出的废品数的数学期望和方差。

11. 假定每人生日在各个月份的机会是同样的，求 3 个人中生日在第 1 个季度的平均人数。

12. $\xi$ 有分布函数 $F(x) = \begin{cases} 1 - \mathrm{e}^{-\lambda x} & x > 0 \\ 0 & \text{其它} \end{cases}$，求 $E\xi$ 及 $D\xi$。

13. $\xi \sim \varphi(x) = \begin{cases} \dfrac{1}{\pi} \dfrac{1}{\sqrt{1-x^2}} & |x| < 1 \\ 0 & \text{其它} \end{cases}$，求 $E\xi$ 和 $D\xi$。

14. 计算习题二第 22 题中 $\xi + \eta$ 的期望与方差。

15. 计算习题二第 23 题中 $\xi - \eta$ 的期望与方差。

16. 如果 $\xi$ 与 $\eta$ 独立，不求出 $\xi\eta$ 的分布，直接从 $\xi$ 的分布和 $\eta$ 的分布能否计算出 $D(\xi\eta)$，怎样计算？

17. 随机变量 $\eta$ 是另一个随机变量 $\xi$ 的函数，并且 $\eta = \mathrm{e}^{\lambda \xi}(\lambda > 0$

0),若 $E\eta$ 存在,求证对于任何实数 $a$ 都有 $P\{\xi \geqslant a\} \leqslant \mathrm{e}^{-\lambda a} \cdot E\mathrm{e}^{\lambda\xi}$。

18. 证明事件在一次试验中发生次数的方差不超过 1/4。

19. 证明对于任何常数 $c$,随机变量 $\xi$ 有
$$D\xi = E(\xi - c)^2 - (E\xi - c)^2$$

20. $(\xi, \eta)$ 的联合概率密度 $\varphi(x, y) = \mathrm{e}^{-(x+y)}$ $(x, y > 0)$,计算它们的协方差 $\mathrm{cov}(\xi, \eta)$。

21. 计算习题二第 22 题中 $\xi$ 与 $\eta$ 的协方差。

22. 计算习题二第 23 题中 $\xi$ 与 $\eta$ 的相关系数。

23. $(\xi, \eta)$ 的联合概率分布如表 3-11 所示,计算 $\xi$ 与 $\eta$ 的相关系数 $\rho$,并判断 $\xi$ 与 $\eta$ 是否独立?

24. 两个随机变量 $\xi$ 与 $\eta$,已知 $D\xi = 25, D\eta = 36, \rho_{\xi\eta} = 0.4$,计算 $D(\xi + \eta)$ 与 $D(\xi - \eta)$。

表 3-11

| $\xi$ \ $\eta$ | $-1$ | $0$ | $1$ |
|---|---|---|---|
| $-1$ | 1/8 | 1/8 | 1/8 |
| $0$ | 1/8 | 0 | 1/8 |
| $1$ | 1/8 | 1/8 | 1/8 |

# 第四章 几种重要的分布

前面已经说明,随机变量的变化情况决定于其分布律。本章将介绍几种比较重要的分布。

## §4.1 二项分布

在第一章最后,曾介绍过独立试验序列。例如在 $n$ 次试验中,事件 $A$ 发生的次数 $\xi$ 是一个随机变量,它可以取 $0,1,\cdots,n$ 共 $n+1$ 个可能值。本节将研究这样的随机变量。

### (一)随机变量 $\xi$ 的分布律

在 $n$ 重贝努里试验中,进行的 $n$ 次独立试验是由 $n$ 个一次试验组成的。其第 $i$ 次试验中,事件 $A$ 出现的次数记为 $\xi_i(i=1,2,\cdots,n)$。它是服从 0-1 分布的随机变量。

$$P\{\xi_i = k\} = p^k q^{1-k} \qquad (k = 0,1)$$

其中 $p$ 是事件 $A$ 在一次试验中发生的概率,$q = 1-p$。显然 $\xi_1,\cdots,\xi_n$ 是相互独立的,并且在 $n$ 次试验中,事件 $A$ 发生的次数 $\xi$ 是各次试验中事件 $A$ 出现次数之和,即 $\xi = \xi_1 + \cdots + \xi_n$。

$$P\{\xi = 0\} = P\{\xi_1 = 0, \xi_2 = 0, \cdots, \xi_n = 0\}$$

$$= \prod_{i=1}^{n} P\{\xi_i = 0\} = q^n$$

$$P\{\xi = 1\} = \sum_{i=1}^{n} P\{\xi_i = 1, \prod_{j \neq i} P(\xi_j = 0)\}$$

78

$$= \sum_{i=1}^{n} \left[ P(\xi_i = 1) \prod_{j \neq i} P(\xi_j = 0) \right]$$

$$= npq^{n-1}$$

$$P\{\xi = 2\} = \sum_{1 \leq i < j \leq n} \left[ P(\xi_i = 1) P(\xi_j = 1) \cdot \prod_{k \neq i,j} P(\xi_k = 0) \right]$$

$$= C_n^2 p^2 q^{n-2}$$

依此类推,有

$$P\{\xi = k\} = C_n^k p^k q^{n-k}$$

即 $\xi_i (i = 1, 2, \cdots, n)$ 中有某 $k$ 个取值为 1,其余 $(n - k)$ 个取值为 0。这种情况应有 $C_n^k$ 种不同的形式,故有上式。利用二项式展开定理,有

$$\sum_{k=0}^{n} C_n^k p^k q^{n-k} = (q + p)^n = 1$$

定义 4.1　如果随机变量 $\xi$ 有概率函数

$$p_k = P\{\xi = k\} = C_n^k p^k q^{n-k} \qquad (k = 0, 1, \cdots, n) \quad (4.1)$$

其中 $0 < p < 1, q = 1 - p$,则称 $\xi$ 服从参数为 $n, p$ 的二项分布。简记作 $\xi \sim B(n, p)$。公式(4.1)称为二项分布公式或贝努里公式。在这里 $P\{\xi = k\}$ 的值恰好是二项式 $(q + px)^n$ 展开式中第 $k + 1$ 项 $x^k$ 的系数。$\xi$ 的分布函数为

$$F(x) = \sum_{k \leq x} C_n^k p^k q^{n-k} \tag{4.2}$$

事件 $A$ 至多出现 $m$ 次的概率是

$$P\{0 \leq \xi \leq m\} = \sum_{k=0}^{m} C_n^k p^k q^{n-k}$$

事件 $A$ 出现次数不小于 $l$ 不大于 $m$ 的概率是

$$P\{l \leq \xi \leq m\} = \sum_{k=l}^{m} C_n^k p^k q^{n-k}$$

例 1　某工厂每天用水量保持正常的概率为 3/4,求最近 6 天内用水量正常的天数的分布。

解　设最近 6 天内用水量保持正常的天数为 $\xi$。它服从二项

分布,其中 $n = 6$,$p = 0.75$,用公式(4.1)计算其概率值,得到:

$$P\{\xi = 0\} = \left(\frac{1}{4}\right)^6 = 0.000\ 2$$

$$P\{\xi = 1\} = C_6^1\left(\frac{3}{4}\right)\left(\frac{1}{4}\right)^5 = 0.004\ 4$$

...

$$P\{\xi = 6\} = \left(\frac{3}{4}\right)^6 = 0.178\ 0$$

列成分布表如表 4-1:

表　4-1

| $\xi$ | 0 | 1 | 2 | 3 | 4 | 5 | 6 |
|---|---|---|---|---|---|---|---|
| $P$ | 0.000 2 | 0.004 4 | 0.033 0 | 0.131 8 | 0.296 6 | 0.356 0 | 0.178 0 |

例 2　10 部机器各自独立工作,因修理调整等原因,每部机器停车的概率为 0.2。求同时停车数目 $\xi$ 的分布。

解　$\xi$ 服从二项分布,可用贝努里公式计算 $p_k$。现将计算结果列成分布表如表 4-2:

表　4-2

| $\xi$ | 0 | 1 | 2 | 3 | 4 | 5 | 6 | 7 | 8 | 9 | 10 |
|---|---|---|---|---|---|---|---|---|---|---|---|
| $P$ | 0.11 | 0.27 | 0.30 | 0.20 | 0.09 | 0.03 | 0.01 | 0.00 | 0.00 | 0.00 | 0.00 |

例 3　一批产品的废品率 $p = 0.03$,进行 20 次重复抽样(每次抽一个,观察后放回去再抽下一个),求出现废品的频率为 0.1 的概率。

解　令 $\xi$ 表示 20 次重复抽取中废品出现的次数,它服从二项分布。

$$P\left(\frac{\xi}{20} = 0.1\right) = P(\xi = 2) = 0.098\ 8$$

## （二）二项分布的期望和方差

$$E\xi = \sum_{k=0}^{n} kP\{\xi = k\} = \sum_{k=0}^{n} k \frac{n!}{k!(n-k)!} p^k q^{n-k}$$

$$= \sum_{k=1}^{n} \frac{n!}{(k-1)!(n-k)!} p^k q^{n-k}$$

$$= np \sum_{k=1}^{n} C_{n-1}^{k-1} p^{k-1} q^{n-k}$$

令 $k' = k - 1$

$$= np \sum_{k'=0}^{n-1} C_{n-1}^{k'} p^{k'} q^{n-1-k'}$$

$$= np$$

同样方法可以计算（留给读者）

$$E\xi^2 = npq + n^2 p^2$$

故

$$D\xi = E\xi^2 - (E\xi)^2 = npq + n^2 p^2 - (np)^2 = npq$$

另外还可以把服从二项分布的随机变量 $\xi$ 写成 $n$ 个相互独立且服从同一 0-1 分布的随机变量之和，再利用期望和方差的性质进行计算。即

$$\xi = \sum_{i=1}^{n} \xi_i \qquad E\xi_i = p \qquad D\xi_i = pq$$

$$(i = 1, 2, \cdots, n)$$

$$E\xi = E\left(\sum_{i=1}^{n} \xi_i\right) = \sum_{i=1}^{n} E\xi_i = np$$

$$D\xi = D\left(\sum_{i=1}^{n} \xi_i\right) = \sum_{i=1}^{n} D\xi_i = npq$$

$$\sigma_\xi = \sqrt{D\xi} = \sqrt{npq}$$

### (三)二项分布的最可能值

二项分布中 $\xi$ 可以取值 $0,1,\cdots,n$。使概率 $P\{\xi = k\}$ 取最大值的 $k$,记作 $k_0$,称 $k_0$ 为二项分布的最可能值。下面就已知的 $n$ 及 $p$ 来求 $k_0$。

设 $k = k_0$ 时,$P\{\xi = k_0\}$ 为最大,则有下面不等式组:

$$\begin{cases} \dfrac{P\{\xi = k_0\}}{P\{\xi = k_0 - 1\}} \geqslant 1 & \text{①} \\[3mm] \dfrac{P\{\xi = k_0 + 1\}}{P\{\xi = k_0\}} \leqslant 1 & \text{②} \end{cases}$$

解这个不等式组,由 ① 有

$$\frac{C_n^{k_0} p^{k_0} q^{n-k_0}}{C_n^{k_0 - 1} p^{k_0 - 1} q^{n-k_0+1}} = \frac{(n - k_0 + 1)p}{k_0 q} \geqslant 1$$

$$(n - k_0 + 1)p \geqslant k_0 q$$

$$k_0 \leqslant np + p$$

解不等式 ②,有 $k_0 \geqslant np + p - 1$。所以

$$np + p - 1 \leqslant k_0 \leqslant np + p$$

即

$$k_0 = \begin{cases} np + p \quad \text{和} \\ np + p - 1 \end{cases} \quad \text{当} np + p \text{是整数时} \tag{4.3}$$
$$\qquad\quad [np + p] \quad \text{其它}$$

其中 $[np + p]$ 表示不超过 $np + p$ 的最大整数。对于 $np + p$ 这一个正数来说,它就是指 $np + p$ 的整数部分。

**例 4** 某批产品有 80% 的一等品,对它们进行重复抽样检验,共取出 4 个样品,求其中一等品数 $\xi$ 的最可能值 $k_0$,并用贝努里公式验证。

**解** $\xi$ 服从二项分布,$np + p = 3.2 + 0.8 = 4$ 是整数,所以 $k_0 = 4$ 和 $k_0 = 3$ 时 $P\{\xi = k\}$ 为最大。即取出 4 个样品时,一等品

个数最可能是 3 或 4。

用贝努里公式计算 $\xi$ 的分布律如表 4-3：

表　4-3

| $\xi$ | 0 | 1 | 2 | 3 | 4 |
|---|---|---|---|---|---|
| $P$ | 0.001 6 | 0.025 6 | 0.153 6 | 0.409 6 | 0.409 6 |

可见，具体计算出的概率也正好在 $\xi = 3$ 及 $\xi = 4$ 时为最大。

再如：例 1 中，$np + p = 5.25$ 不是整数，故 $k_0 = [np + p] = 5$；例 2 中 $np + p = 2.2$，故 $k_0 = 2$。这与我们在例 1、例 2 中的计算结果完全一致。

一般说来，在 $n$ 很大时，不等式 $np + p - 1 \leqslant k_0 \leqslant np + p$，即 $p + \dfrac{p}{n} - \dfrac{1}{n} \leqslant \dfrac{k_0}{n} \leqslant p + \dfrac{p}{n}$ 中，$\dfrac{p-1}{n}$ 与 $\dfrac{p}{n}$ 近似等于零，故 $\dfrac{k_0}{n} \approx p$，也就是说，频率为概率的可能性最大。

## §4.2　超几何分布

例 1　某班有学生 20 名，其中有 5 名女同学，今从班上任选 4 名学生去参观展览，被选到的女同学数 $\xi$ 是一个随机变量，求 $\xi$ 的分布。

解　$\xi$ 可以取 $0,1,2,3,4$ 这 5 个值，相应概率应按下式计算：

$$P(\xi = k) = \frac{C_5^k C_{15}^{4-k}}{C_{20}^4} \qquad (k = 0,1,2,3,4)$$

计算结果列成概率分布表如表 4-4。

表　4-4

| $\xi$ | 0 | 1 | 2 | 3 | 4 |
|---|---|---|---|---|---|
| $P$ | 0.281 7 | 0.469 6 | 0.216 7 | 0.031 0 | 0.001 0 |

例 2　若一班有学生 20 名,其中有 3 名女同学,从班上任选 4 名去参观,求被选到的女同学人数 $\xi$ 这一随机变量的分布律。

解　$\xi$ 可以取 $0,1,2,3$ 这 4 个值。与例 1 同样的方法计算可得:

$$P(\xi = 0) = \frac{28}{57} \approx 0.4912$$

$$P(\xi = 1) = \frac{8}{19} \approx 0.4211$$

$$P(\xi = 2) = \frac{8}{95} \approx 0.0842$$

$$P(\xi = 3) = \frac{1}{285} \approx 0.0035$$

列成概率分布表如表 4-5:

表　4-5

| $\xi$ | 0 | 1 | 2 | 3 |
|---|---|---|---|---|
| $P$ | 0.4912 | 0.4211 | 0.0842 | 0.0035 |

定义 4.2　设 $N$ 个元素分为两类,有 $N_1$ 个属于第一类,$N_2$ 个属于第二类($N_1 + N_2 = N$)。从中按不重复抽样取 $n$ 个,令 $\xi$ 表示这 $n$ 个中第一(或二)类元素的个数,则 $\xi$ 的分布称为超几何分布。其概率函数是:

$$P(\xi = m) = \frac{C_{N_1}^m C_{N_2}^{n-m}}{C_N^n} \qquad (m = 0,\cdots,n)① \qquad (4.4)$$

利用组合的性质

$$\sum_{k=0}^{n} C_{N_1}^k C_{N_2}^{n-k} = C_{N_1+N_2}^n$$

可以验证:

---

①　规定:如果 $n < r$,那末 $C_n^r = 0$。

$$\sum_{m=0}^{n} P(\xi = m) = 1$$

另外，还可以计算出

$$E\xi = n \cdot \frac{N_1}{N} \qquad D\xi = n \cdot \frac{N_1}{N} \cdot \frac{N_2}{N} \cdot \frac{N-n}{N-1}$$

当 $N \to \infty$ 时，超几何分布以二项分布为极限。证明如下：

$$P(\xi = m) = \frac{C_{N_1}^m C_{N_2}^{n-m}}{C_N^n}$$

而

$$\begin{aligned}
C_{N_1}^m &= \frac{1}{m!} N_1(N_1 - 1) \cdots (N_1 - m + 1) \\
&= \frac{N_1^m}{m!} \cdot \frac{N_1}{N_1} \cdot \frac{N_1 - 1}{N_1} \cdot \cdots \cdot \frac{N_1 - m + 1}{N_1} \\
&= \frac{N_1^m}{m!} (1 - \frac{1}{N_1})(1 - \frac{2}{N_1}) \cdot \cdots \cdot (1 - \frac{m-1}{N_1})
\end{aligned}$$

同理

$$\begin{aligned}
C_{N_2}^{n-m} &= \frac{N_2^{n-m}}{(n-m)!} (1 - \frac{1}{N_2})(1 - \frac{2}{N_2}) \cdot \cdots \\
&\qquad \cdot (1 - \frac{n-m-1}{N_2})
\end{aligned}$$

$$C_N^n = \frac{N^n}{n!} (1 - \frac{1}{N})(1 - \frac{2}{N}) \cdots (1 - \frac{n-1}{N})$$

因此

$$P(\xi = m) = \frac{\left\{ N_1^m N_2^{n-m} n! (1 - \frac{1}{N_1}) \cdots (1 - \frac{m-1}{N_1})(1 - \frac{1}{N_2}) \cdots (1 - \frac{n-m-1}{N_2}) \right\}}{N^n m! (n-m)! (1 - \frac{1}{N}) \cdots (1 - \frac{n-1}{N})}$$

当 $N \to \infty$ 时，有 $N_1 \to \infty$，$N_2 \to \infty$，$N_1/N \to p$，$N_2/N \to 1 - p$。
记 $q = 1 - p$，当 $N \to \infty$ 时，

$$P(\xi = m) \to C_n^m p^m q^{n-m}$$

85

可见,对于超几何分布,当 $N$ 很大而 $n$ 相对于 $N$ 是比较小时,可以用二项分布公式近似计算。其中 $p = N_1/N$。

例 3 一大批种子的发芽率为 $90\%$,今从中任取 10 粒,求播种后,(1)恰有 8 粒发芽的概率;(2)不少于 8 粒发芽的概率。

解 设 10 粒种子中发芽的种子数目为 $\xi$。因 10 粒种子是由一大批种子中抽取的,这是一个 $N$ 很大、$n$ 相对于 $N$ 很小的情况下的超几何分布问题,可用二项分布公式近似计算。其中 $n = 10$,$p = 90\%$,$q = 10\%$,$k = 8$。

(1)$P\{\xi = 8\} = C_{10}^8 \times 0.9^8 \times 0.1^2 \approx 0.1937$

(2)$P\{\xi \geqslant 8\} = C_{10}^8 \times 0.9^8 \times 0.1^2 + C_{10}^9 \times 0.9^9 \times 0.1$

$$+ 0.9^{10}$$

$$\approx 0.9298$$

## §4.3 普哇松分布

定义 4.3 如果随机变量 $\xi$ 的概率函数是

$$P_\lambda(m) = P(\xi = m) = \frac{\lambda^m}{m!}e^{-\lambda} \qquad (m = 0,1,\cdots) \quad (4.5)$$

其中 $\lambda > 0$,则称 $\xi$ 服从普哇松(Poisson)分布。

利用级数 $\sum_{k=0}^{\infty} x^k/k! = e^x$,易知 $\sum_{m=0}^{\infty} P_\lambda(m) = 1$。

普哇松分布常见于所谓稠密性的问题中。如一段时间内,电话用户对电话台的呼唤次数、候车的旅客数、原子放射粒子数、织机上断头的次数,以及零件铸造表面上一定大小的面积内砂眼的个数等等。

$$E\xi = \sum_{m=0}^{\infty} m \frac{\lambda^m}{m!}e^{-\lambda} = \sum_{m=1}^{\infty} \frac{\lambda \cdot \lambda^{m-1}}{(m-1)!}e^{-\lambda}$$

令 $m' = m - 1$,则

$$E\xi = \sum_{m'=0}^{\infty} \frac{\lambda\lambda^{m'}}{m'!} e^{-\lambda} = \lambda$$

同样的方法可以计算出 $E\xi^2 = \lambda^2 + \lambda$，所以

$$D\xi = E\xi^2 - (E\xi)^2 = \lambda$$

通常在 $n$ 比较大，$p$ 很小时，用普哇松分布近似代替二项分布的公式，其中 $\lambda = np$。普哇松分布的方便之处在于有现成的分布表（见附表一）可查，免去复杂的计算。

例 1    $\xi$ 服从普哇松分布，$E\xi = 5$，查表求 $P(\xi = 2)$，$P(\xi = 5)$，$P(\xi = 20)$。

解    因普哇松分布的参数 $\lambda$ 就是它的期望值，故 $\lambda = 5$，查书后附表一，有

$$P_5(2) = 0.084\ 224 \quad P_5(5) = 0.175\ 467 \quad P_5(20) = 0$$

例 2    一大批产品的废品率为 $p = 0.015$，求任取一箱(有100个产品)，箱中恰有一个废品的概率。

解    所取一箱中的废品个数 $\xi$ 服从超几何分布，由于产品数量 $N$ 很大，可按二项分布公式计算，其中 $n = 100$，$p = 0.015$。

$$P(\xi = 1) = C_{100}^1 \times 0.015 \times 0.985^{99} \approx 0.335\ 953$$

但由于 $n$ 较大而 $p$ 很小，可用普哇松分布公式近似代替二项分布公式计算。其中 $\lambda = np = 1.5$，查表得：

$$P_{1.5}(1) = 0.334\ 695$$

误差不超过 1%。

例 3    检查了 100 个零件上的疵点数，结果如表 4-6：

表    4-6

| 疵点数 | 0 | 1 | 2 | 3 | 4 | 5 | 6 |
|---|---|---|---|---|---|---|---|
| 频 数 | 14 | 27 | 26 | 20 | 7 | 3 | 3 |

试用普哇松分布公式计算疵点数的分布，并与实际检查结果比较。

解 $\lambda = \dfrac{1}{100}(14 \times 0 + 27 \times 1 + \cdots + 3 \times 6) = 2$

查附表一并与频率比较,列表如表 4-7:

表 4-7

| 疵点数 | 0 | 1 | 2 | 3 | 4 | 5 | 6 |
|--------|-----|-----|-----|-----|-----|-----|-----|
| 频　数 | 14 | 27 | 26 | 20 | 7 | 3 | 3 |
| 频　率 | 0.14 | 0.27 | 0.26 | 0.20 | 0.07 | 0.03 | 0.03 |
| 概　率 | 0.135 3 | 0.270 7 | 0.270 7 | 0.180 4 | 0.090 2 | 0.036 1 | 0.012 0 |

## §4.4　指数分布

定义 4.4　如果随机变量 $\xi$ 的概率密度为

$$\varphi(x) = \begin{cases} \lambda \mathrm{e}^{-\lambda x} & \text{当 } x > 0 \\ 0 & \text{其它} \end{cases} \tag{4.6}$$

其中 $\lambda > 0$,则称 $\xi$ 服从参数为 $\lambda$ 的指数分布。

易知

$$\int_{-\infty}^{+\infty} \varphi(x)\mathrm{d}x = \int_{0}^{+\infty} \lambda \mathrm{e}^{-\lambda x}\mathrm{d}x = 1$$

它的分布函数

$$F(x) = \begin{cases} 0 & \text{当 } x \leqslant 0 \text{ 时} \\ 1 - \mathrm{e}^{-\lambda x} & \text{当 } x > 0 \text{ 时} \end{cases}$$

对任何实数 $a, b(0 \leqslant a < b)$,有

$$P(a < \xi < b) = \int_{a}^{b} \lambda \mathrm{e}^{-\lambda x}\mathrm{d}x = \mathrm{e}^{-\lambda a} - \mathrm{e}^{-\lambda b}$$

在习题三第 12 题中已经算出它的期望和方差:

$$E\xi = \lambda^{-1} \qquad D\xi = \lambda^{-2}$$

指数分布常用来作为各种"寿命"分布的近似。如随机服务系统中的服务时间、某些消耗性产品(电子元件等)的寿命等等,都常被假定服从指数分布。假若产品的失效率为 $\lambda$,则产品在 $t(t >$

0) 时间失效的分布函数

$$F(t) = 1 - e^{-\lambda t}$$

而产品的可靠度为

$$R(t) = 1 - F(t) = e^{-\lambda t}$$

**例 1**　某元件寿命 $\xi$ 服从参数为 $\lambda(\lambda^{-1} = 1\,000$ 小时$)$ 的指数分布。3 个这样的元件使用 1 000 小时后，都没有损坏的概率是多少？

**解**　参数为 $\lambda$ 的指数分布的分布函数为

$$F(x) = 1 - e^{-\frac{x}{1\,000}} \qquad (x > 0)$$

$$P(\xi > 1\,000) = 1 - p(\xi \leqslant 1\,000) = 1 - F(1\,000) = e^{-1}$$

各元件寿命相互独立，因此 3 个这样的元件使用 1 000 小时都未损坏的概率为 $e^{-3}$（约为 0.05）。

## §4.5　Γ- 分布

**定义 4.5**　如果连续型随机变量 $\xi$ 具有概率密度

$$\varphi(x) = \begin{cases} \dfrac{\lambda^r}{\Gamma(r)} x^{r-1} e^{-\lambda x} & x > 0 \\ 0 & x \leqslant 0 \end{cases} \qquad (4.7)$$

其中 $\lambda > 0, r > 0$，则称 $\xi$ 服从 Γ- 分布，简记作 $\xi \sim \Gamma(\lambda, r)$。

这里的 $\Gamma(r)$ 就是微积分里定义的 Γ- 函数，即

$$\Gamma(r) = \int_0^{+\infty} x^{r-1} e^x dx$$

当 $r > 0$ 时这个积分是收敛的，利用 Γ- 函数的定义不难验证

$$\int_{-\infty}^{+\infty} \varphi(x) dx = 1$$

还可以计算出 $E\xi = \lambda^{-1} r, D\xi = \lambda^{-2} r$。

Γ- 分布在概率论、数理统计和随机过程中都有不少应用。

当 $r = 1$ 时，

$$\varphi(x) = \begin{cases} \lambda e^{-\lambda x} & x > 0 \\ 0 & x \leqslant 0 \end{cases}$$

这就是前面介绍过的指数分布；

当 $r$ 为正整数时，

$$\varphi(x) = \begin{cases} \dfrac{\lambda^r}{(r-1)!} x^{r-1} e^{-\lambda x} & x > 0 \\ 0 & x \leqslant 0 \end{cases} \tag{4.8}$$

它是排队论中常用到的 $r$ 阶爱尔朗分布；

当 $r = n/2 (n$ 是正整数)，$\lambda = 1/2$ 时，

$$\varphi(x) = \begin{cases} \dfrac{1}{2^{\frac{n}{2}} \Gamma\left(\dfrac{n}{2}\right)} x^{\frac{n}{2}-1} e^{-\frac{x}{2}} & x > 0 \\ 0 & x \leqslant 0 \end{cases} \tag{4.9}$$

这就是具有 $n$ 个自由度的 $\chi^2$- 分布(简记作 $\chi^2(n)$)。它是数理统计中最重要的几个常用统计量的分布之一。

定理 4.1    如果 $\xi_1, \cdots, \xi_n$ 相互独立，且 $\xi_i$ 服从参数为 $\lambda, r_i (i = 1, \cdots, n)$ 的 $\Gamma$- 分布，则它们的和 $\xi_1 + \cdots + \xi_n$ 服从参数为 $\lambda, r_1 + \cdots + r_n$ 的 $\Gamma$- 分布。

证    (1) 先证 $n = 2$ 的情形。由(4.7)式，$\xi_i$ 的概率密度

$$\varphi_{\xi_i}(x) = \begin{cases} \dfrac{\lambda^{r_i}}{\Gamma(r_i)} x^{r_i-1} e^{-\lambda x} & x > 0 \\ 0 & x \leqslant 0 \end{cases}$$

由(2.28)式，当 $x > 0$ 时，$\xi_1 + \xi_2$ 的概率密度为

$$\begin{aligned} \varphi_{\xi_1+\xi_2}(x) &= \int_{-\infty}^{+\infty} \varphi_{\xi_1}(x_1) \varphi_{\xi_2}(x - x_1) \mathrm{d}x_1 \\ &= \int_0^x \frac{\lambda^{r_1+r_2}}{\Gamma(r_1)\Gamma(r_2)} e^{-\lambda x} x_1^{r_1-1} (x - x_1)^{r_2-1} \mathrm{d}x_1 \\ &= \frac{\lambda^{r_1+r_2}}{\Gamma(r_1)\Gamma(r_2)} e^{-\lambda x} \end{aligned}$$

90

$$\cdot \int_0^x (\frac{x_1}{x})^{r_1-1} (1 - \frac{x_1}{x})^{r_2-1} x^{r_1+r_2-1} d(\frac{x_1}{x})$$

$$= \frac{r^{r_1+r_2}}{\Gamma(r_1)\Gamma(r_2)} x^{r_1+r_2-1} e^{-\lambda x}$$

$$\cdot \int_0^1 y^{r_1-1} (1 - y)^{r_2-1} dy \quad ①$$

$$= \frac{\lambda^{r_1+r_2}}{\Gamma(r_1 + r_2)} x^{r_1+r_2-1} e^{-\lambda x} \tag{4.10}$$

当 $x \leqslant 0$ 时,$\varphi_{\xi_1+\xi_2}(x) = 0$。

(2) 设 $n = m$ 定理成立,再证 $n = m + 1$ 定理也成立。由于 $\xi_1$, $\cdots$, $\xi_{m+1}$ 相互独立,因此 $\xi_1 + \cdots + \xi_m$ 与 $\xi_{m+1}$ 也相互独立,而 $\xi_1 + \cdots + \xi_m$ 与 $\xi_{m+1}$ 分别服从参数为 $\lambda, r_1 + \cdots + r_m$ 及 $\lambda, r_{m+1}$ 的 Γ-分布。由(1)所证,对于 $\xi_1 + \cdots + \xi_m$ 与 $\xi_{m+1}$ 这两个随机变量,它们的和 $\xi_1 + \cdots + \xi_{m+1}$ 服从参数为 $\lambda, r_1 + \cdots + r_m + r_{m+1}$ 的 Γ-分布。

由数学归纳法,定理成立。

# §4.6 正态分布

正态分布是最常见的也是最重要的一种分布。它常用于描述测量误差及射击命中点与靶心距离的偏差等现象。另外,许多产品的物理量,如青砖的抗压强度、细纱的强力、螺丝的口径等随机变量,它们的分布都具有"中间大、两头小"的特点。在正常情况下,这种量都可以看成由许多微小的、独立的随机因素作用的总后果,

---

① 这里应用了 B 函数的性质:

$$B(r_1, r_2) = \int_0^1 y^{r_1-1} (1 - y)^{r_2-1} dy$$

在 $r_1, r_2$ 都大于零时收敛,且

$$B(r_1, r_2) = \frac{\Gamma(r_1)\Gamma(r_2)}{\Gamma(r_1+r_2)}$$

而每一种因素都不能起到压倒一切的主导作用。具有这种特点的随机变量，一般都可以认为服从正态分布。比如：

（1）调查一群人的身高，其高度为随机变量，分布的特点是高度在某一范围（平均值临近）内的人数最多，较高的和较低的人数较少。

（2）加工某零件，其长度的测量值是个随机变量，它的分布和身高的分布相似。

**（一）正态分布的概率密度**

定义 4.6    如果连续型随机变量 $\xi$ 的概率密度为

$$\varphi(x) = \frac{1}{\sqrt{2\pi}\sigma}e^{-\frac{(x-\mu)^2}{2\sigma^2}} \tag{4.11}$$

其中 $\sigma, \mu$ 为常数，并且 $\sigma > 0$，则称 $\xi$ 服从正态分布，简记作 $\xi \sim N(\mu, \sigma^2)$。

利用普哇松积分

$$\int_{-\infty}^{+\infty} e^{-x^2} dx = \sqrt{\pi}$$

可以验证

$$\int_{-\infty}^{+\infty} \varphi(x) dx = 1$$

还可以计算出

$$E\xi = \mu \qquad D\xi = \sigma^2$$

即正态分布概率密度中的两个参数 $\mu$ 和 $\sigma$，分别是随机变量的期望值和标准差。因而已知期望和方差，可以完全确定正态分布的概率密度。

特别地，当 $\mu = 0, \sigma = 1$ 时，$\varphi(x)$ 可以写成

$$\frac{1}{\sqrt{2\pi}}e^{-\frac{x^2}{2}} \stackrel{\triangle}{=\!=} \varphi_0(x) \tag{4.12}$$

称它为标准正态分布的概率密度，简记作 $\xi \sim N(0, 1)$。

## （二）标准正态分布概率密度 $\varphi_0(x)$ 的性质及概率密度函数表

$\varphi_0(x)$ 除具有一般概率密度的性质外,还有下列性质(请读者用微积分的知识证明)。

(1)$\varphi_0(x)$ 有各阶导数;

(2)$\varphi_0(-x) = \varphi_0(x)$,即 $\varphi_0(x)$ 的图形关于 $y$ 轴对称;

(3)$\varphi_0(x)$ 在 $(-\infty, 0)$ 内严格上升,在 $(0, +\infty)$ 内严格下降,在 $x = 0$ 处达到最大值:

$$\varphi_0(0) = \frac{1}{\sqrt{2\pi}} \approx 0.398\,9$$

(4)$\varphi_0(x)$ 在 $x = \pm 1$ 处有两个拐点;

(5)$\lim_{x \to \infty} \varphi_0(x) = 0$,即 $x$ 轴是曲线 $\varphi_0(x)$ 的水平渐近线。

$\varphi_0(x)$ 的图形如图 4-1。

对于任给的 $x$ 值,可以利用标准正态分布的概率密度函数表查出 $\varphi_0(x)$ 的值。

例1　$\xi \sim N(0, 1)$,求 $\varphi_0(1.81)$,$\varphi_0(-1)$,$\varphi_0(0.57)$,$\varphi_0(6.4)$,$\varphi_0(0)$。

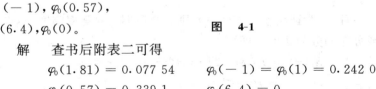

图　4-1

解　查书后附表二可得

$\varphi_0(1.81) = 0.077\,54$　　$\varphi_0(-1) = \varphi_0(1) = 0.242\,0$

$\varphi_0(0.57) = 0.339\,1$　　$\varphi_0(6.4) = 0$

$\varphi_0(0) = 0.398\,9$

### （三）一般正态分布与标准正态分布的关系

**定理 4.2**　如果 $\xi \sim N(\mu, \sigma^2)$，$\eta \sim N(0, 1)$，其概率密度分别记为 $\varphi(x)$ 及 $\varphi_0(x)$，分布函数分别记为 $\Phi(x)$ 及 $\Phi_0(x)$，则

$$(1) \quad \varphi(x) = \frac{1}{\sigma} \varphi_0 \left( \frac{x - \mu}{\sigma} \right) \tag{4.13}$$

$$(2) \quad \Phi(x) = \Phi_0 \left( \frac{x - \mu}{\sigma} \right) \tag{4.14}$$

证

$$(1) \quad \varphi(x) = \frac{1}{\sqrt{2\pi}\sigma} \mathrm{e}^{-\frac{(x-\mu)^2}{2\sigma^2}}$$

$$= \frac{1}{\sigma} \cdot \frac{1}{\sqrt{2\pi}} \mathrm{e}^{-\frac{1}{2}\left(\frac{x-\mu}{\sigma}\right)^2}$$

$$= \frac{1}{\sigma} \varphi_0 \left( \frac{x - \mu}{\sigma} \right)$$

$$(2) \quad \Phi(x) = \int_{-\infty}^{x} \varphi(t)\mathrm{d}t = \int_{-\infty}^{x} \frac{1}{\sigma} \varphi_0 \left( \frac{t - \mu}{\sigma} \right) \mathrm{d}t$$

$$\xrightarrow{\ \ \diamondsuit\ y = \frac{t-\mu}{\sigma}\ \ } \int_{-\infty}^{\frac{x-\mu}{\sigma}} \varphi_0(y)\mathrm{d}y$$

$$= \Phi_0 \left( \frac{x - \mu}{\sigma} \right)$$

**定理 4.3**　如果 $\xi \sim N(\mu, \sigma^2)$，而 $\eta = (\xi - \mu)/\sigma$，则 $\eta \sim N(0, 1)$。

证　为证明 $\eta \sim N(0, 1)$，则只要证明 $\eta$ 的概率密度为 $\varphi_0(x)$ 或分布函数为 $\Phi_0(x)$ 即可。

$$F_\eta(x) = P(\eta \leqslant x) = P((\xi - \mu)/\sigma \leqslant x)$$

$$= P(\xi \leqslant \sigma x + \mu)$$

$$= \Phi(\sigma x + \mu)$$

利用（4.14）式，有

$$F_\eta(x) = \Phi_0(x)$$

可以证明,服从正态分布的随机变量 $\xi$,它的线性函数 $k\xi + b(k \neq 0)$ 仍然服从正态分布。

**(四) 标准正态分布函数表**

如果 $\xi \sim N(0,1)$,则对大于零的实数 $x$,$\Phi_0(x)$ 的值可以由书后附表三直接得到。

例 2   $\xi \sim N(0,1)$,求 $P(\xi \leqslant 1.96)$,$P(\xi \leqslant -1.96)$,$P(|\xi| \leqslant 1.96)$,$P(-1 < \xi \leqslant 2)$,$P(\xi \leqslant 5.9)$。

解   由附表三可以直接查到 $P(\xi \leqslant 1.96)$,即 $\Phi_0(1.96)$ 的值是 $0.975$。由于 $\varphi_0(x)$ 的对称性,有

$$P(\xi \leqslant -1.96) = P(\xi \geqslant 1.96) = 1 - P(\xi < 1.96)$$

所以

$$\Phi_0(-1.96) = 1 - \Phi_0(1.96) = 0.025$$

$$\begin{aligned}
P(|\xi| \leqslant 1.96) &= P(-1.96 \leqslant \xi \leqslant 1.96) \\
&= \Phi_0(1.96) - \Phi_0(-1.96) \\
&= 2\Phi_0(1.96) - 1 \\
&= 0.95
\end{aligned}$$

$$\begin{aligned}
P(-1 < \xi \leqslant 2) &= \Phi_0(2) - \Phi_0(-1) \\
&= \Phi_0(2) - [1 - \Phi_0(1)] \\
&= 0.818\,55
\end{aligned}$$

$$P(\xi \leqslant 5.9) = \Phi_0(5.9) = 1$$

概括起来,如果 $\xi \sim N(0,1)$,则

$$P(\xi \leqslant x) = \begin{cases} \Phi_0(x) & x > 0 \\ 0.5 & x = 0 \\ 1 - \Phi_0(-x) & x < 0 \end{cases}$$

$$P(|\xi| \leqslant x) = 2\Phi_0(x) - 1 \quad (当 \ x > 0 \ 时) \qquad (4.15)$$

$$P(a < \xi \leqslant b) = \Phi_0(b) - \Phi_0(a)$$

而当 $x \geqslant 5$ 时,$\Phi_0(x) \approx 1$,当 $x \leqslant -5$ 时,$\Phi_0(x) \approx 0$。

例 3　$\xi \sim N(8,0.5^2)$,求 $P(|\xi - 8| < 1)$ 及 $P(\xi \leqslant 10)$。

解　因为 $\xi \sim N(8,0.5^2)$,所以 $(\xi - 8)/0.5 \sim N(0,1)$。

$$P(|\xi - 8| < 1) = P\left(\left|\frac{\xi - 8}{0.5}\right| < 2\right)$$
$$= 2\Phi_0(2) - 1$$
$$= 0.954\ 5$$
$$P(\xi \leqslant 10) = \Phi(10) = \Phi_0\left(\frac{10 - 8}{0.5}\right) = \Phi_0(4)$$
$$= 0.999\ 968\ 33$$

附表三中 $0.9^46\ 833$ 表示 $0.999\ 968\ 33$。

例 4　$\xi \sim N(\mu,\sigma^2)$,$P(\xi \leqslant -5) = 0.045$,$P(\xi \leqslant 3) = 0.618$,求 $\mu$ 及 $\sigma$。

解　$P(\xi \leqslant -5) = \Phi_0\left(\frac{-5 - \mu}{\sigma}\right) = 0.045$

$$1 - \Phi_0\left(-\frac{5 + \mu}{\sigma}\right) = \Phi_0\left(\frac{5 + \mu}{\sigma}\right) = 0.955$$

$$P(\xi \leqslant 3) = \Phi_0\left(\frac{3 - \mu}{\sigma}\right) = 0.618$$

查表可得

$$\begin{cases} \dfrac{5 + \mu}{\sigma} = 1.7 \\ \dfrac{3 - \mu}{\sigma} = 0.3 \end{cases}$$

解此方程组,得到:$\mu = 1.8$,$\sigma = 4$。

## (五)正态分布与 $\Gamma$- 分布的关系

定理 4.4　如果 $\xi$ 服从标准正态分布,则 $\xi^2$ 服从 $\lambda = 0.5$,$r = 0.5$ 的 $\Gamma$- 分布,即 $\xi^2 \sim \chi^2(1)$。

证　$\because \xi \sim N(0,1) \therefore \varphi_\xi(x) = \mathrm{e}^{-\frac{x^2}{2}} / \sqrt{2\pi}$

根据(2.26)式,当 $x \leqslant 0$ 时,$\varphi_{\xi^2}(x) = 0$;当 $x > 0$ 时,

$$\varphi_\xi{}^2(x) = \frac{\varphi_\xi(\sqrt{x}) + \varphi_\xi(-\sqrt{x})}{2\sqrt{x}}$$

$$= \frac{1}{\sqrt{2\pi}} \cdot \frac{1}{\sqrt{x}} e^{-\frac{x}{2}}$$

$$= \frac{(\frac{1}{2})^{\frac{1}{2}}}{\Gamma(\frac{1}{2})} x^{\frac{1}{2}-1} e^{-\frac{x}{2}}$$

## （六）二元正态分布

定义 4.7    若二元连续型随机变量$(\xi,\eta)$的联合概率密度为

$$\varphi(x,y) = \frac{1}{2\pi\sigma_1\sigma_2\sqrt{1-\rho^2}}$$

$$\cdot e^{\frac{-1}{2(1-\rho^2)}\left[(\frac{x-\mu_1}{\sigma_1})^2 - 2\rho\frac{(x-\mu_1)(y-\mu_2)}{\sigma_1\sigma_2} + (\frac{y-\mu_2}{\sigma_2})^2\right]} \qquad (4.16)$$

其中 $\mu_1,\mu_2,\sigma_1,\sigma_2,\rho$ 均为常数。$\sigma_1 > 0,\sigma_2 > 0,|\rho| < 1$ 时，称$(\xi,\eta)$ 服从二元正态分布。

不难验证

$$\int_{-\infty}^{+\infty}\int_{-\infty}^{+\infty} \varphi(x,y)\mathrm{d}x\mathrm{d}y = 1$$

定理 4.5    二元正态分布的边缘概率密度是一元正态分布。

证    设$(\xi,\eta)$ 的概率密度由(4.16)式给出,$\xi$ 的边缘概率密度记为 $\varphi_1(x)$,则

$$\varphi_1(x) = \int_{-\infty}^{+\infty} \varphi(x,y)\mathrm{d}y$$

令 $t = \dfrac{y - \mu_2}{\sigma_2}$

$$= \int_{-\infty}^{+\infty} \cdot \frac{1}{2\pi\sigma_1\sqrt{1-\rho^2}} e^{\frac{-1}{2(1-\rho^2)}\left[(\frac{x-\mu_1}{\sigma_1})^2 - 2\rho\frac{x-\mu_1}{\sigma_1}t + t^2\right]}\mathrm{d}t$$

$$= \frac{1}{\sqrt{2\pi}\sigma_1} e^{-\frac{(x-\mu_1)^2}{2\sigma_1^2}} \cdot \int_{-\infty}^{+\infty} \frac{1}{\sqrt{2\pi}\sqrt{1-\rho^2}} e^{\frac{-1}{2(1-\rho^2)}(t-\rho\frac{x-\mu_1}{\sigma_1})^2}\mathrm{d}t$$

$$= \frac{1}{\sqrt{2\pi}\sigma_1} e^{-\frac{(x-\mu_1)^2}{2\sigma_1^2}}$$

同样方法,可以计算出关于 $\eta$ 的边缘概率密度为一元正态分布 $N(\mu_2, \sigma_2^2)$。可见 $(\xi, \eta)$ 的联合概率密度中的参数 $\mu_1, \mu_2, \sigma_1, \sigma_2$ 分别是 $\xi$ 与 $\eta$ 的期望值和标准差。容易验证参数 $\rho$ 就是 $\xi$ 与 $\eta$ 的相关系数,证明如下:

$$\frac{E(\xi - E\xi)(\eta - E\eta)}{\sqrt{D\xi}\sqrt{D\eta}}$$

$$= \frac{1}{\sigma_1\sigma_2} \int_{-\infty}^{+\infty} \int_{-\infty}^{+\infty} (x - \mu_1)(y - \mu_2)\varphi(x, y)\mathrm{d}x\mathrm{d}y$$

令 $s = \dfrac{x - \mu_1}{\sigma_1}, t = \dfrac{y - \mu_2}{\sigma_2}$,有

$$\frac{E(\xi - E\xi)(\eta - E\eta)}{\sqrt{D\xi}\sqrt{D\eta}}$$

$$= \int_{-\infty}^{+\infty} \int_{-\infty}^{+\infty} \frac{st}{2\pi\sqrt{1-\rho^2}} e^{\frac{-1}{2(1-\rho^2)}(s^2 - 2\rho st + t^2)}\mathrm{d}s\mathrm{d}t$$

$$= \int_{-\infty}^{+\infty} s e^{-\frac{s^2}{2}}\mathrm{d}s \int_{-\infty}^{+\infty} \frac{t}{2\pi\sqrt{1-\rho^2}} e^{-\frac{(t-\rho s)^2}{2(1-\rho^2)}}\mathrm{d}t$$

$$= \int_{-\infty}^{+\infty} \frac{\rho s^2}{\sqrt{2\pi}} e^{-\frac{s^2}{2}}\mathrm{d}s$$

$$= \rho$$

第三章曾经讲到相互独立的两个随机变量一定不相关,即相关系数 $\rho = 0$。但是其逆命题一般是不成立的。然而对于正态分布的随机变量却是例外。

定理 4.6 服从二元正态分布的随机变量 $(\xi, \eta)$,它们独立的充分必要条件是 $\xi$ 与 $\eta$ 的相关系数 $\rho = 0$。

证 从 §3.4(三)可知必要性显然成立。因此只证明定理的充分性。

利用(4.16)式,由 $\rho = 0$ 得到 $(\xi, \eta)$ 的联合概率密度

$$\varphi(x,y) = \frac{1}{2\pi\sigma_1\sigma_2} e^{\frac{-1}{2}\left[\left(\frac{x-\mu_1}{\sigma_1}\right)^2 + \left(\frac{y-\mu_2}{\sigma_2}\right)^2\right]}$$

$$= \frac{1}{\sqrt{2\pi}\sigma_1} e^{-\frac{(x-\mu_1)^2}{2\sigma_1{}^2}} \cdot \frac{1}{\sqrt{2\pi}\sigma_2} e^{-\frac{(y-\mu_2)^2}{2\sigma_2{}^2}}$$

$$= \varphi_1(x) \cdot \varphi_2(y)$$

所以,$\xi$ 与 $\eta$ 相互独立。

最后,再介绍数理统计中占有重要位置的两个连续型随机变量的分布。

**定义 4.8** 若连续型随机变量 $\xi$ 的概率密度 $\varphi(x)$ 为

$$\varphi(x) = \frac{\Gamma\left(\frac{n+1}{2}\right)}{\sqrt{n\pi}\,\Gamma\left(\frac{n}{2}\right)}\left(1+\frac{x^2}{n}\right)^{-\frac{n+1}{2}} \tag{4.17}$$

称 $\xi$ 服从具有 $n$ 个自由度的 $t$ 分布,简记为 $t(n)$。

**定义 4.9** 若连续型随机变量 $\xi$ 的概率密度 $\varphi(x)$ 为

$$\varphi(x) = \begin{cases} \dfrac{\Gamma\left(\dfrac{n_1+n_2}{2}\right)}{\Gamma\left(\dfrac{n_1}{2}\right)\Gamma\left(\dfrac{n_2}{2}\right)}\left(\dfrac{n_1}{n_2}\right)^{\frac{n_1}{2}} x^{\frac{n_1}{2}-1}\left(1+\dfrac{n_1}{n_2}x\right)^{-\frac{n_1+n_2}{2}} & x>0 \\ 0 & x\leqslant 0 \end{cases}$$

$$\tag{4.18}$$

称 $\xi$ 服从具有第一个自由度为 $n_1$,第二个自由度为 $n_2$ 的 F 分布,简记为 $F(n_1,n_2)$。

# 习　题　四

1. 若每次射击中靶的概率为 0.7,求射击 10 炮,命中 3 炮的概率,至少命中 3 炮的概率,最可能命中几炮。

2. 在一定条件下生产某种产品的废品率为 0.01,求生产 10 件产品中废品数不超过 2 个的概率。

3. 某车间有 20 部同型号机床,每部机床开动的概率为 0.8,若假定各机床是否开动彼此独立,每部机床开动时所消耗的电能为 15 个单位,求这个车间消耗电能不少于 270 个单位的概率。

4. 从一批废品率为 0.1 的产品中,重复抽取 20 个进行检查,求这 20 个产品中废品率不大于 0.15 的概率。

5. 生产某种产品的废品率为 0.1,抽取 20 件产品,初步检查已发现有 2 件废品,问这 20 件中,废品不少于 3 件的概率。

6. 抛掷 4 颗正六面体的骰子,$\xi$ 为出现么点的骰子数目,求 $\xi$ 的概率分布,分布函数,以及出现么点的骰子数目的最可能值。

7. 事件 $A$ 在每次试验中出现的概率为 0.3,进行 19 次独立试验,求(1)出现次数的平均值和标准差;(2)最可能出现的次数。

8. 已知随机变量 $\xi$ 服从二项分布,$E\xi = 12$、$D\xi = 8$,求 $p$ 和 $n$。

9. 某柜台上有 4 个售货员,并预备了两个台秤,若每个售货员在一小时内平均有 15 分钟时间使用台秤,求一天 10 小时内,平均有多少时间台秤不够用。

10. 已知试验的成功率为 $p$,进行 4 重贝努里试验,计算在没有全部失败的情况下,试验成功不止一次的概率。

11. $\xi$ 服从参数为 $2,p$ 的二项分布,已知 $P(\xi \geqslant 1) = 5/9$,那么成功率为 $p$ 的 4 重贝努里试验中至少有一次成功的概率是多少?

12. 一批产品 20 个中有 5 个废品,任意抽取 4 个,求废品数不多于 2 个的概率。

13. 如果产品是大批的,从中抽取的数目不大时,则废品数的分布可以近似用二项分布公式计算。试将下例用两个公式计算,并比较其结果。产品的废品率为 0.1,从 1 000 个产品中任意抽取 3 个,求废品数为 1 的概率。

14. 从一副扑克牌(52 张)中发出 5 张,求其中黑桃张数的概率分布。

15. 从大批发芽率为 0.8 的种子中,任取 10 粒,求发芽粒数不少于 8 粒的概率。

16. 一批产品的废品率为 0.001,用普哇松分布公式求 800 件产品中废品为 2 件的概率,以及不超过 2 件的概率。

17. 某种产品表面上的疵点数服从普哇松分布,平均一件上有 0.8 个疵点,若规定疵点数不超过 1 个为一等品,价值 10 元,疵点数大于 1 不多于 4 为二等品,价值 8 元,4 个以上者为废品。求产品为废品的概率以及产品的平均价值。

18. 一个合订本共 100 页,平均每页上有两个印刷错误,假定每页上印刷错误的数目服从普哇松分布,计算该合订本中各页的印刷错误都不超过 4 个的概率。

19. 某型号电子管的“寿命”$\xi$ 服从指数分布,如果它的平均寿命 $E\xi = 1\,000$ 小时,写出 $\xi$ 的概率密度,并计算 $P(1\,000 < \xi \leqslant 1\,200)$。

20. $\xi \sim N(0,1)$,$\Phi_0(x)$ 是它的分布函数,$\varphi_0(x)$ 是它的概率密度,$\Phi_0(0)$,$\varphi_0(0)$,$P(\xi = 0)$ 各是什么值?

21. 求出 19 题中的电子管在使用 500 小时没坏的条件下,还可以继续使用 100 小时而不坏的概率?

22. 若 $\xi$ 服从具有 $n$ 个自由度的 $\chi^2$-分布,证明 $\sqrt{\xi}$ 的概率密度为

$$
\varphi(x) = \begin{cases} \dfrac{x^{n-1}}{2^{\frac{n}{2}-1}\Gamma\left(\dfrac{n}{2}\right)} e^{-\frac{x^2}{2}} & x \geqslant 0 \\[4mm] 0 & x < 0 \end{cases}
$$

称此分布为具有 $n$ 个自由度的 $\chi$-分布。

23. $\xi \sim N(0,1)$,求 $P\{\xi \geqslant 0\}$,$P\{|\xi| < 3\}$,$P\{0 < \xi \leqslant 5\}$,$P\{\xi > 3\}$,$P\{-1 < \xi < 3\}$。

24. $\xi \sim N(\mu,\sigma^2)$,为什么说事件“$|\xi - \mu| < 2\sigma$”在一次试验中几乎必然出现?

25. $\xi \sim N(10,2^2)$，求 $P(10 < \xi < 13)$，$P(\xi > 13)$，$P(|\xi - 10| < 2)$。

26. 若上题中已知 $P(|\xi - 10| < c) = 0.95$，$P(\xi < d) = 0.066\ 8$，分别求 $c$ 和 $d$。

27. 若 $\xi \sim N(\mu, \sigma^2)$，对于 $P(\mu - k\sigma < \xi < \mu + k\sigma) = 0.90$，或 $0.95$，或 $0.99$，分别查表找出相应的 $k$ 值。

28. 某批产品长度按 $N(50, 0.25^2)$ 分布，求产品长度在 $49.5cm$ 和 $50.5cm$ 之间的概率，长度小于 $49.2cm$ 的概率。

29. $\xi_i \sim N(0,1)$ $(i = 1,2,3)$，并且 $\xi_1, \xi_2, \xi_3$ 相互独立，$\bar{\xi} = \dfrac{1}{3}\sum\limits_{i=1}^{3}\xi_i$，$\eta = \sum\limits_{i=1}^{3}(\xi_i - \bar{\xi})^2$，求 $\mathrm{cov}(\bar{\xi}, \xi_1)$，$E\eta$，$\mathrm{cov}(\bar{\xi}, \eta)$。

30. $(\xi, \eta)$ 有联合概率密度 $\varphi(x, y) = \dfrac{1}{2\pi}\mathrm{e}^{-\frac{1}{2}(x^2+y^2)}$，$\zeta = \xi^2 + \eta^2$，求 $\zeta$ 的概率密度。

# 第五章 大数定律与中心极限定理

## §5.1 大数定律的概念

例 1 掷一颗均匀的正六面体的骰子,出现么点的概率是1/6。在掷的次数比较少时,出现么点的频率可能与 1/6 相差得很大。但是在掷的次数很多时,出现么点的频率接近 1/6 几乎是必然的。

例 2 测量一个长度 $a$,一次测量的结果不见得就等于 $a$,量了若干次,其算术平均值仍不见得等于 $a$,但当测量的次数很多时,算术平均值接近于 $a$ 几乎是必然的。

这两个例子说明,在大量随机现象中,不仅看到了随机事件频率的稳定性,而且还看到平均结果的稳定性。即无论个别随机现象的结果如何,或者它们在进行过程中的个别特征如何,大量随机现象 的平均结果实际上与每一个别随机现象的特征无关,并且几乎不再是随机的了。

大数定律以确切的数学形式表达了这种规律性,并论证了它成立的条件,即从理论上阐述了这种大量的、在一定条件下的、重复的随机现象呈现的规律性即稳定性。由于大数定律的作用,大量随机因素的总体作用必然导致某种不依赖于个别随机事件的结果。

## §5.2 切贝谢夫不等式

一个随机变量离差平方的数学期望就是它的方差,而方差又是用来描述随机变量取值的分散程度的。下面研究随机变量的离差与方差之间的关系式。

切贝谢夫不等式:设随机变量 $\xi$ 有期望值 $E\xi$ 及方差 $D\xi$,则任给 $\varepsilon > 0$,有

$$P(|\xi - E\xi| \geqslant \varepsilon) \leqslant \frac{D\xi}{\varepsilon^2} \tag{5.1}$$

$$P(|\xi - E\xi| < \varepsilon) \geqslant 1 - \frac{D\xi}{\varepsilon^2}$$

证　如果 $\xi$ 是离散型的随机变量,那么

$$P(|\xi - E\xi| \geqslant \varepsilon) = \sum_{|x_k - E\xi| \geqslant \varepsilon} P(\xi = x_k)$$

$$\leqslant \sum_{|x_k - E\xi| \geqslant \varepsilon} \frac{(x_k - E\xi)^2}{\varepsilon^2} p_k$$

$$\leqslant \sum_k \frac{(x_k - E\xi)^2}{\varepsilon^2} p_k$$

$$= \frac{D\xi}{\varepsilon^2}$$

请读者自己证明 $\xi$ 是连续型随机变量的情况。

例1　设 $\xi$ 是掷一颗骰子所出现的点数,若给定 $\varepsilon = 1, 2$,实际计算 $P(|\xi - E\xi| \geqslant \varepsilon)$,并验证切贝谢夫不等式成立。

解　因为 $\xi$ 的概率函数是 $P(\xi = k) = \dfrac{1}{6}$　$(k = 1, 2, \cdots, 6)$,所以

$$E\xi = \frac{7}{2} \qquad D\xi = \frac{35}{12}$$

$$P\left(\left|\xi - \frac{7}{2}\right| \geqslant 1\right) = \frac{2}{3}$$

$$P\left(\left|\xi - \frac{7}{2}\right| \geqslant 2\right) = P(\xi = 1) + P(\xi = 6) = \frac{1}{3}$$

$$\varepsilon = 1:\quad \frac{D\xi}{\varepsilon^2} = \frac{35}{12} > \frac{2}{3}$$

$$\varepsilon = 2:\quad \frac{D\xi}{\varepsilon^2} = \frac{1}{4} \times \frac{35}{12} = \frac{35}{48} > \frac{1}{3}$$

可见,$\xi$ 满足切贝谢夫不等式。

例 2 设电站供电网有 10 000 盏电灯,夜晚每一盏灯开灯的概率都是 0.7,而假定开、关时间彼此独立,估计夜晚同时开着的灯数在 6 800 与 7 200 之间的概率。

解 令 $\xi$ 表示在夜晚同时开着的灯的数目,它服从参数 $n = 10\ 000, p = 0.7$ 的二项分布。若要准确计算,应该用贝努里公式:

$$P(6\ 800 < \xi < 7\ 200) = \sum_{k=6\ 801}^{7\ 199} C_{10\ 000}^{k} \times 0.7^{k} \times 0.3^{10\ 000-k}$$

如果用切贝谢夫不等式估计:

$$E\xi = np = 10\ 000 \times 0.7 = 7\ 000$$
$$D\xi = npq = 10\ 000 \times 0.7 \times 0.3 = 2\ 100$$
$$P(6\ 800 < \xi < 7\ 200) = P(|\xi - 7\ 000| < 200)$$
$$\geqslant 1 - \frac{2\ 100}{200^2} \approx 0.95$$

可见,虽然有 10 000 盏灯,但是只要有供应 7 200 盏灯的电力就能够以相当大的概率保证够用。事实上,切贝谢夫不等式的估计只说明概率大于 0.95,后面将具体求出这个概率约为 0.999 99。切贝谢夫不等式在理论上具有重大意义,但估计的精确度不高。

## §5.3 切贝谢夫定理

定义 5.1 若存在常数 $a$,使对于任何 $\varepsilon > 0$,有 $\lim\limits_{n \to \infty} P\{|\xi_n - a| < \varepsilon\} = 1$,则称随机变量序列 $\{\xi_n\}$ 依概率收敛于 $a$。

定量 5.1(切贝谢夫定理) 设 $\xi_1, \xi_2, \cdots$ 是相互独立的随机变量序列[①],各有数学期望 $E\xi_1, E\xi_2, \cdots$ 及方差 $D\xi_1, D\xi_2, \cdots$ 并且对于

---

① 如果一个随机变量序列 $\xi_1, \xi_2, \cdots$ 中任何有限个随机变量都是相互独立的,则称这个随机变量序列为相互独立的。

所有 $i = 1, 2, \cdots$ 都有 $D\xi_i < l$，其中 $l$ 是与 $i$ 无关的常数，则任给 $\varepsilon > 0$，有

$$\lim_{n \to \infty} P\{|\frac{1}{n}\sum_{i=1}^{n}\xi_i - \frac{1}{n}\sum_{i=1}^{n}E\xi_i| < \varepsilon\} = 1 \qquad (5.2)$$

证　因 $\xi_1, \xi_2, \cdots$ 相互独立，所以

$$D(\frac{1}{n}\sum_{i=1}^{n}\xi_i) = \frac{1}{n^2}\sum_{i=1}^{n}D\xi_i < \frac{1}{n^2}nl = \frac{l}{n}$$

又因

$$E(\frac{1}{n}\sum_{i=1}^{n}\xi_i) = \frac{1}{n}\sum_{i=1}^{n}E\xi_i$$

根据(5.1)式，对于任意 $\varepsilon > 0$，有

$$P\{|\frac{1}{n}\sum_{i=1}^{n}\xi_i - \frac{1}{n}\sum_{i=1}^{n}E\xi_i| < \varepsilon\} \geqslant 1 - \frac{l}{n\varepsilon^2}$$

但是任何事件的概率都不超过 1，即

$$1 - \frac{l}{n\varepsilon^2} \leqslant P\{|\frac{1}{n}\sum_{i=1}^{n}\xi_i - \frac{1}{n}\sum_{i=1}^{n}E\xi_i| < \varepsilon\} \leqslant 1$$

因此，

$$\lim_{n \to \infty} P\{|\frac{1}{n}\sum_{i=1}^{n}\xi_i - \frac{1}{n}\sum_{i=1}^{n}E\xi_i| < \varepsilon\} = 1$$

切贝谢夫定理说明：在定理的条件下，当 $n$ 充分大时，$n$ 个独立随机变量的平均数这个随机变量的离散程度是很小的。这意味，经过算术平均以后得到的随机变量 $(\sum_{i=1}^{n}\xi_i)/n$，将比较密地聚集在它的数学期望 $(\sum_{i=1}^{n}E\xi_i)/n$ 的附近。它与数学期望之差，当 $n \to \infty$ 时，依概率收敛到 0。这就是大数定律。切贝谢夫定理为这一定律给出了精确的数学公式。它也称为切贝谢夫大数定律。

切贝谢夫定理的一个推论通常称为贝努里大数定律。

定理 5.2(贝努里大数定律)　在独立试验序列中，当试验次

数 $n$ 无限增加时,事件 $A$ 的频率 $\xi/n(\xi$ 是 $n$ 次试验中事件 $A$ 发生的次数),依概率收敛于它的概率 $P(A)$。即,对于任意给定的 $\varepsilon > 0$,有

$$\lim_{n \to \infty} P\{|\frac{\xi}{n} - p| < \varepsilon\} = 1 \qquad (5.3)$$

其中 $P(A) = p$。

证　设 $\xi_i$ 为第 $i$ 次试验中事件 $A$ 发生的次数,它服从参数为 $p$ 的 0-1 分布,$E\xi_i = p,D\xi_i = pq(i = 1,2,\cdots,n)$,并且 $\xi_1,\cdots,\xi_n$ 相互独立,而 $\xi = \sum_{i=1}^{n} \xi_i$,由定理 5.1,有

$$\lim_{n \to \infty} P\{|\frac{1}{n} \sum_{i=1}^{n} \xi_i - p| < \varepsilon\} = 1$$

即

$$\lim_{n \to \infty} P\{|\frac{\xi}{n} - p| < \varepsilon\} = 1$$

这个定理说明:当试验在不变的条件下,重复进行很多次时,随机事件的频率在它的概率附近摆动。

如果事件 $A$ 的概率很小,则正如贝努里定理指出的,事件 $A$ 的频率也是很小的,即事件 $A$ 很少发生。例如,设 $P(A) = 0.001$,则在 1 000 次试验中只能希望事件 $A$ 发生一次。

在实际中概率很小的随机事件在个别试验中几乎是不可能发生的。因此,人们常常忽略了那些概率很小的事件发生的可能性。这个原理叫作小概率事件的实际不可能性原理(简称小概率原理)。它在国家经济建设事业中有着广泛的应用。至于"小概率"小到 什么程度才能看作实际上不可能发生,则要视具体问题的要求和 性质而定。从小概率事件的实际不可能性原理容易得到下面的重 要结论:如果随机事件的概率很接近于 1,则可以认为在个别试验中这事件几乎一定发生。

定理 5.3(辛钦大数定律)　如果 $\xi_1,\xi_2,\cdots$ 是相互独立并且具

有相同分布的随机变量,有 $E\xi_i = a(i = 1,2,\cdots)$,则对任意给定的 $\varepsilon > 0$,有

$$\lim_{n \to \infty} P\{| \frac{1}{n} \sum_{i=1}^{n} \xi_i - a | < \varepsilon\} = 1 \qquad (5.4)$$

这一推论使算术平均值的法则有了理论根据。假使要测量某一个物理量 $a$,在不变的条件下重复测量 $n$ 次,得到的观测值 $x_1$, $x_2$,$\cdots$,$x_n$ 是不完全相同的,这些结果可以看作是服从同一分布并且期望值为 $a$ 的 $n$ 个相互独立的随机变量 $\xi_1,\xi_2,\cdots,\xi_n$ 的试验数值。由推论可知,当 $n$ 充分大时,取 $\frac{1}{n} \sum_{i=1}^{n} x_i$ 作为 $a$ 的近似值,可以认为所发生的误差是很小的。即对于同一个随机变量 $\xi$ 进行 $n$ 次独立观察,则所有观察结果的算术平均数依概率收敛于随机变量的期望值。

## §5.4  中心极限定理

正态分布在随机变量的各种分布中,占有特别重要的地位。在某些条件下,即使原来并不服从正态分布的一些独立的随机变量,它们的和的分布,当随机变量的个数无限增加时,也是趋于正态分布的。在概率论里,把研究在什么条件下,大量独立随机变量和的分布以正态分布为极限这一类定理称为中心极限定理。

一般说来,如果某一项偶然因素对总和的影响是均匀的、微小的,即没有一项起特别突出的作用,那么就可以断定描述这些大量独立的偶然因素的总和的随机变量是近似地服从正态分布的。这是数理统计中大样本的理论基础,用数学形式来表达就是李雅普诺夫定理(证明较复杂,本书略去)。

定理 5.4(李雅普诺夫定理)  设 $\xi_1,\xi_2,\cdots$ 是相互独立的随机变量,有期望值 $E\xi_i = a_i$ 及方差 $D\xi_i = \sigma_i^2 < +\infty(i = 1,2,\cdots)$,若

每个 $\xi_i$ 对总和 $\sum\limits_{i=1}^{n}\xi_i$ 影响不大,令 $S_n=(\sum\limits_{i=1}^{n}\sigma_i^2)^{\frac{1}{2}}$,则

$$\lim_{n\to\infty}P(\frac{1}{S_n}\sum_{i=1}^{n}(\xi_i-a_i)\leqslant x)=\frac{1}{\sqrt{2\pi}}\int_{-\infty}^{x}e^{-\frac{t^2}{2}}dt$$
$$=\Phi_0(x) \tag{5.5}$$

这个定理的实际意义是:如果一个随机现象由众多的随机因素所引起,每一因素在总的变化里起着不显著的作用,就可以推断,描述这个随机现象的随机变量近似地服从正态分布。由于这些情况很普遍,所以有相当多一类随机变量遵从正态分布,从而正态分布成为概率统计中最重要的分布。

这个定理对离散的和连续的随机变量都适用。

例 1  一个螺丝钉重量是一个随机变量,期望值是 1 两,标准差是 0.1 两。求一盒(100 个)同型号螺丝钉的重量超过 10.2 斤的概率。

解  设一盒重量为 $\xi$,盒中第 $i$ 个螺丝钉的重量为 $\xi_i(i=1,\cdots,100)$。$\xi_1,\cdots,\xi_{100}$ 相互独立,$E\xi_i=1$,$\sqrt{D\xi_i}=0.1$,则有 $\xi=\sum\limits_{i=1}^{100}\xi_i$,且 $E\xi=100\times E\xi_i=100$(两),$\sqrt{D\xi}=1$(两)。根据中心极限定理,有

$$P(\xi>102)=P\left(\frac{\xi-100}{1}>2\right)=1-P(\xi-100\leqslant 2)$$
$$\approx 1-\Phi_0(2)=1-0.977\,250=0.022\,750$$

例 2  对敌人的防御地段进行 100 次轰炸,每次轰炸命中目标的炸弹数目是一个随机变量,其期望值为 2,方差为 1.69。求在 100 次轰炸中有 180 颗到 220 颗炸弹命中目标的概率。

解  令第 $i$ 次轰炸命中目标的次数为 $\xi_i$,100 次轰炸中命中目标次数 $\xi=\sum\limits_{i=1}^{100}\xi_i$。应用中心极限定理,$\xi$ 渐近服从正态分布,期望

值为 200,方差为 169,标准差为 13。所以

$$P(180 \leqslant \xi \leqslant 220) = P(|\xi - 200| \leqslant 20)$$

$$= P\left(|\frac{\xi - 200}{13}| \leqslant \frac{20}{13}\right)$$

$$\approx 2\Phi_0(1.54) - 1$$

$$= 0.87644$$

二项分布以正态分布为极限,不加证明地列出这个定理。

定理 5.5(拉普拉斯定理)

(1)局部极限定理:当 $n \to \infty$ 时,

$$P(\xi = k) \approx \frac{1}{\sqrt{2\pi npq}} e^{-\frac{(k-np)^2}{2npq}}$$

$$= \frac{1}{\sqrt{npq}} \varphi_0\left(\frac{k - np}{\sqrt{npq}}\right) \qquad (5.6)$$

(2) 积分极限定理:当 $n \to \infty$ 时,

$$P(a < \xi < b) \approx \Phi(b) - \Phi(a)$$

$$= \Phi_0\left(\frac{b - np}{\sqrt{npq}}\right) - \Phi_0\left(\frac{a - np}{\sqrt{npq}}\right) \qquad (5.7)$$

其中随机变量 $\xi$ 服从参数为 $n, p$ 的二项分布。

例 3  10 部机器独立工作,每部停机的概率为 0.2。求 3 部机器同时停机的概率。

解  10 部机器中同时停机的数目 $\xi$ 服从二项分布,$n = 10, p = 0.2, np = 2, \sqrt{npq} \approx 1.265$。

(1)直接计算:$P(\xi = 3) = C_{10}^3 \times 0.2^3 \times 0.8^7 \approx 0.2013$

(2)若用局部极限定理近似计算:

$$P(\xi = 3) = \frac{1}{\sqrt{npq}} \varphi_0\left(\frac{k - np}{\sqrt{npq}}\right) = \frac{1}{1.265} \varphi_0\left(\frac{3 - 2}{1.265}\right)$$

$$= \frac{1}{1.265} \varphi_0(0.79) = 0.2308$$

（2）的计算结果与（1）相差较大，这是由于 $n$ 不够大。一般要求 $n$ 至少为 50，有时也放宽到 $n \geqslant 30$ 使用。

例 4　用拉普拉斯积分极限定理计算 §5.2 中例 2 的概率。

解　$np = 7\,000, \sqrt{npq} \approx 45.83$

$$P(6\,800 < \xi < 7\,200) = P(|\xi - 7\,000| < 200)$$

$$= P\left(|\frac{\xi - 7\,000}{45.83}| < 4.36\right)$$

$$= 2\Phi_0(4.36) - 1$$

$$= 0.999\,99$$

例 5　产品为废品的概率为 $p = 0.005$，求 10 000 件产品中废品数不大于 70 的概率。

解　10 000 件产品中的废品数 $\xi$ 服从二项分布，$n = 10\,000$，$p = 0.005$，$np = 50$，$\sqrt{npq} \approx 7.053$。

$$P(\xi \leqslant 70) = \Phi_0\left(\frac{70 - 50}{7.053}\right) = \Phi_0(2.84)$$

$$= 0.997\,7$$

正态分布和普哇松分布虽然都是二项分布的极限分布，但后者以 $n \to \infty$，同时 $p \to 0$，$np \to \lambda$ 为条件，而前者则只要求 $n \to \infty$ 这一条件。一般说来，对于 $n$ 很大，$p$（或 $q$）很小的二项分布（$np \leqslant 5$）用正态分布来近似计算不如用普哇松分布计算精确。

例 6　每颗炮弹命中飞机的概率为 0.01，求 500 发炮弹中命中 5 发的概率。

解　500 发炮弹中命中飞机的炮弹数目 $\xi$ 服从二项分布，$n = 500$，$p = 0.01$，$np = 5$，$\sqrt{npq} \approx 2.225$。下面用三种方法计算并加以比较：

（1）用二项分布公式计算：

$$P(\xi = 5) = C_{500}^5 \times 0.01^5 \times 0.99^{495} = 0.176\ 35$$

（2）用普哇松公式计算,直接查附表一可得:

$$P_5(5) \approx 0.175\ 467$$

（3）用拉普拉斯局部极限定理计算:

$$P(\xi = 5) = \frac{1}{\sqrt{npq}} \varphi_0\left(\frac{5 - np}{\sqrt{npq}}\right) \approx 0.179\ 3$$

可见后者不如前者精确。

# 习　题　五

1. 用切贝谢夫不等式估计下列各题的概率:

（1）废品率为 0.03,1 000 个产品中废品多于 20 个且少于 40 个的概率。

（2）200 个新生婴儿中,男孩多于 80 个且少于 120 个的概率（假定生男孩和女孩的概率均为 0.5）。

2. 用定理 5.4(2) 计算上题的概率。

3. 如果 $X_1, \cdots, X_n$ 是 $n$ 个相互独立、同分布的随机变量,$EX_i = \mu, DX_i = 8(i = 1, 2, \cdots, n)$。对于 $\overline{X} = \sum\limits_{i=1}^n X_i / n$,写出 $\overline{X}$ 所满足的切贝谢夫不等式,并估计 $P(|\overline{X} - \mu| < 4)$。

4. 一颗骰子连续掷 4 次,点数总和记为 $\xi$。估计 $P(10 < \xi < 18)$。

5. $\xi \sim \varphi(x) = \begin{cases} 0 & x \leqslant 0 \\ \dfrac{x^n}{n!}e^{-x} & x > 0 \end{cases}$,估计 $P\{0 < \xi < 2 \cdot (n + 1)\}$。

6. 袋装茶叶用机器装袋,每袋的净重为随机变量,其期望值为 100g,标准差为 10g,一大盒内装 200 袋,求一盒茶叶净重大于 20.5kg 的概率。

7. 用定理 5.4(1) 近似计算从一批废品率为 0.05 的产品中，任取 1 000 件，其中有 20 件废品的概率。

8. 生产灯泡的合格率为 0.6，求 10 000 个灯泡中合格灯泡数在 5 800 ~ 6 200 的概率。

9. 从大批发芽率为 0.9 的种子中随意抽取 1 000 粒，试估计这 1 000 粒种子发芽率不低于 0.88 的概率。

10. 某车间有同型号机床 200 部，每部开动的概率为 0.7，假定各机床开关是独立的，开动时每部要消耗电能 15 个单位。问电厂最少要供应这个车间多少电能，才能以 95% 的概率，保证不致因供电不足而影响生产。

11. 一大批种蛋中，良种蛋占 80%。从中任取 500 枚，求其中良种蛋率未超过 81% 的概率。

12. 某商店负责供应某地区 1 000 人商品，某种商品在一段时间内每人需用一件的概率为 0.6，假定在这一段时间各人购买与否彼此无关，问商店应预备多少件这种商品，才能以 99.7% 的概率保证不会脱销（假定该商品在某一段时间内每人最多可以买一件）。

13. 一个复杂的系统，由 100 个相互独立起作用的部件所组成。在整个运行期间，每个部件损坏的概率为 0.1，为了使整个系统起作用，至少需有 85 个部件工作。求整个系统工作的概率。

14. 计算机在进行加法时每个加数取整数（取最为接近于它的整数），设所有的取整误差是相互独立的，且它们都在 $[-0.5, 0.5]$ 上服从均匀分布。(1) 若将 1 500 个数相加，问误差总和的绝对值超过 15 的概率是多少?(2) 最多几个数加在一起可使得误差总和的绝对值小于 10 的概率不超过 90%？

15. 设有 30 个电子器件，它们的使用寿命（单位：小时）$T_1, \cdots, T_{30}$ 服从参数 $\lambda = 0.1$ 的指数分布。其使用情况是第一个损坏第二个立即使用，第二个损坏第三个立即使用等等。令 $T$ 为 30 个器件使用的总计时间，求 $T$ 超过 350 小时的概率。

16. 上题中的电子器件若每件为 $a$ 元，那么在年计划中一年至少需多少元才能有 95% 的概率保证够用（假定一年有 306 个工作日，每个工作日为 8 小时）。

# *第六章　马尔可夫链

## §6.1　随机过程的概念

第二章已经指出一个随机试验的结果有多种可能性,在数学上用一个随机变量(或随机向量)来描述。在许多情况下,人们不仅需要对随机现象进行一次观测,而且要进行多次,甚至接连不断地观测它的变化过程。这就要研究无限多个,即一族随机变量。随机过程理论就是研究随机现象变化过程的概率规律性的。

**定义 6.1**　设$\{\xi_t, t \in T\}$是一族随机变量,$T$是一个实数集合,若对任意实数$t \in T$,$\xi_t$是一个随机变量,则称$\{\xi_t, t \in T\}$为随机过程。

$T$称为参数集合,参数$t$可以看作时间。$\xi_t$的每一个可能取值称为随机过程的一个状态。其全体可能取值所构成的集合称为状态空间,记作$E$。当参数集合$T$为非负整数集时,随机过程又称随机序列。本章要介绍的马尔可夫链就是一类特殊的随机序列。

**例 1**　在一条自动生产线上检验产品质量,每次取一个,"废品"记为1,"合格品"记为0。以$\xi_n$表示第$n$次检验结果,则$\xi_n$是一个随机变量。不断检验,得到一列随机变量$\xi_1, \xi_2, \cdots$,记为$\{\xi_n, n = 1, 2, \cdots\}$。它是一个随机序列,其状态空间$E = \{0, 1\}$。

**例 2**　在$m$个商店联营出租照相机的业务中(顾客从其中一个商店租出,可以到$m$个商店中的任意一个归还),规定一天为一个时间单位,"$\xi_t = j$"表示"第$t$天开始营业时照相机在第$j$个商店",$j = 1, 2, \cdots, m$。则$\{\xi_n, n = 1, 2, \cdots\}$是一个随机序列,其状态空

间 $E=\{1,2,\cdots,m\}$。

例3 统计某种商品在 $t$ 时刻的库存量,对于不同的 $t$,得到一族随机变量,$\{\xi_t, t\in[0, +\infty)\}$ 是一个随机过程,状态空间 $E=[0, R]$,其中 $R$ 为最大库存量。

我们用一族分布函数来描述随机过程的统计规律。一般地,一个随机过程 $\{\xi_t, t\in T\}$,对任意正整数 $n$ 及 $T$ 中任意 $n$ 个元素 $t_1$,$\cdots, t_n$ 相应的随机变量 $\xi_{t_1}, \cdots, \xi_{t_n}$ 的联合分布函数记为

$$F_{t_1\cdots t_n}(x_1, \cdots, x_n)=P\{\xi_{t_1}\leqslant x_1, \cdots, \xi_{t_n}\leqslant x_n\} \qquad (6.1)$$

由于 $n$ 及 $t_i(i=1, \cdots, n)$ 的任意性,(6.1)式给出了一族分布函数。记为

$$\{F_{t_1\cdots t_n}(x_1, \cdots, x_n), t_i\in T, i=1, \cdots, n; n=1, 2, \cdots\}$$

称它为随机过程 $\{\xi_t, t\in T\}$ 的有穷维分布函数族。它完整地描述了这一随机过程的统计规律性。

## §6.2 马尔可夫链

### (一)马尔可夫链的定义

现实世界中有很多这样的现象:某一系统在已知现在情况的条件之下,系统未来时刻的情况只与现在有关,而与过去的历史无直接关系。比如,研究一个商店的累计销售额,如果现在时刻的累计销售额已知,则未来某一时刻的累计销售额与现在时刻以前的任一时刻累计销售额无关。上节中的几个例子也均属此类。描述这类随机现象的数学模型称为马氏模型。

定义6.2 设 $\{\xi_n, n=1, 2, \cdots\}$ 是一个随机序列,状态空间 $E$ 为有限或可列集,对于任意的正整数 $m, n$,若 $i, j, i_k\in E(k=1, 2, \cdots, n-1)$,有

$$P\{\xi_{n+m}=j|\xi_n=i, \xi_{n-1}=i_{n-1}, \cdots, \xi_1=i_1\}=P\{\xi_{n+m}=j|\xi_n=i\}$$

$$\qquad (6.2)$$

则称$\{\xi_n, n=1,2,\cdots\}$为一个马尔可夫链(简称马氏链),(6.2)式称为马氏性。

事实上,可以证明若等式(6.2)对于$m=1$成立,则它对于任意的正整数$m$也成立。因此,只要当$m=1$时(6.2)式成立,就可以称随机序列$\{\xi_n, n=1,2,\cdots\}$具有马氏性,即$\{\xi_n, n=1,2,\cdots\}$是一个马尔可夫链。

**定义 6.3** 设$\{\xi_n, n=1,2,\cdots\}$是一个马氏链,如果等式(6.2)右边的条件概率与$n$无关,即

$$P\{\xi_{n+m}=j \mid \xi_n=i\}=p_{ij}(m) \tag{6.3}$$

则称$\{\xi_n, n=1,2,\cdots\}$为时齐的马氏链。称$p_{ij}(m)$为系统由状态$i$经过$m$个时间间隔(或$m$步)转移到状态$j$的转移概率。(6.3)式称为时齐性。它的含义是:系统由状态$i$到状态$j$的转移概率只依赖于时间间隔的长短,与起始的时刻无关。本章介绍的马氏链假定都是时齐的,因此省略"时齐"二字。

### (二)转移概率矩阵及柯尔莫哥洛夫定理

对于一个马尔可夫链$\{\xi_n, n=1,2,\cdots\}$,称以$m$步转移概率$p_{ij}(m)$为元素的矩阵$P(m)=(p_{ij}(m))$为马尔可夫链的$m$步转移矩阵。当$m=1$时记$P(1)=P$称为马尔可夫链的一步转移矩阵,或简称转移矩阵。它们具有下列三个基本性质:

(1) 对一切$i,j \in E, 0 \leqslant p_{ij}(m) \leqslant 1$;

(2) 对任意$i \in E, \displaystyle\sum_{j \in E} p_{ij}(m)=1$;

(3) 对一切$i,j \in E, p_{ij}(0)=\delta_{ij}=\begin{cases}1, & \text{当}\ i=j\ \text{时} \\ 0, & \text{当}\ i \neq j\ \text{时}\end{cases}$。

当实际问题可以用马尔可夫链来描述时,首先要确定它的状态空间与参数集合,然后确定它的一步转移概率。关于这一概率的确定,可以由问题的内在规律得到,也可以由过去经验给出,还可

以根据观测数据来估计。

例1　编号为Ⅰ、Ⅱ、Ⅲ的口袋内各装有一些球,其具体组成见表6-1。若规定,有放回地抽取,每次一个,第一次从口袋Ⅰ中取,第 $n(n>1)$ 次从与第 $n-1$ 次取到的球号数相同的口袋内取。$\xi_n$ 表示第 $n$ 次取到球的号数。显然,$\{\xi_n, n=1,2,\cdots\}$ 是一个马氏链,写出它的一步转移概率矩阵。

表　6-1

| 球 个 数 | 一 号 球 | 二 号 球 | 三 号 球 |
|---|---|---|---|
| 口 袋 Ⅰ | 2 | 1 | 1 |
| 口 袋 Ⅱ | 2 | 0 | 1 |
| 口 袋 Ⅲ | 3 | 2 | 0 |

解　$p_{11}=P(\xi_{n+1}=1\,|\,\xi_n=1)=2/4=1/2$

$p_{12}=P(\xi_{n+1}=2\,|\,\xi_n=1)=1/4$

$p_{13}=P(\xi_{n+1}=3\,|\,\xi_n=1)=1/4$

…　…　…

$p_{33}=P(\xi_{n+1}=3\,|\,\xi_n=3)=0$

因此,它的一步转移矩阵是

$$P=\begin{bmatrix} 1/2 & 1/4 & 1/4 \\ 2/3 & 0 & 1/3 \\ 3/5 & 2/5 & 0 \end{bmatrix}$$

它实际上是表6-1中各个数字除以该数字所在行的行和的商。

例2　设一随机系统状态空间 $E=\{1,2,3,4\}$,记录观测系统所处状态如下:

```
4 3 2 1 4 3 1 1 2 3
2 1 2 3 4 4 3 3 1 1
1 3 3 2 1 2 2 2 4 4
2 3 2 1 3 1 1 2 4 3 1
```

118

若该系统可用马氏模型描述,估计转移概率 $p_{ij}$。

解 首先将不同类型的转移数 $n_{ij}$ 统计出来分类记入表 6-2:

**表 6-2**

| $i \rightarrow j$ 转移数 $n_{ij}$ | 1 2 3 4 | 行 和 $n_i$ |
|---|---|---|
| 1 | 4 4 1 1 | 10 |
| 2 | 3 2 4 2 | 11 |
| 3 | 4 4 2 1 | 11 |
| 4 | 0 1 4 2 | 7 |

各类转移数总和 $\sum_i \sum_j n_{ij}$ 等于观测数据中马氏链处于各种状态次数总和减 1。而行和 $n_i$ 是观测数据中系统处于状态 $i$ 的次数(最后一次观测不计)。$n_{ij}$ 是由状态 $i$ 到状态 $j$ 的转移次数,则 $p_{ij}$ 的估计值 $p_{ij} = n_{ij}/n_i$。由表 6-2 得

$$\hat{P} = \begin{bmatrix} 4/10 & 4/10 & 1/10 & 1/10 \\ 3/11 & 2/11 & 4/11 & 2/11 \\ 4/11 & 4/11 & 2/11 & 1/11 \\ 0 & 1/7 & 4/7 & 2/7 \end{bmatrix}$$

例 3 若顾客的购买是无记忆的,即已知现在顾客购买情况,未来顾客的购买情况不受过去购买历史的影响,而只与现在购买情况有关。现在市场上供应 $A$、$B$、$C$ 三个不同厂家生产的 50 克袋装味精,用"$\xi_n = 1$"、"$\xi_n = 2$"、"$\xi_n = 3$"分别表示"顾客第 $n$ 次购买 $A$、$B$、$C$ 厂的味精"。显然,$\{\xi_n, n = 1, 2, \cdots\}$ 是一个马氏链。若已知第一次顾客购买三个厂味精的概率依次为 0.2, 0.4, 0.4。又知道一般顾客购买的倾向由表 6-3 给出。求顾客第二次购买各厂味精的概率。

表 6-3

|  |  | 下 次 购 买 | | |
|---|---|---|---|---|
|  |  | A | B | C |
| 上次购买 | A | 0.8 | 0.1 | 0.1 |
|  | B | 0.5 | 0.1 | 0.4 |
|  | C | 0.5 | 0.3 | 0.2 |

**解** 这是要由 $\xi_1$ 的分布及一步转移概率计算 $\xi_2$ 的分布问题。利用全概公式,有

$$P(\xi_2=j)=\sum_{k=1}^{3}P(\xi_2=j|\xi_1=k)P(\xi_1=k)$$

$$=\sum_{k=1}^{3}p_{kj}P(\xi_1=k)$$

令 $j=1,2,3$,分别计算其概率,得到 $\xi_2$ 的分布如表 6-4 所示。

表 6-4

| $\xi_2$ | 1 | 2 | 3 |
|---|---|---|---|
| $P$ | 0.56 | 0.18 | 0.26 |

因此,顾客第二次购买各厂味精的概率依次为 0.56,0.18,0.26。

**例 4(带有反射壁的随机徘徊)** 如果在原点右边距离原点一个单位及距原点 $s(s>1)$ 个单位处各立一个弹性壁。一个质点在数轴右半部从距原点两个单位处开始随机徘徊。每次分别以概率 $p$ $(0<p<1)$ 和 $q(q=1-p)$ 向右和向左移动一个单位;若在 +1 处,则以概率 $p$ 反射到 2,以概率 $q$ 停在原处;在 $s$ 处,则以概率 $q$ 反射到 $s-1$,以概率 $p$ 停在原处。设 $\xi_n$ 表示徘徊 $n$ 步后的质点位置。$\{\xi_n,n=1,2,\cdots\}$ 是一个马尔可夫链,其状态空间 $E=\{1,2,\cdots,s\}$,写出转移矩阵 $\pmb{P}$。

**解**

$$P(\xi_0 = i) = \begin{cases} 1 & \text{当 } i=2 \text{ 时} \\ 0 & \text{当 } i \neq 2 \text{ 时} \end{cases}$$

$$p_{1j} = \begin{cases} q & \text{当 } j=1 \text{ 时} \\ p & \text{当 } j=2 \text{ 时} \\ 0 & \text{其它} \end{cases}$$

$$p_{sj} = \begin{cases} p & \text{当 } j=s \text{ 时} \\ q & \text{当 } j=s-1 \text{ 时} \\ 0 & \text{其它} \end{cases}$$

$$p_{ij} = \begin{cases} p & \text{当 } j-i=1 \text{ 时} \\ q & \text{当 } j-i=-1 \text{ 时} \\ 0 & \text{其它} \end{cases} \quad (i=2,3,\cdots,s-1)$$

因此,$P$ 为一个 $s$ 阶方阵,即

$$P = \begin{bmatrix} q & p & 0 & 0 & & & & \\ q & 0 & p & 0 & & & & \\ 0 & q & 0 & p & & & & \\ & & & & \ddots & & & \\ & & & & 0 & p & 0 \\ & & & & q & 0 & p \\ & & & & 0 & q & p \end{bmatrix}$$

例 5 设有一个重复独立试验序列,用 $\xi_1, \xi_2, \cdots$ 来描述。状态空间 $E=\{1,2,\cdots\}$,第 $i$ 次试验中状态 $j$ 出现的概率 $P(\xi_i=j)=p_j$ $(j=1,2,\cdots)$ 与试验次数 $i$ 无关。试证 $\{\xi_n, n=1,2,\cdots\}$ 是一个马氏链。

解 由于试验的独立性,因而 $\xi_1, \xi_2, \cdots$ 是相互独立的。对任何正整数 $n, m, i, j, i_k (k=1,2,\cdots,n-1)$,均有

$$P(\xi_{n+m}=j \mid \xi_n=i, \xi_{n-1}=i_{n-1}, \cdots, \xi_1=i_1)$$

$$= P(\xi_{n+m} = j) = p_j$$
$$P(\xi_{n+m} = j \mid \xi_n = i) = P(\xi_{n+m} = j) = p_j$$

因此

$$P(\xi_{n+m} = j \mid \xi_n = i, \xi_{n-1} = i_{n-1}, \cdots, \xi_1 = i_1)$$
$$= P(\xi_{n+m} = j \mid \xi_n = i) = p_j$$

$p_j$ 与 $n$ 无关,故 $\{\xi_n, n = 1, 2, \cdots\}$ 是一个马氏链。它的转移矩阵为

$$P = \begin{bmatrix} p_1 & p_2 & \cdots & \cdots \\ p_1 & p_2 & \cdots & \cdots \\ \cdots & \cdots & \cdots & \cdots \\ p_1 & p_2 & \cdots & \cdots \\ \cdots & \cdots & \cdots & \cdots \end{bmatrix}$$

可见一个独立同分布的离散型随机变量序列构成一个马尔可夫链。并且不难证明独立同分布的离散型随机变量序列前 $n$ 项部分和序列也是一个马尔可夫链。

如果知道了一个马尔可夫链的一步转移矩阵,如何求出它的任意有限步转移概率也是本节要介绍的主要问题之一。

定理 6.1(柯尔莫哥洛夫-开普曼定理)  设 $\{\xi_n, n = 1, 2, \cdots\}$ 是一个马尔可夫链,其状态空间 $E = \{1, 2, \cdots\}$,则对任意正整数 $m$, $n$ 有

$$p_{ij}(n+m) = \sum_{k \in E} p_{ik}(n) p_{kj}(m) \tag{6.4}$$

其中的 $i, j \in E$,或写成矩阵的形式

$$P(n+m) = P(n)P(m) \tag{6.5}$$

证

$$p_{ij}(n+m)$$
$$= P\{\xi_{n+m+t} = j \mid \xi_t = i\}$$
$$= P\{\xi_{n+m+t} = j, \sum_{k \in E}(\xi_{n+t} = k) \mid \xi_t = i\}$$

122

$$= \sum_{k \in E} P\{\xi_{n+m+t}=j, \xi_{n+t}=k \mid \xi_t=i\}$$

$$= \sum_{k \in E} P\{\xi_{n+t}=k \mid \xi_t=i\} P(\xi_{n+m+t}=j \mid \xi_{n+t}=k, \xi_t=i)$$

$$= \sum_{k \in E} P\{\xi_{n+t}=k \mid \xi_t=i\} P\{\xi_{n+m+t}=j \mid \xi_{n+t}=k\}$$

$$= \sum_{k \in E} p_{ik}(n) p_{kj}(m)$$

推论　已知 $\boldsymbol{P}=(p_{ij})$，则

$$\boldsymbol{P}^n = \boldsymbol{P}(n) = (p_{ij}(n)) \tag{6.6}$$

用数学归纳法不难得出上面结论（略）。

例 6　计算本节例 1 中的马氏链由状态 2 经两步转移到状态 3 的概率以及由状态 3 经两步仍在状态 3 的概率。

解　由定理 6.1，有

$$p_{23}(2) = \sum_{k=1}^{3} p_{2k} p_{k3}$$

$$= \frac{2}{3} \times \frac{1}{4} + 0 \times \frac{1}{3} + \frac{1}{3} \times 0$$

$$= \frac{1}{6}$$

$$p_{33}(2) = \sum_{k=1}^{3} p_{3k} p_{k3} = \frac{17}{60}$$

若要计算例 1 中的两步转移概率矩阵 $\boldsymbol{P}^2$，则由（6.6）式可得

$$\boldsymbol{P}^2 = \begin{bmatrix} 1/2 & 1/4 & 1/4 \\ 2/3 & 0 & 1/3 \\ 3/5 & 2/5 & 0 \end{bmatrix}^3 \begin{bmatrix} 1/2 & 1/4 & 1/4 \\ 2/3 & 0 & 1/3 \\ 3/5 & 2/5 & 0 \end{bmatrix}$$

$$= \begin{bmatrix} 17/30 & 9/40 & 5/24 \\ 8/15 & 3/10 & 1/6 \\ 17/30 & 3/20 & 17/60 \end{bmatrix}$$

例7  计算本节例 3 中第一次购买各厂味精的顾客经过三次购买后,第四次购买各厂味精的倾向。

解  这实际上可以用三步转移概率矩阵描述。

$$\boldsymbol{P}^3 = \begin{pmatrix} 0.8 & 0.1 & 0.1 \\ 0.5 & 0.1 & 0.4 \\ 0.5 & 0.3 & 0.2 \end{pmatrix}^3 = \begin{pmatrix} 0.722 & 0.128 & 0.150 \\ 0.695 & 0.134 & 0.171 \\ 0.695 & 0.142 & 0.163 \end{pmatrix}$$

若考虑任意一位顾客经过三次购买后,第四次购买各厂味精的概率,即 $\xi_4$ 的概率分布,可用全概公式求出:

$$P(\xi_4 = j) = \sum_{k=1}^{3} P(\xi_1 = k) P(\xi_4 = j \mid \xi_1 = k)$$

$$= \sum_{k=1}^{3} P(\xi_1 = k) p_{kj}(3) \quad (j = 1, 2, 3)$$

$\xi_4$ 的概率分布如表 6-5 所示:

表  6-5

| $\xi_4$ | 1 | 2 | 3 |
|---------|---|---|---|
| $P$ | 0.700 4 | 0.136 | 0.163 6 |

由上面计算看出,经过三次购买后,各厂产品在市场上占有率发生了明显变化。进一步,我们希望知道经过多次购买后,各厂产品在市场上的占有率是否稳定,其值如何。

**(二)转移概率的渐进性质——极限概率分布**

根据定理 6.1,可知系统 $M$ 从已知状态 $i$ 出发,经过 $n$ 步转移后处于状态 $j$ 的概率,对于任何 $0 \leqslant m < n$ 满足方程

$$p_{ij}(n) = \sum_{k \in E} p_{ik}(m) p_{kj}(n-m)$$

进一步希望了解 $n \to \infty$ 时,$p_{ij}(n)$ 的极限情况。为此引入关于状态的几个概念。

124

定义 6.4  设 $\{\xi_n, n=1,2,\cdots\}$ 是一个马尔可夫链，$E, P$ 分别是它的状态空间及转移矩阵。对于 $i, j \in E$，如果存在正整数 $n \geqslant 1$，使得 $p_{ij}(n) > 0$，则称状态 $i$ 可以到达状态 $j$，记作 $i \rightarrow j$。如果 $i \rightarrow j$，并且 $j \rightarrow i$，则称状态 $i$ 与 $j$ 是互通的，记作 $i \leftrightarrow j$。

定义 6.5  如果状态空间的一个子集中的状态都是互通的，称这个子集为一个状态类。

定义 6.6  如果马尔可夫链的状态空间是一个状态类，称这个马尔可夫链是不可约的。

设马尔可夫链 $\{\xi_n, n=1,2,\cdots\}$ 的状态空间为 $E$，转移矩阵是 $P$，状态 $i \in E$，如果 $i \leftrightarrow i$，把满足 $p_{ii}(n)$ 大于零的所有正整数 $n$ 的最大公约数记为 $d_i$，即

$$d_i = g \cdot c \cdot d\{n \geqslant 1 \mid p_{ii}(n) > 0\}$$

定义 6.7  如果 $d_i > 1$，称状态 $i$ 是周期的，$d_i$ 称为状态 $i$ 的周期；若 $d_i = 1$，称状态 $i$ 是非周期的。

定理 6.2  马尔可夫链 $\{\xi_n, n=1,2,\cdots\}$ 的状态空间 $E = \{1, 2, \cdots, m\}$ 为一个有限集，转移矩阵 $P = (p_{ij})$，若该马尔可夫链是非周期、不可约的，则这个马尔可夫链具有遍历性，即

$$\lim_{n \to \infty} p_{ij}(n) = p_j$$

$p_j$ 与 $i$ 无关，而且它是方程组 $\Pi = \Pi' P$ 在 $\pi_j > 0$ 及 $\sum_{j \in E} \pi_j = 1$ 条件下的唯一解。其中 $\Pi = (\pi_1, \cdots, \pi_m)'$。

例 8  例 4 中令 $s=3$，即转移矩阵为

$$P = \begin{bmatrix} q & p & 0 \\ q & 0 & p \\ 0 & q & p \end{bmatrix}$$

其中 $0 < p < 1, q = 1 - p$。试讨论这个马尔可夫链的遍历性。

解  该马尔可夫链的状态空间 $E = \{1, 2, 3\}$ 为有限集。由 $P$ 可知 $1 \leftrightarrow 2, 2 \leftrightarrow 3$。易知状态 1, 2, 3 都是互通的，即 $E$ 是一个状态类。

由 $P$ 看出状态 1 及 3 都是非周期的。而通过计算 $p_{22}(2)$ 及 $p_{22}(3)$ 可知,它们都大于 0,因此状态 2 也是非周期的。说明该马尔可夫链满足定理 6.2 的三个条件,因而它具有遍历性。进一步可以算出极限概率分布 $p_j(j=1,2,3)$。解方程组

$$\begin{cases} p_1 = qp_1 + qp_2 \\ p_2 = pp_1 \quad\quad + qp_3 \\ p_3 = \quad\quad pp_2 + pp_3 \\ p_1 + p_2 + p_3 = 1 \end{cases}$$

得到

$$p_j = \frac{1 - p/q}{1 - (p/q)^3} \left( \frac{p}{q} \right)^{j-1} \quad\quad (j = 1, 2, 3)$$

特别地,若 $p = q = 0.5$,则 $p_1 = p_2 = p_3 = 1/3$。这表明在极限情形三种状态是等可能的。若 $p/q = 2$,则 $p_1 = 1/7, p_2 = 2/7, p_3 = 4/7$。

## §6.3  马尔可夫链的应用举例

应用马尔可夫链的计算方法进行马尔可夫分析,主要目的是根据某些变量现在的情况及其变动趋向,来预测它在未来某特定区间可能产生的变动,作为提供某种决策的依据。

### (一)预测产品在未来期间的市场占有率可能发生的变化问题

例 1  根据 §6.2 例 3 中给出的一般顾客购买三种味精倾向的转移矩阵,预测经过长期的多次购买之后,顾客购买的倾向如何?

解  这个马尔可夫链的转移矩阵满足定理 6.2 的条件,可以求出其极限概率分布。为此,解下列方程组:

$$\begin{cases} p_1 = 0.8p_1 + 0.5p_2 + 0.5p_3 \\ p_2 = 0.1p_1 + 0.1p_2 + 0.3p_3 \\ p_3 = 0.1p_1 + 0.4p_2 + 0.2p_3 \\ p_1 + p_2 + p_3 = 1 \end{cases}$$

得到

$$p_1 = 60/84 \quad p_2 = 11/84 \quad p_3 = 13/84$$

这说明,无论第一次顾客购买的情况如何,经过长期多次购买以后,A 厂产的味精占有市场的 60/84,B、C 两厂产品分别占有市场的 11/84 和 13/84。

### (二)服务网点的设置问题

例 2 为适应日益扩大的旅游事业的需要,某城市的甲、乙、丙三个照相馆组成一个联营部,联合经营出租相机的业务。游客可由甲、乙、丙三处任何一处租出相机,用完后,还到三处中任意一处即可。估计其转移概率如表 6-6 所示:

表 6-6

| | | 还 相 机 处 | | |
|---|---|---|---|---|
| | | 甲 | 乙 | 丙 |
| 租相机处 | 甲 | 0.2 | 0.8 | 0 |
| | 乙 | 0.8 | 0 | 0.2 |
| | 丙 | 0.1 | 0.3 | 0.6 |

今欲选择其中之一附设相机维修点,问该点设在哪一个照相馆为最好?

解 由于旅客还相机(即下次相机所在店址)的情况只与该次租机地点(这次相机所在店址)有关,而与相机以前所处的店址无关,所以可用 $\xi_n$ 表示相机第 $n$ 次被租时所在的店址;"$\xi_n = 1$"、"$\xi_n$

="2"、"$\xi_n=3$"分别表示相机第 $n$ 次被租用时在甲、乙、丙馆。则 $\{\xi_n, n=1,2,\cdots\}$ 是一个马尔可夫链,其转移矩阵 $\boldsymbol{P}$ 由表 6-6 给出。考虑维修点的设置地点问题,实际上要计算这一马尔可夫链的极限概率分布。

对于所有的 $i,j=1,2,3$,满足定理 6.2 的条件,极限概率 $p_j(j=1,2,3)$ 存在,并可从下列方程组解出:

$$\begin{cases} p_1=0.2p_1+0.8p_2+0.1p_3 \\ p_2=0.8p_1 \qquad\quad +0.3p_3 \\ p_3= \qquad\qquad +0.2p_2+0.6p_3 \\ p_1+p_2+p_3=1 \end{cases}$$

解上列方程组可得:$p_1=17/41, p_2=16/41, p_3=8/41$。

由计算看出,经过长期经营后,该联营部的每架照像机还到甲、乙、丙照相馆的概率分别为 17/41、16/41、8/41。由于还到甲馆的照相机较多,因此维修点设在甲馆较好。但由于还到乙馆的相机与还到甲馆的相差不多,若是乙的其它因素更为有利的话(比如,交通较甲方便,便于零配件的运输,电力供应稳定等等),亦可考虑设在乙馆。

### (三)存货论模型

例 3   以每个星期为计算单位,考虑某一种货品在一个商店的库存量(假定货品以件为计量单位,即只能取 0 及正整数值),令:

$\xi_n$ 表示货品在第 $n$ 个星期末的库存量;

$\eta_n$ 表示货品在第 $n$ 个星期内的需要量。

进货原则决定于两个数 $(s, S)$,当库存不超过 $s$ 个单位时,进货到 $S$ 个单位;库存高于 $s$ 个单位时,则不进货。即:

$$\xi_{n+1}=\begin{cases}\xi_n-\eta_{n+1} & \text{当 } \xi_n>s \text{ 且 } \eta_{n+1}<\xi_n \text{ 时}\\ S-\eta_{n+1} & \text{当 } \xi_n\leqslant s \text{ 且 } \eta_{n+1}<S \text{ 时}\\ 0 & \text{其它}\end{cases}$$

如图 6-1 所示。

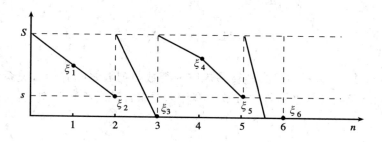

图　6-1

容易看出 $\xi_{n+1}$ 只与 $\xi_n$ 及 $\eta_{n+1}$ 有关。如果已知 $\xi_n$，而 $\eta_{n+1}$ 与 $\xi_1$，$\cdots,\xi_{n-1}$ 相互独立，则 $\{\xi_n,n=1,2,\cdots\}$ 是一个马尔可夫链。状态空间 $E=\{0,1,2,\cdots,S\}$。若已知 $s=1,S=4,P\{\eta_n=j\}=a_j,a_j$ 与 $n$ 无关，令 $b_j=P(\eta_n>j)=\sum\limits_{i=j+1}^{\infty}a_i$ ($j=0,1,2,\cdots$)，则转移概率可如下计算：

进货时，即 $i=0$ 或 $1$，有

$$p_{ij}=P(\xi_{n+1}=j|\xi_n=i)=\begin{cases}a_{4-j} & \text{当 } j>0 \text{ 时}\\ b_3 & \text{当 } j=0 \text{ 时}\end{cases}$$

不进货时，即 $i=2,3,4$，有

$$p_{ij}=P(\xi_{n+1}=j|\xi_n=i)=\begin{cases}a_{i-j} & \text{当 } 0<j\leqslant i \text{ 时}\\ b_{i-1} & \text{当 } j=0 \text{ 时}\\ 0 & \text{其它}\end{cases}$$

于是，转移矩阵 $P$ 可写为

$$P = \begin{pmatrix} b_3 & a_3 & a_2 & a_1 & a_0 \\ b_3 & a_3 & a_2 & a_1 & a_0 \\ b_1 & a_1 & a_0 & 0 & 0 \\ b_2 & a_2 & a_1 & a_0 & 0 \\ b_3 & a_3 & a_2 & a_1 & a_0 \end{pmatrix}$$

# 习 题 六

1. 一个马尔可夫链转移矩阵的行数与列数之间有什么关系？状态空间与转移矩阵的维数又有什么关系？若转移矩阵如下：

$$P = \begin{pmatrix} \dfrac{1}{2} & \dfrac{1}{3} & \dfrac{1}{6} \\[2mm] \dfrac{1}{2} & \dfrac{1}{3} & \dfrac{1}{6} \\[2mm] \dfrac{1}{2} & \dfrac{1}{3} & \dfrac{1}{6} \end{pmatrix}$$

该链能有几种状态？

2. 上题的马尔可夫链 $\{\xi_n, n=1,2,\cdots\}$ 中，$\xi_1, \xi_2, \cdots$ 之间有什么关系？

3. 假设一个理发店有一名服务员和一个供等候理发的顾客坐的椅子，即该店最多只能同时容纳两名顾客，若新来的顾客发现店内已有两名顾客就立刻离去而不在店外等候。现在每隔 15 分钟观察一次店内的顾客数，$\xi_n$ 表示第 $n$ 次观察时店内的顾客数，根据下面记录的数据估计转移概率矩阵 $P$。

　0　2　1　2　1　0　2　2　1　1　0
　1　0　0　0　1　1　2　2　2　1　0

4. 证明贝努里试验序列组成一个马尔可夫链，写出它的一步转移概率矩阵。

5. 从废品率为 $p(0 < p < 1)$ 的一批产品中，每次随机抽取一

130

个产品,重复抽取,$\xi_n$ 表示前 $n$ 次取到的产品中所含废品的个数。证明 $\{\xi_n, n=1, 2, \cdots\}$ 是一个马尔可夫链,并写出它的转移矩阵。

6. 无月票的电汽车乘客,每乘一次需购买 3 角钱车票一张,无票乘车经查出要交罚款 $a$ 元。此种情况发生之概率为 10%。据估计,上次无票乘车被罚款的旅客,下次仍有 30% 的人不买票;而上次无票乘车未被发现的乘客,有 80% 的下次乘车仍不买票;有 90% 的上次买票的乘客,下次仍照章买票。$\xi_n$ 表示主管部门从一位无月票乘客第 $n$ 次乘车时得到的收入。$\{\xi_n, n=1, 2, \cdots\}$ 是一个马尔可夫链,状态空间 $E=\{0, 0.30, a\}$,写出转移矩阵 $\boldsymbol{P}$。

7. 求出第 1 题中由一状态到另一状态的两步转移概率矩阵。

8. 在数轴上原点 0 及 +5 处立有两个反射壁,质点在这一范围内随机徘徊,每次一个单位,其徘徊规则为:

(1)质点在 +1,+2,+3,+4 处每次以概率 1/3 和 2/3 向左或向右走且仅走一个单位;

(2)质点在 0 处,下一次以概率 2/3 向右走到 +1,以概率 1/3 停留在原点;

(3)质点在 +5 处,下一次分别以概率 2/3 及 1/3 停留在 +5 或走到 +4。

$\xi_n$ 表示第 $n$ 次徘徊后质点的位置。$\{\xi_n, n=1, 2, \cdots\}$ 是一个马尔可夫链。写出它的状态空间及一步转移矩阵。计算出质点由状态 2 经两步后可能达到哪些位置以及不能达到哪些位置。

9. 马尔可夫链 $\{\xi_n, n=1, 2, \cdots\}$ 具有下面的转移矩阵 $\boldsymbol{P}$,计算状态 1 经三步仍处于状态 1 的概率。

$$\boldsymbol{P}=\begin{bmatrix} 0 & 1/2 & 1/2 \\ 1/2 & 0 & 1/2 \\ 1/2 & 1/2 & 0 \end{bmatrix}$$

10. 利用 §6.2 例 7 的结果,进一步计算 §6.2 例 3 中第五次购买与第一次购买的味精是同一个厂的产品的概率。

11. 第 9 题中的马尔可夫链是否具有遍历性,并计算其极限概率。

12. 计算 §6.2 例 1 中马尔可夫链的极限概率。

13. 第 6 题中,主管部门长期经营下去,若希望不致因无票乘客而减少应得收入,试计算下列情况的罚款数额 $a$ 应确定为多少?

(1)假定为检查无票违章乘客以及罚款处理等事项未增加管理费用。

(2)假定为查无票违章乘客,平均每一位乘客需增加管理费 0.02 元。

# 第七章  样 本 分 布

## §7.1  总体与样本

定义 7.1  研究对象的全体称总体,组成总体的每个基本单位称个体。

总体可以包含有限个个体,也可以包含无限多个个体。在一个有限总体所包含的个体相当多的情况下,可以把它作为无限总体来处理。例如,一麻袋稻种,一个国家的人口等等。

每一总体中的个体,具有共同的可观察的特征,把它作为不同总体的区别。例如,灯泡厂一天生产 5 万个 25 瓦白炽灯泡,按规定,使用寿命不足 0.1 万小时的为次品。在考察这批灯泡的质量时,"该天生产的 5 万个 25 瓦白炽灯的全体"组成一个总体,每一个灯泡是总体中的一个个体,其共同的可观察的特征为灯泡的使用寿命。又如,数轴上的"一条线段所有点的全体"组成一个总体,其中的每一个点是总体中的一个个体,其共同的可观察的特征为点在数轴上的位置。

量度同一对象所得到的数据,构成另一种类型的总体。总体中的这些数据之所以不同,是因为测量误差的存在。这个总体显然也是无限的。

在研究问题时,对于总体中的某一个个体具有的特殊属性,人们并不关心,感兴趣的是表征总体状况的某一个或某几个数量指标的分布情况。例如,寿命在 1 000 小时—1 200 小时之间的灯泡,以及寿命在 1 000 小时以下或 1 200 小时以上的灯泡,在全天生产的 5 万个灯泡中所占的百分比等等。就某一数量特征 $\xi$ 而言（如灯泡的使用寿命），每一个个体所取的值不一定完全相同，但它却是按一定规律分布的。如 5 万个灯泡中各种不同寿命灯泡所占的比例是确定的。任取一个灯泡，其使用寿命 $\xi$ 究竟在哪一范围内是有一定概率分布的。因此，对于一个总体来说，其每一数量特征就是一个随机变量 $\xi$。由于人们主要是研究总体的某些数量特征，所以把总体看作所研究对象的若干数量特征的全体，而直接用一个随机变量 $\xi$（也可以是一个多元随机变量）来代表。

定义 7.2　总体中抽出若干个体而成的集体，称样本。样本中所含个体的个数，称样本容量。

在进行抽样时，样本的选取必须是随机的，即总体中每个个体都有同等机会被选入样本。抽样通常有两种方式：一种是不重复抽样，即每次抽取一个不放回去，再抽取第二个，连续抽取 $n$ 次；另一种是重复抽样，指每次抽取一个进行观察后放回去，再抽取第二个，连续抽取 $n$ 次，构成一个容量为 $n$ 的样本。如果总体单位数无限，抽取有限个后不会影响总体的分布；在这样的情况下，不重复抽样与重复抽样没有什么区别。实际应用时，如果在总体中个体的个数很大，而样本容量相对较小，比如不超过总体的 5%，即可认为总体为无限的。

简单随机样本：进行重复抽样所得的随机样本，称为简单随机样本。本书只研究简单随机样本。

如上所述，所谓总体就是一个随机变量，所谓样本就是 $n$ 个相互独立且与总体有相同分布的随机变量 $X_1, \cdots, X_n$（$n$ 是样本容量）。通常把它们看成是一个 $n$ 元随机变量 $(X_1, \cdots, X_n)$，而每一次具体抽样所得的数据，就是 $n$ 元随机变量的一个观察值（样本值），记为 $(x_1, \cdots, x_n)$。

每当提到一个容量为 $n$ 的样本时，常有双重意义：有时指某一次抽样的具体数值 $(x_1, \cdots, x_n)$，有时泛指一次抽出的可能结果，这

就是指一个 $n$ 元随机变量。为与前者区别,用大写字母($X_1,\cdots,$ $X_n$)来记。

定义 7.3 样本($X_1,\cdots,X_n$)的函数 $f(X_1,\cdots,X_n)$ 称为统计量,其中 $f(X_1,\cdots,X_n)$ 不含有未知参数。

统计量一般是样本的连续函数。由于样本是随机变量,因而它的函数也是随机变量。如

$$\overline{X}=\frac{1}{n}\sum_{i=1}^{n}X_i \qquad S^2=\frac{1}{n-1}\sum_{i=1}^{n}(X_i-\overline{X})^2$$

都是统计量。

## §7.2 样本分布函数

在实际统计工作中,首先接触到的是一系列的数据。数据的变异性,系统地表现为数据的分布。分布的具体表示形式为表和图。统计表有简单表和分组表之分。统计图有频数(率)图、频率直方图和累积频率直方图等。

### (一)分组数据的统计表和频数直方图

简单表就是依出现先后次序或按其数值大小列成表格,一般用处不太广。如果数据较多,可分成若干组,按各组数值大小列成表格或制图。

例 1 观察新生女婴儿的体重 $\xi$(它是一个连续型随机变量),取 170 名按出生顺序测得体重如表 7-1。

由于数据很多,初看起来杂乱无章,把它们按大小顺序排列起来,就可以看出其最大值为 4 280,最小值为 1 800,于是可知数据的大致范围。然后对这些数据进行分组,每组作为一个单元,在同一组的数据看成是相同的,它们都等于组两端的平均数——组中值。

表 7-1                                                                  （单位：g）

| 2 880 | 2 440 | 2 700 | 3 500 | 3 500 | 3 600 | 3 080 | 3 860 | 3 200 | 3 100 |
|---|---|---|---|---|---|---|---|---|---|
| 3 180 | 3 200 | 3 300 | 3 020 | 3 040 | 3 420 | 2 900 | 3 440 | 3 000 | 2 620 |
| 2 720 | 3 480 | 3 320 | 3 000 | 3 120 | 3 180 | 3 220 | 3 160 | 3 940 | 2 620 |
| 3 120 | 2 520 | 3 060 | 2 620 | 3 400 | 2 160 | 2 960 | 2 980 | 3 000 | 3 020 |
| 3 760 | 3 500 | 3 060 | 3 160 | 2 700 | 3 500 | 3 080 | 3 100 | 2 860 | 3 500 |
| 3 000 | 2 520 | 3 660 | 3 200 | 3 140 | 3 100 | 3 520 | 3 640 | 3 500 | 2 940 |
| 3 620 | 2 860 | 3 300 | 3 800 | 2 140 | 3 080 | 3 420 | 2 900 | 4 280 | 3 400 |
| 2 900 | 2 980 | 3 000 | 2 880 | 3 400 | 3 400 | 3 380 | 3 820 | 3 240 | 2 640 |
| 3 020 | 2 520 | 2 400 | 3 420 | 3 640 | 2 700 | 2 700 | 3 500 | 3 440 | 3 240 |
| 3 120 | 2 800 | 3 300 | 2 920 | 2 900 | 1 980 | 3 300 | 3 260 | 2 540 | 3 200 |
| 3 200 | 3 300 | 4 000 | 3 400 | 3 400 | 2 700 | 2 700 | 2 920 | 3 300 | 3 140 |
| 2 300 | 2 200 | 3 160 | 2 700 | 2 900 | 3 180 | 3 400 | 3 160 | 2 440 | 3 640 |
| 2 620 | 3 100 | 2 980 | 3 200 | 3 100 | 3 260 | 3 100 | 3 160 | 3 540 | 3 100 |
| 2 840 | 3 660 | 2 820 | 3 140 | 3 800 | 1 800 | 2 800 | 2 660 | 3 600 | 3 760 |
| 2 540 | 2 780 | 2 760 | 2 380 | 3 500 | 3 300 | 3 200 | 3 400 | 3 460 | 3 220 |
| 3 100 | 3 120 | 3 280 | 2 560 | 2 940 | 2 840 | 3 400 | 3 420 | 3 400 | 3 500 |
| 3 740 | 2 820 | 3 100 | 2 820 | 3 880 | 2 500 | 3 400 | 3 540 | 3 000 | 3 400 |

分组时一般采取等区间分组。区间长度称组距。为使分组数据的统计图、表能反映出分布的趋势，分组多少应与样本容量相适应，以突出样本分布的特点并冲淡样本的随机波动为原则。

将这 170 个数据分为 13 个组，得到如表 7-2 所示的频数分布表（每组不包括上限）。在进一步讨论中，就可认为体重为 1 800g 的新生女婴儿 1 个，2 000g 的 1 个，2 200g 的 3 个……见表 7-2。

表 7-2

| 分组编号 | 1 | 2 | 3 | 4 | 5 | 6 | 7 |
|---|---|---|---|---|---|---|---|
| 组 限 | 1 700 丨 1 900 | 1 900 丨 2 100 | 2 100 丨 2 300 | 2 300 丨 2 500 | 2 500 丨 2 700 | 2 700 丨 2 900 | 2 900 丨 3 100 |
| 组 中 值 | 1 800 | 2 000 | 2 200 | 2 400 | 2 600 | 2 800 | 3 000 |
| 组 频 数 | 1 | 1 | 3 | 5 | 13 | 22 | 28 |

| 分组编号 | 8 | 9 | 10 | 11 | 12 | 13 |
|---|---|---|---|---|---|---|
| 组 限 | 3 100 丨 3 300 | 3 300 丨 3 500 | 3 500 丨 3 700 | 3 700 丨 3 900 | 3 900 丨 4 100 | 4 100 丨 4 300 |
| 组 中 值 | 3 200 | 3 400 | 3 600 | 3 800 | 4 000 | 4 200 |
| 组 频 数 | 39 | 28 | 20 | 7 | 2 | 1 |

　　例 2　将例 1 中前 20 个新生女婴儿体重按大小顺序列成一简单统计表,如表 7-3 所示。若进一步把 20 个数据分为 5 组(每组不包括上限),得分组数据的频数分布表,见表 7-4。根据表 7-4,画成频数直方图,见图 7-1。

表 7-3

| 重量 | 2 440 | 2 620 | 2 700 | 2 880 | 2 900 | 3 000 | 3 020 | 3 040 | 3 080 |
|---|---|---|---|---|---|---|---|---|---|
| 频数 | 1 | 1 | 1 | 1 | 1 | 1 | 1 | 1 | 1 |
| 重量 | 3 100 | 3 180 | 3 200 | 3 300 | 3 420 | 3 440 | 3 500 | 3 600 | 3 860 |
| 频数 | 1 | 1 | 2 | 1 | 1 | 1 | 2 | 1 | 1 |

表 7-4

| 分组编号 | 1 | 2 | 3 | 4 | 5 |
|---|---|---|---|---|---|
| 组 限 | 2 400—2 700 | 2 700—3 000 | 3 000—3 300 | 3 300—3 600 | 3 600—3 900 |
| 组 中 值 | 2 550 | 2 850 | 3 150 | 3 450 | 3 750 |
| 组 频 数 | 2 | 3 | 8 | 5 | 2 |

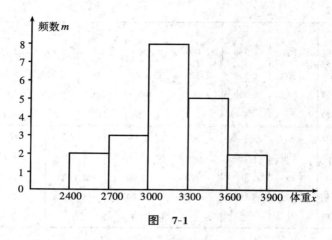

图　7-1

### （二）频率直方图和累积频率直方图

组频率是组频数除以观察数据的个数（总频数 $N$）所得的比值。频率直方图与频数直方图有完全相同的图形。只不过把相应频数直方图中纵坐标的单位缩小为原单位长的 $1/N$。累积频率是将相应一些组频率累加起来的和。把例 2 中数据列成表 7-5。根据表 7-5，容易画出频率及累积频率的直方图（见图 7-2 和图 7-3）。

表　7-5

| 分组编号 | 1 | 2 | 3 | 4 | . 5 |
|---|---|---|---|---|---|
| 组　　限 | 2 400—2 700 | 2 700—3 000 | 3 000—3 300 | 3 300—3 600 | 3 600—3 900 |
| 组 中 值 | 2 550 | 2 850 | 3 150 | 3 450 | 3 750 |
| 组 频 数 | 2 | 3 | 8 | 5 | 2 |
| 组频率 （%） | 10 | 15 | 40 | 25 | 10 |
| 累积频率 （%） | 10 | 25 | 65 | 90 | 100 |

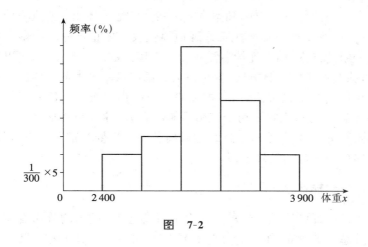

图 7-2

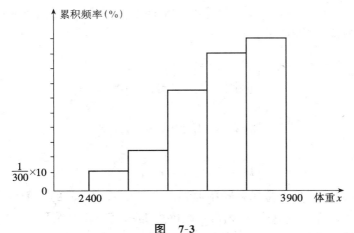

图 7-3

在频率直方图中,第 $i$ 个长方形的高度取为相应频率 $m_i/N$ 的 $k$ 倍,$k$ 是组距的倒数。而每个长方形的底都等于组距。图 7-2 中组距为 300,$k=1/300$。最左边的长方形面积表示新生女婴儿体重落在区间[2 400,2 700)的频率;其余长方形面积表示体重落在相应区间内的频率。这样,频率直方图能大致地描述出 $\xi$ 的概率分布情况,而每个长方形面积正好近似地代表了体重 $\xi$ 的取值落入相应一组的概率。结合连续型随机变量密度函数的直观意义,可以看出,只要有了频率直方图,就可以大致画出概率密度函数曲线。因而可以通过增加观测数据,把频率直方图作为概率密度曲线的一种近似。但是,它只适用于连续型随机变量。累积频率曲线所代表的函数 $F_n(x)$,无论对于连续型或离散型随机变量都可以用,它是总体分布函数的良好近似。

### (三)样本分布函数

前面提到所谓总体就是一个随机变量 $\xi$。把 $\xi$ 的分布看作某统计总体的分布,则 $\xi$ 的分布函数 $F(x)$ 即为一总体分布函数。

设 $(x_1,\cdots,x_n)$ 是总体 $\xi$ 的一个样本观察值,将它们按大小排列为:$x_1{}^* \leqslant x_2{}^* \leqslant \cdots \leqslant x_n{}^*$,令

$$F_n(x)=\begin{cases} 0 & \text{当 } x<x_1{}^* \\ 1/n & \text{当 } x_1{}^* \leqslant x<x_2{}^* \\ \vdots & \\ k/n & \text{当 } x_k{}^* \leqslant x<x_{k+1}{}^* \\ \vdots & \\ 1 & \text{当 } x\geqslant x_n{}^* \end{cases}$$

$F_n(x)$ 的图形就是累积频率曲线。它是跳跃式上升的一条阶梯曲线。若观测值不重复,则每一跃度为 $1/n$;若有重复情形,则按 $1/n$ 的倍数跳跃上升。

对于任何实数 $x$,$F_n(x)$ 等于样本的 $n$ 个观察值中不超过 $x$ 的个数除以样本容量 $n$。由频率与概率的关系知道,$F_n(x)$ 可以作为未知分布函数 $F_\xi(x)$ 的一个近似。$n$ 越大,近似得越好。称 $F_n(x)$ 为

样本分布函数(或经验分布函数)。

例如,随机地观察总体 $\xi$,得 10 个数据如下:

  3.2, 2.5, −4, 2.5, 0, 3, 2, 2.5, 4, 2

将它们由小到大排列为

  $-4<0<2=2<2.5=2.5=2.5<3<3.2<4$

其样本分布函数是:

$$F_{10}(x)=\begin{cases} 0 & \text{当 } x<-4 \\ 1/10 & \text{当 } -4\leqslant x<0 \\ 2/10 & \text{当 } 0\leqslant x<2 \\ 4/10 & \text{当 } 2\leqslant x<2.5 \\ 7/10 & \text{当 } 2.5\leqslant x<3 \\ 8/10 & \text{当 } 3\leqslant x<3.2 \\ 9/10 & \text{当 } 3.2\leqslant x<4 \\ 1 & \text{当 } x\geqslant 4 \end{cases}$$

## §7.3  样本分布的数字特征

样本的数字特征,是显示一个样本分布某些特征的数字。人们经常用它们来估计总体的数字特征。

### (一)样本平均数

定义 7.4  对于样本 $(X_1,\cdots,X_n)$,称

$$\overline{X}=\frac{1}{n}\sum_{i=1}^{n}X_i \tag{7.1}$$

为样本的平均数。

对于某具体样本值 $(x_1,\cdots,x_n)$,样本平均数是

$$\overline{x}=\frac{1}{n}\sum_{i=1}^{n}x_i$$

若样本观察值已整理成分组数据(设分成 $k$ 组，$1 \leqslant k \leqslant n$)，属于同一组的数据以组中值 $x_i'$ 为代表，则 $\bar{x}$ 可按下式计算：

$$\bar{x} = \frac{1}{n} \sum_{i=1}^{k} m_i x_i' \tag{7.2}$$

其中 $m_i$ 为第 $i$ 组的组频数($i = 1, 2, \cdots, k$)。

比如，§7.2 例 1 中 170 个新生女婴儿的平均体重是

$$\bar{x} = \frac{1}{170} (1\,800 + 2\,000 + 3 \times 2\,200 + \cdots + 4\,200)$$
$$\approx 3\,133 (\text{g})$$

§7.2 例 2 中 20 个新生女婴儿的平均体重是

$$\bar{x} = \frac{1}{20} (2 \times 2\,550 + \cdots + 2 \times 3\,750)$$
$$= 3\,180 (\text{g})$$

**(二)样本方差**

定义 7.5    对于样本 $(X_1, \cdots, X_n)$，称

$$S^2 = \frac{1}{n-1} \sum_{i=1}^{n} (X_i - \overline{X})^2 \tag{7.3}$$

以及

$$S = \sqrt{\frac{1}{n-1} \sum_{i=1}^{n} (X_i - \overline{X})^2}$$

分别为样本方差和样本标准差。

由(7.3)式，有

$$S^2 = \frac{1}{n-1} \Big( \sum_{i=1}^{n} X_i^2 - 2 \sum_{i=1}^{n} X_i \overline{X} + n\overline{X}^2 \Big)$$
$$= \frac{1}{n-1} \Big( \sum_{i=1}^{n} X_i^2 - 2n\overline{X}^2 + n\overline{X}^2 \Big)$$
$$= \frac{1}{n-1} \Big( \sum_{i=1}^{n} X_i^2 - n\overline{X}^2 \Big) \tag{7.4}$$

(7.4)式在具体计算方差时常常用到。同样地,若数据已分成 $k$ 组, $m_i$ 及 $x_i$ 分别为第 $i$ 组的组频数和组中值,则有

$$s^2 = \frac{1}{n-1} \sum_{i=1}^{k} m_i (x_i' - \bar{x})^2 \qquad (7.5)$$

或

$$s^2 = \frac{1}{n-1} \Big( \sum_{i=1}^{k} m_i x_i'^2 - n\bar{x}^2 \Big) \qquad (7.6)$$

§7.2 例 2 中的 $s^2$ 及 $s$ 分别为

$$s^2 = \frac{1}{19} [2(2\ 550-3\ 180)^2 + 3(2\ 850-3\ 180)^2 + \cdots$$

$$+ 2(3\ 750-3\ 180)^2]$$

$$= 112\ 736.84$$

$$s \approx 335.76(g)$$

### (三)样本平均数和样本方差的简算公式

设 $(x_1, x_2, \cdots, x_n)$ 为样本的 $n$ 个观察值。

(1) 对于任意常数 $a$ ,记 $y_i = x_i - a (i=1, \cdots, n)$ ,则有

$$\bar{x} = \bar{y} + a \qquad s_x^2 = s_y^2$$

(2) 对于任意常数 $a$ 及非零常数 $c$ ,记 $z_i = (x_i - a)/c (i=1, \cdots, n)$ ,则有

$$\bar{x} = c\bar{z} + a \qquad s_x^2 = c^2 s_z^2 \qquad (7.7)$$

常数 $a, c$ 的选取,应使变换后的 $y_i$ 及 $z_i$ 尽量简单。公式的证明不难,留给读者自己完成。

以 §7.2 例 2 中的分组数据为例,计算 $\bar{x}$ 及 $s_x^2$ 。令 $z_i = (x_i' - 3\ 150)/300 (i=1, \cdots, k)$ ,列出计算表(见表 7-6)。

$$\bar{z} = \frac{1}{20} \sum_{i=1}^{5} m_i z_i = \frac{1}{20} \times 2 = 0.1$$

$$\bar{x} = 300 \times 0.1 + 3\ 150 = 3\ 180$$

表 7-6

| 分 组 编 号 | 1 | 2 | 3 | 4 | 5 |
|---|---|---|---|---|---|
| 组中值 $x_i'$ | 2 550 | 2 850 | 3 150 | 3 450 | 3 750 |
| $z_i = (x_i' - 3\ 150)/300$ | $-2$ | $-1$ | 0 | 1 | 2 |
| 组频数 $m_i$ | 2 | 3 | 8 | 5 | 2 |
| $m_i z_i$ | $-4$ | $-3$ | 0 | 5 | 4 |
| $z_i^2$ | 4 | 1 | 0 | 1 | 4 |
| $m_i z_i^2$ | 8 | 3 | 0 | 5 | 8 |

$$s_z^2 = \frac{1}{19}\Big(\sum_{i=1}^{5} m_i z_i^2 - 20\bar{z}^2\Big) = \frac{1}{19} \times 23.8$$

$$s_x^2 = 300^2 \times s_z^2 = \frac{1}{19} \times 23.8 \times 90\ 000 = 112\ 736.84$$

同样方法可以计算 §7.2 例 1 中的样本平均数为 3 133g,样本方差为 161 394。比起应用数据 $x_i'$ 直接计算样本平均数和方差要简便得多。

## §7.4 几个常用统计量的分布

后面的几章,所涉及的多为正态总体,因此,这一节里将介绍有关正态分布随机变量函数的一系列分布。其中有些定理(如定理 7.3— 定理 7.5)的证明用到较多的线性代数知识,书中没有进行证明。对于定理 7.1 和定理 7.2,也只是强调它们的结论本身。

定理 7.1 设 $X_1, \cdots, X_n$ 相互独立,$X_i$ 服从正态分布 $N(\mu_i, \sigma_i^2)$,则它们的线性函数 $\eta = \sum_{i=1}^{n} a_i X_i (a_i$ 不全为零),也服从正态分布,且 $E\eta = \sum_{i=1}^{n} a_i \mu_i, D\eta = \sum_{i=1}^{n} a_i^2 \sigma_i^2$。

证 令 $\xi_i = a_i X_i$。由于 $X_i \sim N(\mu_i, \sigma_i^2)$,当 $a_i \neq 0$ 时,$\xi_i$ 的概率密度为

$$\varphi_{\xi_i}(x) = \frac{1}{\sqrt{2\pi}\,|a_i|\,\sigma_i} e^{-\frac{1}{2(a_i\sigma_i)^2}(x - a_i\mu_i)^2} \qquad (i = 1, 2, \cdots, n)$$

令 $\eta_i = \sum\limits_{j=1}^{i} \xi_j$，其概率密度记为 $\varphi_i(x)$。对于 $i = 2$，由公式(2.28)，有

$$\varphi_2(x) = \int_{-\infty}^{+\infty} \varphi_{\xi_1}(u) \cdot \varphi_{\xi_2}(x - u)\mathrm{d}u \qquad (\diamondsuit\ t = \frac{u - a_1\mu_1}{|a_1|\,\sigma_1})$$

$$= \int_{-\infty}^{+\infty} \frac{1}{2\pi\,|a_2|\,\sigma_2} e^{-\frac{1}{2}\left\{t^2 + \frac{[x - (a_1\mu_1 + a_2\mu_2)] - |a_1|\sigma_1 t]^2}{a_2{}^2\sigma_2{}^2}\right\}}\,\mathrm{d}t$$

$$= \frac{1}{\sqrt{2\pi}} e^{-\frac{[x - (a_1\mu_1 + a_2\mu_2)]^2}{2(a_1{}^2\sigma_1{}^2 + a_2{}^2\sigma_2{}^2)}}$$

$$\cdot \int_{-\infty}^{+\infty} \frac{1}{\sqrt{2\pi a_2{}^2\sigma_2{}^2}} e^{-\frac{a_1{}^2\sigma_1{}^2 + a_2{}^2\sigma_2{}^2}{2a_2{}^2\sigma_2{}^2}(t - c)^2}\,\mathrm{d}t$$

$$= \frac{1}{\sqrt{2\pi}\,\sqrt{a_1{}^2\sigma_1{}^2 + a_2{}^2\sigma_2{}^2}} e^{-\frac{[x - (a_1\mu_1 + a_2\mu_2)]^2}{2(a_1{}^2\sigma_1{}^2 + a_2{}^2\sigma_2{}^2)}}$$

其中，$c = \dfrac{|a_1|\,\sigma_1[x - (a_1\mu_1 + a_2\mu_2)]}{a_1{}^2\sigma_1{}^2 + a_2{}^2\sigma_2{}^2}$。

即 $\eta_2 \sim N(a_1\mu_1 + a_2\mu_2,\ a_1{}^2\sigma_1{}^2 + a_2{}^2\sigma_2{}^2)$。

假设 $n = s$ 结论正确，再证 $n = s + 1$ 结论也正确。由假设

$$\sum_{i=1}^{s} \xi_i = \sum_{i=1}^{s} a_i X_i \sim N\left(\sum_{i=1}^{s} a_i\mu_i,\ \sum_{i=1}^{s} a_i{}^2\sigma_i{}^2\right)$$

$$\xi_{s+1} \sim N(a_{s+1}\mu_{s+1},\ a_{s+1}^2\sigma_{s+1}^2)$$

并且 $\xi_{s+1}$ 与 $\sum\limits_{i=1}^{s} \xi_i$ 独立。再利用 $n = 2$ 的结果，有

$$\sum_{i=1}^{s} \xi_i + \xi_{s+1} \sim N\left(\sum_{i=1}^{s} a_i\mu_i + a_{s+1}\mu_{s+1},\ \sum_{i=1}^{s} a_i{}^2\sigma_i{}^2 + a_{s+1}^2\sigma_{s+1}^2\right)$$

即

$$\sum_{i=1}^{s+1} a_i X_i \sim N\left(\sum_{i=1}^{s+1} a_i\mu,\ \sum_{i=1}^{s+1} a_i{}^2\sigma_i{}^2\right)$$

由归纳法可得，对任何正整数 $n$，定理 7.1 都成立。

推论 设$(X_1, \cdots, X_n)$是取自正态总体$N(\mu, \sigma^2)$的样本,则有

(1) $\overline{X} \sim N(\mu, \sigma^2/n)$ $\qquad$ (7.8)

(2) $(\overline{X} - \mu)\sqrt{n}/\sigma \sim N(0, 1)$ $\qquad$ (7.9)

证 在定理7.1中,取$a_i = 1/n, i = 1, \cdots, n$,则有$\overline{X} = \sum X_i/n \sim N(\mu, \sigma^2/n)$。利用推论(1)及定理4.3,推论(2)成立。

定理7.2 设$X_1, \cdots, X_n$相互独立,都服从标准正态分布,则$\chi^2 = \sum_{i=1}^{n} X_i^2$服从具有$n$个自由度的$\chi^2$分布,简记为$\chi^2(n)$。

证 由定理4.4,$X_i^2 \sim \chi^2(1)$,相互独立随机变量的函数$X_1^2, \cdots, X_n^2$也是相互独立的,根据定理4.1,$\sum_{i=1}^{n} X_i^2 \sim \chi^2(n)$。

定理7.3 设$X_1, \cdots, X_n$相互独立,都服从标准正态分布,则它们的平均数$\overline{X} = \sum_{i=1}^{n} X_i/n$与它们对平均数$\overline{X}$的离差平方和$\sum_{i=1}^{n}(X_i - \overline{X})^2$相互独立,并且$\sum_{i=1}^{n}(X_i - \overline{X})^2 \sim \chi^2(n-1)$。

推论 设$(X_1, \cdots, X_n)$是取自正态总体$N(\mu, \sigma^2)$的样本,则有

(1) $\dfrac{1}{\sigma^2} \sum_{i=1}^{n}(X_i - \overline{X})^2 \sim \chi^2(n-1)$ $\qquad$ (7.10)

(2) $\overline{X}$与$\sum_{i=1}^{n}(X_i - \overline{X})^2$相互独立 $\qquad$ (7.11)

定理7.4 设两个随机变量$\xi$与$\eta$相互独立,并且$\xi \sim N(0, 1)$,$\eta \sim \chi^2(n)$,则$T = \xi/\sqrt{\eta/n}$服从具有$n$个自由度的$t$分布。密度函数由(4.17)式给出。

推论1 设$X_1, \cdots, X_n$是取自正态总体$N(\mu, \sigma^2)$的样本,$\overline{X}, S$

146

分别为样本的平均数和标准差,则

$$T = \frac{\overline{X} - \mu}{S/\sqrt{n}} \sim t(n-1) \tag{7.12}$$

由定理 7.1 及定理 7.3 的推论及定理 7.4,立即可以得到上面的推论。

推论 2　设 $X_1, \cdots, X_{n_1}$ 和 $Y_1, \cdots, Y_{n_2}$ 分别是来自两个相互独立的正态总体 $N(\mu_1, \sigma^2)$ 及 $N(\mu_2, \sigma^2)$,则

$$T = \frac{\overline{X} - \overline{Y} - (\mu_1 - \mu_2)}{\sqrt{\dfrac{(n_1-1)S_1^2 + (n_2-1)S_2^2}{n_1+n_2-2}}\sqrt{\dfrac{1}{n_1} + \dfrac{1}{n_2}}} \sim t(n_1 + n_2 - 2) \tag{7.13}$$

其中,$\overline{X}, \overline{Y}, S_1^2, S_2^2$ 分别是两个样本各自的平均数及方差。

定理 7.5　设两个随机变量 $\xi_1$ 和 $\xi_2$ 相互独立,且 $\xi_i \sim \chi^2(n_i)(i = 1,2)$,则有

$$F = \frac{\xi_1/n_1}{\xi_2/n_2} \sim F(n_1, n_2) \tag{7.14}$$

其中,$F(n_1, n_2)$ 为第一个自由度是 $n_1$,第二个自由度是 $n_2$ 的 $F$ 分布,其密度函数由(4.18)式给出。

推论　设 $X_1, \cdots, X_{n_1}$ 和 $Y_1, \cdots, Y_{n_2}$ 是分别取自两个相互独立的正态总体 $N(\mu_1, \sigma_1^2)$ 及 $N(\mu_2, \sigma_2^2)$,则

$$F = \frac{S_1^2/\sigma_1^2}{S_2^2/\sigma_2^2} \sim F(n_1-1, n_2-1) \tag{7.15}$$

其中,$S_1^2, S_2^2$ 分别为两个样本各自的方差。

# 习　题　七

1. 将 §7.2 例 1 中的最后 20 名新生女婴儿体重,按从小到大

的顺序列成一个简单的统计表,再按区间[2 450,2 750),[2 750,3 050),…,[3 650,3 950)将其分组,列出分组数据的统计表,画出频率直方图。

2. 观察一个连续型随机变量,抽到100株豫农一号玉米的穗位(单位:cm),得到如表7-7中所列数据。按区间[70,80),[80,90),…,[150,160),将100个数据分成9个组,列出分组数据的统计表(包括频率及累积频率),并画出频率及累积频率的直方图。

表 7-7

| 127 | 118 | 121 | 113 | 145 | 125 | 87 | 94 | 118 | 111 |
| 102 | 72 | 113 | 76 | 101 | 134 | 107 | 118 | 114 | 128 |
| 118 | 114 | 117 | 120 | 128 | 94 | 124 | 87 | 88 | 105 |
| 115 | 134 | 89 | 141 | 114 | 119 | 150 | 107 | 126 | 95 |
| 137 | 108 | 129 | 136 | 98 | 121 | 91 | 111 | 134 | 123 |
| 138 | 104 | 107 | 121 | 94 | 126 | 108 | 114 | 103 | 129 |
| 103 | 127 | 93 | 86 | 113 | 97 | 122 | 86 | 94 | 118 |
| 109 | 84 | 117 | 112 | 112 | 125 | 94 | 73 | 93 | 94 |
| 102 | 108 | 158 | 89 | 127 | 115 | 112 | 94 | 118 | 114 |
| 88 | 111 | 111 | 104 | 101 | 129 | 144 | 128 | 131 | 142 |

3. 测得20个毛坯重量(单位:g),列成简单表(见表7-8):

表 7-8

| 毛坯重量 | 185 | 187 | 192 | 195 | 200 | 202 | 205 | 206 |
|---|---|---|---|---|---|---|---|---|
| 频 数 | 1 | 1 | 1 | 1 | 1 | 2 | 1 | 1 |
| 毛坯重量 | 207 | 208 | 210 | 214 | 215 | 216 | 218 | 227 |
| 频 数 | 2 | 1 | 1 | 1 | 2 | 1 | 2 | 1 |

将其按区间[183.5,192.5),…,[219.5,228.5)分为5组,列出分组统计表,并画出频率直方图。

4. 证明样本平均数的简算公式。

148

5. 用简算公式列表计算§7.2例1中样本平均数及样本方差的值(按分组数据计算)。

6. 用简算公式计算第1、2、3题中的样本平均数和样本方差(按分组数据计算)。

# 第八章  参 数 估 计

人们经常遇到的问题是如何选取样本以及根据样本来对总体的种种统计特征作出判断。实际工作中碰到的随机变量(总体)往往是分布类型大致知道,但确切的形式并不知道,亦即总体的参数未知。要求出总体的分布函数 $F(x)$ (或密度函数 $\varphi(x)$),就等于要根据样本来估计出总体的参数。这类问题称为参数估计。它通常有两种方法:一个是点估计,就是以样本的某一函数值作为总体中未知参数的估计值;另一个是区间估计,就是把总体数字特征确定在某一范围内。

## §8.1    估计量的优劣标准

设 $\theta$ 为总体中要被估计的一个未知参数,例如期望值或方差等。$\hat{\theta}(X_1, \cdots, X_n)$ 是 $\theta$ 的估计量。它是容量为 $n$ 的样本的函数,例如样本平均数 $\overline{X}$ 及样本方差 $S^2$ 等等。人们总希望估计量能代表真实参数,根据不同的要求,评价估计量的好坏可以有各种各样的标准。这里只介绍三种最常用的标准。

### (一)一致估计

一般情况 $\hat{\theta} \neq \theta$,但希望当 $n \rightarrow \infty$ 时,$\hat{\theta} \xrightarrow{P} \theta$。这就是说,根据样本求得的未知参数 $\theta$ 的估计值 $\hat{\theta}$ 常与这个参数的真值不同,自然希望当样本容量 $n$ 无限增大时,估计值 $\hat{\theta}$ 在参数真值附近的概率趋

近于 1。

定义 8.1 如果当 $n \to \infty$ 时, $\hat{\theta}$ 依概率收敛于 $\theta$, 即任给 $\varepsilon > 0$, $\lim\limits_{n \to \infty} P(|\hat{\theta} - \theta| < \varepsilon) = 1$, 则称 $\hat{\theta}$ 为参数 $\theta$ 的一致估计。

一致性是对于极限性质而言的, 它只在样本容量较大时才起作用。

### (二) 无偏估计

根据样本推得的估计值与真值可能不同, 然而, 如果有一系列抽样构成各个估计, 很合理地会要求这些估计的期望值与未知参数的真值相等。它的直观意义是样本估计量的数值在参数的真值周围摆动, 而无系统误差。

定义 8.2 如果 $E\hat{\theta} = \theta$ 成立, 则称估计 $\hat{\theta}$ 为参数 $\theta$ 的无偏估计。

例 1 从总体 $\xi$ 中取一样本 $(X_1, \cdots, X_n)$, $E\xi = \mu$, $D\xi = \sigma^2$, 试证样本平均数 $\overline{X}$ 及样本方差 $S^2$ 分别是 $\mu$ 及 $\sigma^2$ 的无偏估计。

证

$$E\overline{X} = E\left(\frac{1}{n}\sum_{i=1}^{n}X_i\right) = \frac{1}{n}\sum_{i=1}^{n}EX_i = \frac{1}{n}n\mu = \mu$$

$$D\overline{X} = D\left(\frac{1}{n}\sum_{i=1}^{n}X_i\right) = \frac{1}{n^2}\sum_{i=1}^{n}DX_i = \frac{1}{n}\sigma^2$$

$$ES^2 = E\left[\frac{1}{n-1}\sum_{i=1}^{n}(X_i - \overline{X})^2\right]$$

$$= \frac{1}{n-1}E\sum_{i=1}^{n}[X_i - \mu - (\overline{X} - \mu)]^2$$

$$= \frac{1}{n-1}E\left[\sum_{i=1}^{n}(X_i - \mu)^2 - n(\overline{X} - \mu)^2\right]$$

$$= \frac{1}{n-1}\sum_{i=1}^{n}E(X_i - \mu)^2 - \frac{n}{n-1}E(\overline{X} - \mu)^2$$

$$= \frac{1}{n-1}n\sigma^2 - \frac{n}{n-1}\frac{\sigma^2}{n}$$
$$= \sigma^2$$

如果从总体中随机取出两个相互独立的样本 $(X_{11}, \cdots, X_{1n_1})$ 及 $(X_{21}, \cdots, X_{2n_2})$，则可以证明

$$\overline{X} = \frac{1}{n_1 + n_2}(n_1\overline{X}_1 + n_2\overline{X}_2)$$

及  $\qquad S^2 = \frac{(n_1 - 1)S_1{}^2 + (n_2 - 1)S_2{}^2}{n_1 + n_2 - 2}$

分别是总体中 $\mu$ 和 $\sigma^2$ 的无偏估计量。其中，

$$\overline{X}_i = \frac{1}{n}\sum_{j=1}^{n}X_{ij}$$
$$\hspace{6cm} (i = 1, 2)$$
$$S_i^2 = \frac{1}{n_i - 1}\sum_{j=1}^{n}(X_{ij} - \overline{X}_i)^2$$

### （三）有效估计

对总体的某一参数的无偏估计量往往不只一个，而且无偏性仅仅表明 $\hat{\theta}$ 所有可能取的值按概率平均等于 $\theta$，可能它取的值大部分与 $\theta$ 相差很大。为保证 $\hat{\theta}$ 的取值能集中于 $\theta$ 附近，自然要求 $\hat{\theta}$ 的方差越小越好。

定义 8.3　设 $\hat{\theta}$ 和 $\hat{\theta}'$ 都是 $\theta$ 的无偏估计，若样本容量为 $n$，$\hat{\theta}$ 的方差小于 $\hat{\theta}'$ 的方差，则称 $\hat{\theta}$ 是比 $\hat{\theta}'$ 有效的估计量。如果在 $\theta$ 的一切无偏估计量中，$\hat{\theta}$ 的方差达到最小，则 $\hat{\theta}$ 称为 $\theta$ 的有效估计量。

实际上，样本平均数 $\overline{X}$ 是总体期望值的有效估计量。

由定义可知，一个无偏有效估计量取的值是在可能范围内最密集于 $\theta$ 附近的。也就是说，它以最大的概率保证这估计的观察值在未知参数的真值 $\theta$ 附近摆动。

例 2　比较总体期望值 $\mu$ 的两个无偏估计

$$\overline{X} = \frac{1}{n}\sum_{i=1}^{n}X_i$$

$$X' = \sum_{i=1}^{n}a_iX_i \bigg/ \sum_{i=1}^{n}a_i \qquad (\sum_{i=1}^{n}a_i \neq 0)$$

的有效性。

解

$$E\overline{X} = \mu$$

$$D\overline{X} = \frac{1}{n}\sigma^2$$

$$EX' = \sum_{i=1}^{n}a_iEX \bigg/ \sum_{i=1}^{n}a_i = \mu$$

$$DX' = \sum_{i=1}^{n}a_i{}^2DX \bigg/ \Big(\sum_{i=1}^{n}a_i\Big)^2$$

$$= \frac{\sum\limits_{i=1}^{n}a_i{}^2}{\Big(\sum\limits_{i=1}^{n}a_i\Big)^2}\sigma^2$$

利用不等式 $a_i^2 + a_j^2 \geqslant 2a_ia_j$,有

$$\Big(\sum_{i=1}^{n}a_i\Big)^2 = \sum_{i=1}^{n}a_i{}^2 + \sum_{i<j}2a_ia_j$$

$$\leqslant \sum_{i=1}^{n}a_i{}^2 + \sum_{i<j}(a_i{}^2 + a_j{}^2)$$

$$= n\sum_{i=1}^{n}a_i{}^2$$

$$\therefore DX' \geqslant \frac{\sum\limits_{i=1}^{n}a_i{}^2}{n\sum\limits_{i=1}^{n}a_i{}^2}\sigma^2 = \frac{1}{n}\sigma^2 = D\overline{X}$$

故 $\overline{X}$ 比 $X'$ 有效。

## §8.2 获得估计量的方法 —— 点估计

### (一) 矩法[①]

矩法是求估计量的最古老的方法。具体的做法是：以样本矩作为相应的总体矩的估计，以样本矩的函数作为相应的总体矩的同一函数的估计。常用的是用样本平均数 $\bar{x}$ 估计总体期望值 $\mu$。

**例 1** 某灯泡厂某天生产了一大批灯泡，从中抽取了 10 个进行寿命试验，得数据如下（单位：小时）：

    1 050    1 100    1 080    1 120    1 200

    1 250    1 040    1 130    1 300    1 200

问该天生产的灯泡平均寿命大约是多少？

**解** 计算出 $\bar{x} = 1\,147$，以此作为总体期望值 $\mu$ 的估计。

矩法比较直观，求估计量有时也比较直接，但它产生的估计量往往不够理想。

### (二) 最大似然估计法

现在要根据从总体 $\xi$ 中抽到的样本 $(X_1, \cdots, X_n)$，对总体分布中的未知参数 $\theta$ 进行估计。最大似然法是要选取这样的 $\hat{\theta}$，当它作为 $\theta$ 的估计值时，使观察结果出现的可能性最大。对于离散型的随机变量就是估计概率函数中的参数 $\theta$；对于连续型的随机变量就是估计概率密度中的 $\theta$。

设 $\xi$ 为连续型随机变量，它的分布函数是 $F(x;\theta)$，概率密度是 $\varphi(x;\theta)$，其中 $\theta$ 是未知参数，可以是一个值，也可以是一个向量。

---

[①] 矩有中心矩与原点矩之分，原点矩就是随机变量 $k$ 次幂的数学期望 $E\xi^k$。中心矩是随机变量离差的 $k$ 次幂的数学期望 $E(\xi - \mu)^k$。比如，随机变量 $\xi$ 的期望是它的一阶原点矩，方差是二阶中心矩。样本矩也可仿此定义。

由于样本的独立性,则样本$(X_1,\cdots,X_n)$的联合概率密度是

$$L(x_1,\cdots,x_n;\theta) = \prod_{i=1}^{n}\varphi(x_i;\theta)$$

对每一取定的样本值$x_1,\cdots,x_n$是常数,$L$是参数$\theta$的函数,称$L$为样本的似然函数(如果$\theta$是一个向量,则$L$是多元函数)。

设$\xi$为离散型随机变量,有概率函数$P(\xi = x_i) = p(x_i;\theta)$,则似然函数$L(x_1,\cdots,x_n;\theta) = \prod_{i=1}^{n}p(x_i;\theta)$。

定义8.4 如果$L(x_1,\cdots,x_n;\theta)$在$\hat{\theta}$处达到最大值,则称$\hat{\theta}$是$\theta$的最大似然估计。

$\hat{\theta}$与样本有关,它是样本的函数,即$\hat{\theta} = \hat{\theta}(x_1,x_2,\cdots,x_n)$,式子右边的$\hat{\theta}$表示函数关系。问题是如何把$\theta$的最大似然估计$\hat{\theta}$求出来,由于$\ln L$与$L$同时达到最大值,故只需求$\ln L$的最大值点即可。这样,往往会给计算带来很大方便。如果$\theta$是一个向量,即$\theta = (\theta_1, \theta_2,\cdots,\theta_m)$,考虑下面的方程组:

$$\begin{cases} \dfrac{\partial \ln L}{\partial \theta_1} = 0 \\ \quad\vdots \\ \dfrac{\partial \ln L}{\partial \theta_m} = 0 \end{cases}$$

一般情况下,$\ln L$在最大值点$(\theta_1,\cdots,\theta_m)$的一阶偏导数等于零,也就是$\hat{\theta}_1,\cdots,\hat{\theta}_m$是上面方程组的解。要求最大似然估计,首先要解这个似然方程组。

例2 已知

$$\xi \sim \varphi(x;\theta) = \begin{cases} \dfrac{1}{\theta}\mathrm{e}^{-\frac{x}{\theta}} & x > 0 \\ 0 & \text{其它} \end{cases} \quad (\theta > 0)$$

$x_1,x_2,\cdots,x_n$为$\xi$的一组样本观察值,求$\theta$的最大似然估计。

解　似然函数

$$L(x_1,\cdots,x_n;\theta) = \prod_{i=1}^{n}\frac{1}{\theta}e^{-\frac{x_i}{\theta}} = \frac{1}{\theta^n}e^{-\frac{1}{\theta}\sum\limits_{i=1}^{n}x_i}$$

$$\ln L = -n\ln\theta - \frac{1}{\theta}\sum_{i=1}^{n}x_i$$

$$\frac{d\ln L}{d\theta} = -\frac{n}{\theta} + \frac{1}{\theta^2}\sum_{i=1}^{n}x_i$$

解似然方程

$$-\frac{n}{\theta} + \frac{1}{\theta^2}\sum_{i=1}^{n}x_i = 0$$

得　　　$$\hat{\theta} = \frac{1}{n}\sum_{i=1}^{n}x_i = \bar{x}$$

$\bar{x}$ 就是 $\theta$ 的最大似然估计。

例 3　某电子管的使用寿命(从开始使用到初次失效为止)服从指数分布(概率密度见例 2),今抽取一组样本,其具体数据如下:

| 16 | 29 | 50 | 68 | 100 | 130 | 140 | 270 |
| 280 | 340 | 410 | 450 | 520 | 620 | 190 | 210 |
| 800 | 1 100 | | | | | | |

问如何估计 $\theta$?

解　根据例 2 的结果,参数 $\theta$ 用样本平均数估计。

$$\hat{\theta} = \frac{1}{n}\sum_{i=1}^{n}x_i = \frac{1}{18}(16 + 29 + \cdots + 800 + 1\ 100)$$

$$= \frac{1}{18} \times 5\ 723 \approx 318(小时)$$

以此为 $\theta$ 的估计值。

例 4　已知 $\xi$ 服从正态分布 $N(\mu,\sigma^2)$,$(x_1,x_2,\cdots,x_n)$ 为 $\xi$ 的一组样本观察值,用最大似然估计法估计 $\mu,\sigma^2$ 的值。

解

$$L = \prod_{i=1}^{n} \frac{1}{\sqrt{2\pi}} \frac{1}{\sqrt{\sigma^2}} \mathrm{e}^{-\frac{(x_i - \mu)^2}{2\sigma^2}}$$

$$= \left(\frac{1}{\sqrt{2\pi}}\right)^n \left(\frac{1}{\sigma^2}\right)^{\frac{n}{2}} \mathrm{e}^{-\frac{1}{2\sigma^2}\sum_{i=1}^{n}(x_i - \mu)^2}$$

$$\ln L = n\ln\left(\frac{1}{\sqrt{2\pi}}\right) - \frac{n}{2}\ln\sigma^2 - \frac{1}{2\sigma^2}\sum_{i=1}^{n}(x_i - \mu)^2$$

$$\frac{\partial \ln L}{\partial \mu} = \frac{1}{\sigma^2}\sum_{i=1}^{n}(x_i - \mu)$$

$$\frac{\partial \ln L}{\partial \sigma^2} = -\frac{n}{2\sigma^2} + \frac{1}{2\sigma^4}\sum_{i=1}^{n}(x_i - \mu)^2$$

解似然方程组：

$$\begin{cases} \dfrac{1}{\sigma^2}\sum_{i=1}^{n}(x_i - \mu) = 0 \\ -\dfrac{n}{2\sigma^2} + \dfrac{1}{2\sigma^4}\sum_{i=1}^{n}(x_i - \mu)^2 = 0 \end{cases}$$

得

$$\hat{\mu} = \frac{1}{n}\sum_{i=1}^{n}x_i = \overline{x}$$

$$\hat{\sigma}^2 = \frac{1}{n}\sum_{i=1}^{n}(x_i - \hat{\mu})^2 = \frac{1}{n}\sum_{i=1}^{n}(x_i - \overline{x})^2$$

## §8.3　区间估计

用点估计来估计总体参数,即使是无偏有效的估计量,也会由于样本的随机性,从一个样本算得估计量的值不一定恰是所要估计的参数真值。而且,即使真正相等,由于参数值本身是未知的,也无从肯定这种相等。到底二者相差多少呢?这个问题换一种提法就是:根据估计量的分布,在一定的可靠程度下,指出被估计的总体

157

参数所在的可能数值范围。这就是参数的区间估计问题。其具体做法是：找两个统计量 $\hat{\theta}_1(X_1,\cdots,X_n)$ 与 $\hat{\theta}_2(X_1,\cdots,X_n)$，使

$$P(\hat{\theta}_1 < \theta < \hat{\theta}_2) = 1 - \alpha$$

区间 $(\hat{\theta}_1,\hat{\theta}_2)$ 称为置信区间，$\hat{\theta}_2$ 及 $\hat{\theta}_1$ 分别称为置信区间的上、下限。$1 - \alpha$ 称为置信系数，也称置信概率或置信度。而 $\alpha$ 是事先给定的一个小正数，它是指参数估计不准的概率(假设检验中称 $\alpha$ 为检验水平)。一般常给 $\alpha = 5\%$ 或 $1\%$。

### （一）总体期望值 $E\xi$ 的区间估计

第一种情形：方差已知，对 $E\xi$ 进行区间估计。

1. 总体分布未知

利用切贝谢夫不等式进行估计。在第五章中，曾提到对任何随机变量 $\xi$(不论它的分布如何)，只要 $E\xi,D\xi$ 存在，就有

$$P(|\xi - E\xi| < \varepsilon) \geqslant 1 - \frac{D\xi}{\varepsilon^2} \qquad (8.1)$$

其中 $\varepsilon$ 为任意给定的正数。

从总体 $\xi$ 中抽取样本 $(X_1,\cdots,X_n)$，令 $\overline{X} = \sum_{i=1}^{n} X_i/n$，则 $E\overline{X} = E\xi,D\overline{X} = D\xi/n$，利用(8.1)式，有

$$P(|\overline{X} - E\overline{X}| < \varepsilon) \geqslant 1 - \frac{D\overline{X}}{\varepsilon^2}$$

即

$$P(|\overline{X} - E\xi| < \varepsilon) \geqslant 1 - \frac{D\xi}{n\varepsilon^2} \qquad (8.2)$$

若要求 $P(|\overline{X} - E\xi| < \varepsilon) \geqslant 95\%$，如果 $D\xi \neq 0$[①]，则取 $\varepsilon = \sqrt{20D\xi/n}$，得到

---

① 如果 $D\xi = 0$，则有 $P(\xi = E\xi) = 1$，于是 $P(\overline{X} = E\xi) = 1$。但一般情况 $D\xi \neq 0$。

158

$$P(|\overline{X} - E\xi| < \varepsilon) = P\left(|\overline{X} - E\xi| < \sqrt{\frac{20D\xi}{n}}\right)$$
$$\geqslant 95\% \qquad\qquad (8.3)$$

从(8.3)式看出:有 95% 以上的把握保证

$$|\overline{X} - E\xi| < \sqrt{\frac{20D\xi}{n}}$$

即

$$\overline{X} - \sqrt{\frac{20D\xi}{n}} < E\xi < \overline{X} + \sqrt{\frac{20D\xi}{n}}$$

因此,对于已知方差 $D\xi$ 的一般总体,估计 $E\xi$ 的置信区间可如下确定:

$$P\left[\overline{X} - \sqrt{\frac{D\xi}{\alpha n}} < E\xi < \overline{X} + \sqrt{\frac{D\xi}{\alpha n}}\right] \geqslant 1 - \alpha \qquad (8.4)$$

其中,$\overline{X} \pm \sqrt{D\xi/(\alpha n)}$ 分别是置信区间的上、下限。

这里的 $\overline{X} = \sum\limits_{i=1}^{n} X_i/n$ 是一个随机变量,随样本不同而不同。对 $\overline{X}$ 的每一个可能值 $\overline{x}$,都有一个区间。因而(8.4)式左边不是随机变量落在某一确定区间内的概率,而是常数 $E\xi$ 被随机区间 $(\overline{X} - \sqrt{D\xi/(\alpha n)}, \overline{X} + \sqrt{D\xi/(\alpha n)})$ 盖住的可能性,即平均每 100 次抽样(每次抽 $n$ 个样品)计算得的 100 个区间中,至少有 $(1-\alpha) \times 100$ 个区间包含 $E\xi$。

当然,也可能碰上这个区间并不包含 $E\xi$ 的偶然情形。这时,就会出现错误,不过出现这种情况的可能性很小,不超过 $\alpha$,即平均 $1/\alpha$ 次估计中至多会有一次有错误。

进一步还可以看出,置信区间 $(\overline{X} - \sqrt{D\xi/(\alpha n)}, \overline{X} + \sqrt{D\xi/(\alpha n)})$ 的长度 $2\sqrt{D\xi/(\alpha n)}$ 还与样本容量 $n$ 有关。人们当然希望置信区间的长度越小越好,这就要求样本容量 $n$ 很大。如果在实际问题中,由于客观条件的限制不可能使 $n$ 很大,也可以适当地

159

降低可靠程度,即把 $\alpha$ 取得稍大一些,使 $\sqrt{D\xi/(\alpha n)}$ 变小,以提高区间估计的精度。至于如何选取 $n$ 和 $\alpha$ 要视具体情况而定。

**例 1** §8.2 例 1 中如果知道该天生产的灯泡寿命的方差是 8,试找出灯泡平均寿命的置信区间($\alpha = 5\%$)。

**解** 用 $\xi$ 表示该天灯泡的寿命,已知 $D\xi = 8$,用(8.4)式找出 $E\xi$ 的置信区间。先计算出 $\bar{x} = 1\,147$,$\sqrt{D\xi/(\alpha n)} = 4$,于是,$E\xi$ 的置信区间为($1\,147 - 4, 1\,147 + 4$),即($1\,143, 1\,151$)。

因为切贝谢夫不等式对任何分布的随机变量都成立,所以用这种方法估计 $E\xi$ 是普遍适用的。但是用(8.4)式估计 $E\xi$ 是比较粗糙的,对某些具体类型的随机变量还可以有更精确的估计形式。下面介绍正态分布总体寻找置信区间的方法。

2. 正态总体

设样本($X_1, \cdots, X_n$)来自正态总体 $N(\mu, \sigma^2)$,由定理 7.1 推论(2)得到

$$U = \frac{\bar{X} - \mu}{\sigma/\sqrt{n}} \sim N(0, 1)$$

对于给定的 $\alpha$,查附表三可以确定 $u_\alpha$,使

$$P(|U| < u_\alpha) = 1 - \alpha \qquad (8.5)$$

即
$$P\left(\left|\frac{\bar{X} - \mu}{\sigma/\sqrt{n}}\right| < u_\alpha\right) = 1 - \alpha$$

$$P\left(\bar{X} - \frac{\sigma}{\sqrt{n}}u_\alpha < \mu < \bar{X} + \frac{\sigma}{\sqrt{n}}u_\alpha\right) = 1 - \alpha \qquad (8.6)$$

因此 $\mu$ 的置信度为 $1 - \alpha$ 的置信区间是

$$\left(\bar{X} - \frac{\sigma}{\sqrt{n}}u_\alpha, \bar{X} + \frac{\sigma}{\sqrt{n}}u_\alpha\right)$$

对于给定的样本值($x_1, \cdots, x_n$)可以算出 $\bar{x}$,因此置信区间是容易算出的。例如,当 $\alpha = 0.05$ 时,$u_\alpha = 1.96$,有

$$\bar{x} - \frac{\sigma}{\sqrt{n}} \times 1.96 < \mu < \bar{x} + \frac{\sigma}{\sqrt{n}} \times 1.96$$

160

当 $\alpha = 0.01$ 时, $u_a = 2.58$, 有

$$\bar{x} - \frac{\sigma}{\sqrt{n}} \times 2.58 < \mu < \bar{x} + \frac{\sigma}{\sqrt{n}} \times 2.58$$

**例 2** 若灯泡寿命服从正态分布 $\xi \sim N(\mu, 8)$, 试估计例 1 中的平均寿命所在范围 $(\alpha = 0.05)$。

**解** 因为 $\alpha = 0.05$, 所以 $u_a = 1.96$。而 $n = 10$, $\sigma = 2\sqrt{2}$, 计算出 $\bar{x} = 1\,147$。根据 (8.6) 式得

$$P(1\,147 - \frac{2\sqrt{2}}{\sqrt{10}} \times 1.96 < \mu < 1\,147 + \frac{2\sqrt{2}}{\sqrt{10}} \times 1.96)$$

$$= 0.95$$

即 $\qquad 1\,145.25 < \mu < 1\,148.75$

可见, 选取同样大的样本, 由于这种方法利用了分布的信息, 因而比用切贝谢夫不等式估计要精确。

**例 3** 已知某炼铁厂的铁水含碳量在正常生产情况下服从正态分布, 其方差 $\sigma^2 = 0.108^2$。现在测定了 9 炉铁水, 其平均含碳量为 4.484。按此资料计算该厂铁水平均含碳量的置信区间, 并要求有 95% 的可靠性。

**解** 设该厂铁水平均含碳量为 $\mu$, 已知 $\alpha = 5\%$, 所以 $u_a = 1.96$, $\mu$ 的置信系数为 95% 的置信区间是

$$4.484 - \frac{0.108}{\sqrt{9}} \times 1.96 < \mu < 4.484 + \frac{0.108}{\sqrt{9}} \times 1.96$$

即 $\qquad 4.413 < \mu < 4.555$

**3. 一般总体大样本下 $E\xi$ 的区间估计**

根据定理 5.3 (即中心极限定理), 在很宽的条件下, 不是正态分布的一般总体 $\xi(E\xi = \mu, D\xi = \sigma^2)$, 当样本容量相当大时, $\bar{X}$ 渐近地服从正态分布。故大样本情况下, 对于一般总体仍可用 (8.6) 式对 $E\xi$ 进行较精确的区间估计。

在 $n = 30$ 时,就可把 $\overline{X}$ 看作近似地服从正态分布 $N(\mu, \sigma^2/n)$,当然 $n$ 再大些更好。

第二种情形:方差 $D\xi$ 未知,对 $E\xi$ 进行区间估计。

如果方差 $D\xi$ 未知,大样本下可用 $S^2$ 来代替,仍可用(8.6)式估计 $E\xi$。

4. 方差未知的正态总体,小样本下 $E\xi$ 的区间估计

设样本 $(X_1, \cdots, X_n)$ 来自正态总体 $N(\mu, \sigma^2)$,由于 $\sigma^2$ 未知,用(8.6)式估计 $E\xi$ 已有困难。令

$$T = \frac{\sqrt{n}\,(\overline{X} - \mu)}{S}$$

因总体 $\xi \sim N(\mu, \sigma^2)$,则由定理 7.4 推论(1)可知 $T$ 服从具有 $n - 1$ 个自由度的 $t$ 分布。对于给定的 $\alpha$,查具有 $n - 1$ 个自由度的 $t$ 分布临界值表(附表四)可确定 $t_\alpha$。

$$P(|T| \geqslant t_\alpha) = \alpha$$

$$P(|\frac{\sqrt{n}\,(\overline{X} - \mu)}{S}| < t_\alpha) = 1 - \alpha \tag{8.7}$$

因此,$\mu$ 的置信区间由下式确定:

$$P(\overline{X} - \frac{S}{\sqrt{n}}t_\alpha < \mu < \overline{X} + \frac{S}{\sqrt{n}}t_\alpha) = 1 - \alpha \tag{8.8}$$

例4 假定初生婴儿(男孩)的体重服从正态分布,随机抽取 12 名新生婴儿,测其体重为 3 100,2 520,3 000,3 000,3 600,3 160,3 560,3 320,2 880,2 600,3 400,2 540。试以 95% 的置信系数估计新生男婴儿的平均体重(单位:g)。

解 设新生男婴儿体重为 $\xi$g,由于 $\xi$ 服从正态分布,方差 $\sigma^2$ 未知,故用(8.8)式寻找 $\mu$ 的置信区间。

因为 $\alpha = 0.05, n = 12$,查自由度为 11 的 $t$ 分布表,得 $t_\alpha(12 - 1) = 2.201$。再计算

$$\overline{x} = \frac{1}{12}(3\,100 + \cdots + 2\,540) \approx 3\,057$$

$$S = \sqrt{\frac{1}{11}\sum_{i=1}^{12}(x_i - 3\,057)^2} \approx 375.3$$

因此，$\mu$ 的置信度为 $95\%$ 的置信区间是

$$3\,057 - \frac{375.3}{\sqrt{12}} \times 2.201 < \mu < 3\,057 + \frac{375.3}{\sqrt{12}} \times 2.201$$

即　　　　$2\,818 < \mu < 3\,295$

### （二）小样本下正态总体方差 $\sigma^2$ 的区间估计

设样本 $(X_1,\cdots,X_n)$ 来自正态总体 $N(\mu,\sigma^2)$，由定理 7.3 推论可知，$\chi^2 = (n-1)S^2/\sigma^2$ 服从具有 $n-1$ 个自由度的 $\chi^2$ 分布，对于给定的 $\alpha$，查附表五可以确定 $a$ 及 $b$。

$$\begin{aligned} P(a < \chi^2 < b) &= P\left(a < \frac{(n-1)S^2}{\sigma^2} < b\right) \\ &= 1 - \alpha \end{aligned}$$

因此 $\sigma^2$ 的置信区间由下式确定：

$$P\left(\frac{(n-1)S^2}{b} < \sigma^2 < \frac{(n-1)S^2}{a}\right) = 1 - \alpha \qquad (8.9)$$

在确定 $a,b$ 时，一般是取

$$P(\chi^2 \leqslant a) = P(\chi^2 \geqslant b) = \frac{\alpha}{2}$$

例 5　根据例 4 中测得的数据对新生男婴儿体重的方差进行区间估计（$\alpha = 0.05$）。

解　$\alpha = 0.05$，$n-1 = 11$，查附表五，得 $a = 3.82$，$b = 21.9$，$a,b$ 满足：

$$P(\chi^2 \geqslant a) = 1 - \frac{\alpha}{2} = 0.975$$

$$P(\chi^2 \geqslant b) = \frac{\alpha}{2} = 0.025$$

计算可得：$(n-1)s^2 \approx 1\,549\,467$，则 $\sigma^2$ 的置信区

$$\frac{1\ 549\ 467}{21.9} < \sigma^2 < \frac{1\ 549\ 467}{3.82}$$

$$70\ 752 < \sigma^2 < 405\ 620$$

# 习 题 八

1. 证明在样本的一切线性组合中，$\overline{X}$ 是总体期望值 $\mu$ 的无偏估计中有效的估计量。

2. 设 $(x_1, \cdots, x_n)$ 为从总体 $\xi$ 中取出的一组样本观察值，试用最大似然法估计 $\xi$ 的概率密度 $\varphi(x)$ 中的未知参数 $\theta$，若

$$\varphi(x) = \begin{cases} \theta x^{\theta-1} & \text{当 } 0 < x < 1 \quad (\theta > 0) \\ 0 & \text{其 它} \end{cases}$$

3. 求普哇松分布中参数 $\lambda$ 的最大似然估计。

4. 设总体 $\xi$ 的分布密度 $\varphi(x; \theta)$ 为

$$\varphi(x, \theta) = \begin{cases} \theta e^{-\theta x} & x \geqslant 0 \quad (\theta > 0) \\ 0 & x < 0 \end{cases}$$

今从 $\xi$ 中抽取 10 个个体,得数据如下：

    1 050    1 100    1 080    1 200    1 300

    1 250    1 340    1 060    1 150    1 150

试用最大似然估计法估计 $\theta$。

5. 一个车间生产滚珠，从某天的产品里随机抽取 5 个,量得直径如下（单位:mm）：

    14.6    15.1    14.9    15.2    15.1

如果知道该天产品直径的方差是 0.05,试找出平均直径的置信区间($\alpha = 0.05$)。

6. 如果又知道上题中滚珠直径服从正态分布,其它条件不变,找出比上题更精确的平均直径的置信区间。

7. 已知灯泡寿命的标准差 $\sigma = 50$ 小时,抽出 25 个灯泡检验,得平均寿命 $\overline{x} = 500$ 小时,试以 95% 的可靠性对灯泡的平均寿命

164

进行区间估计(假设灯泡寿命服从正态分布。)。

8. 某总体的标准差 $\sigma = 3$ cm,从中抽取 40 个个体,其样本平均数 $\bar{x} = 642$ cm,试给出总体期望值 $\mu$ 的 95% 的置信上、下限(即置信区间的上、下限)。

9. 某商店为了解居民对某种商品的需要,调查了 100 家住户,得出每户每月平均需要量为 10kg,方差为 9。如果这个商店供应 10 000 户,试就居民对该种商品的平均需求量进行区间估计($\alpha = 0.01$),并依此考虑最少要准备多少这种商品才能以 0.99 的概率满足需要?

10. 观测了 100 棵豫农一号玉米穗位,经整理后得表 8-1(不包括上限):

表 8-1

| 分 组 编 号 | 1 | 2 | 3 | 4 | 5 |
|---|---|---|---|---|---|
| 组 限 | 70—80 | 80—90 | 90—100 | 100—110 | 110—120 |
| 组 中 值 | 75 | 85 | 95 | 105 | 115 |
| 频 数 | 3 | 9 | 13 | 16 | 26 |

| 分 组 编 号 | 6 | 7 | 8 | 9 |
|---|---|---|---|---|
| 组 限 | 120—130 | 130—140 | 140—150 | 150—160 |
| 组 中 值 | 125 | 135 | 145 | 155 |
| 频 数 | 20 | 7 | 4 | 2 |

试以 95% 的置信度,求出该品种玉米平均穗位的置信区间。

11. 设某种电子管的使用寿命服从正态分布。从中随机抽取 15 个进行检验,得平均使用寿命为 1 950 小时,标准差 $s$ 为 300 小时。以 95% 的可靠性估计整批电子管平均使用寿命的置信上、下限。

12. 人的身高服从正态分布,从初一女生中随机抽取 6 名,测其身高如下(单位:cm):

　　　　149　　158.5　　152.5　　165　　157　　142
求初一女生平均身高的置信区间($\alpha = 0.05$)。

　　13. 已知某种果树产量按正态分布,随机抽取6株计算其产量（单位:kg）为:

　　　　221　191　202　205　256　236
以 95% 的置信系数估计全部果树的平均产量。

　　14. 第5题中若方差未知,并且滚珠直径服从正态分布,求平均直径的置信区间($\alpha = 0.05$)。

　　15. 已知某种木材横纹抗压力的实验值服从正态分布,对10个试件作横纹抗压力试验得数据如下（单位:kg/cm²）:

　　　　482　　493　　457　　471　　510
　　　　446　　435　　418　　394　　469
试对该木材平均横纹抗压力进行区间估计($\alpha = 0.05$)。

　　16. 根据上题中的数据,对该木材横纹抗压力的方差进行区间估计($\alpha = 0.04$)。

　　17. 根据第11题中的数据,对整批电子管使用寿命的方差进行区间估计($\alpha = 0.05$)。

　　18. 岩石密度的测量误差服从正态分布,随机抽测12个样品,得 $s = 0.2$,求 $\sigma^2$ 的置信区间($\alpha = 10\%$)。

　　19. 从正态分布总体 $\xi$ 中,抽取了26个样品,它们的观测值是:

　　　　3 100　　3 480　　2 520　　2 520　　3 700　　2 800
　　　　3 800　　3 020　　3 260　　3 140　　3 100　　3 160
　　　　2 860　　3 100　　3 560　　3 320　　3 200
　　　　3 420　　2 880　　3 440　　3 200　　3 260
　　　　3 400　　2 760　　3 280　　3 300
试求随机变量 $\xi$ 的期望值和方差的置信区间($\alpha = 5\%$)。

# 第九章 假设检验

## §9.1 假设检验的概念

上一章介绍了对总体中未知参数的估计方法,本章将介绍统计推断中另一类重要问题——假设检验。

任何一个有关随机变量未知分布的假设称为统计假设或简称假设。一个仅牵涉到随机变量分布中几个未知参数的假设称为参数假设。这里所说的"假设"只是一个设想,至于它是否成立,在建立假设时并不知道,还需进行考察。

对一个样本进行考察,从而决定它能否合理地被认为与假设相符,这一过程叫做假设检验。判别参数假设的检验称为参数检验。检验是一种决定规则,它具有一定的程序,通过它来对假设成立与否作出判断。

**例 1** 抛掷一枚硬币 100 次,"正面"出现了 40 次,问这枚硬币是否匀称?

若用 $\xi$ 描述抛掷一枚硬币的试验,"$\xi = 1$"及"$\xi = 0$"分别表示"出现正面"和"出现反面",上述问题就是要检验 $\xi$ 是否服从 $p = 1/2$ 的 0-1 分布?

**例 2** 从 1975 年的新生儿(女)中随机地抽取 20 个,测得其平均体重为 3 160g,样本标准差为 300g。而根据过去统计资料,新生儿(女)平均体重为 3 140g。问现在与过去的新生儿(女)体重有无显著差异(假定新生儿体重服从正态分布)?

若把所有 1975 年新生儿(女)体重视为一个总体,用 $\xi$ 描述,

问题就是判断 $E\xi = 3\,140$ 是否成立？

例 3　在 10 个相同的地块上对甲、乙两种玉米进行品比试验，得如下资料(单位:kg)：

甲　951　966　1 008　1 082　983
乙　730　864　742　774　990

假定农作物产量服从正态分布,问这两种玉米产量有无显著差异?

从直观上看,二者差异显著。但是一方面由于抽样的随机性,我们不能以个别值进行比较就得出结论;另一方面直观的标准可能因人而异。因此这实际上需要比较两个正态总体的期望值是否相等?

这种作为检验对象的假设称为待检假设,通常用 $H_0$ 表示。比如,例 2 中的待检假设为:$H_0: E\xi = 3\,140$。

如何根据样本的信息来判断关于总体分布的某个设想是否成立,也就是检验假设 $H_0$ 成立与否的方法是本章要介绍的主要内容。

用置信区间的方法进行检验,基本思想是这样的:首先设想 $H_0$ 是真的成立;然后考虑在 $H_0$ 成立的条件下,已经观测到的样本信息出现的概率。如果这个概率很小,这就表明一个概率很小的事件在一次试验中发生了。而小概率原理认为,概率很小的事件在一次试验中是几乎不可能发生的,也就是说导出了一个违背小概率原理的不合理现象。这表明事先的设想 $H_0$ 是不正确的,因此拒绝原假设 $H_0$。否则,不能拒绝 $H_0$。

至于什么算是"概率很小",在检验之前都事先指定。比如概率为 $5\%$,$1\%$ 等,一般记作 $\alpha$。$\alpha$ 是一个事先指定的小的正数,称为显著性水平或检验水平。

## §9.2　两类错误

由于人们作出判断的依据是一个样本,也就是由部分来推断整体,因而假设检验不可能绝对准确,它也可能犯错误。其可能性的大小,也是以统计规律性为依据的,所可能犯的错误有两类。

第一类错误是:原假设 $H_0$ 符合实际情况,而检验结果把它否定了,这称为弃真错误。

第二类错误是:原假设 $H_0$ 不符合实际情况,而检验结果把它肯定下来了,这称为取伪错误。

自然,人们希望犯这两类错误的概率越小越好。但对于一定的样本容量 $n$,一般说来,不能同时做到犯这两类错误的概率都很小,往往是先固定“犯第一类错误”的概率,再考虑如何减小“犯第二类错误”的概率。这类问题超出本书的范围,因此不予介绍。

## §9.3　一个正态总体的假设检验

设总体为 $\xi \sim N(\mu, \sigma^2)$。关于总体参数 $\mu, \sigma^2$ 的假设检验问题,本节介绍下列四种:

(1) 已知方差 $\sigma^2$,检验假设 $H_0: \mu = \mu_0$;

(2) 未知方差 $\sigma^2$,检验假设 $H_0: \mu = \mu_0$;

(3) 未知期望 $\mu$,检验假设 $H_0: \sigma^2 = \sigma_0^2$;

(4) 未知期望 $\mu$,检验假设 $H_0: \sigma^2 \leqslant \sigma_0^2$;

其中 $H_0$ 中的 $\sigma_0^2, \mu_0$ 都是已知数。

下面将通过具体例子,给出检验规则。

例1　根据长期经验和资料的分析,某砖瓦厂生产砖的“抗断强度” $\xi$ 服从正态分布,方差 $\sigma^2 = 1.21$。从该厂产品中随机抽取 6 块,测得抗断强度如下(单位:kg/cm²):

32.56　29.66　31.64　30.00　31.87　31.03

检验这批砖的平均抗断强度为 32.50kg/cm² 是否成立($\alpha =$ 0.05)？

解　设 $H_0 : \mu = 32.50$。如果 $H_0$ 是正确的，即样本($X_1,\cdots,X_6$)来自正态总体 $N(32.50, 1.1^2)$，根据定理7.1的推论(2)，有

$$\frac{\overline{X} - 32.50}{1.1/\sqrt{6}} \sim N(0,1)$$

因而选取统计量

$$U = \frac{\overline{X} - 32.50}{1.1/\sqrt{6}}$$

对于给定的 $\alpha = 0.05$，可以确定 $u_\alpha = 1.96$，其中 $u_\alpha$ 满足：$P(|U| > u_\alpha) = \alpha$。这就是说，对于 $H_0$ 拒绝与否的临界值 $u_\alpha$ 为 1.96，再由取定的样本观察值实际计算 $U$ 的值，得到：

$$|u| = \left| \frac{31.13 - 32.50}{1.1/\sqrt{6}} \right| \approx 3.05 > 1.96$$

最后可以下结论否定 $H_0$，即不能认为这批产品的平均抗断强度是 32.50kg/cm²。

把上面的判断过程加以概括，得到了关于方差已知的正态总体期望值 $\mu$ 的检验步骤：

(1) 提出待检假设 $H_0 : \mu = \mu_0$($\mu_0$ 已知)；

(2) 选取样本($X_1,\cdots,X_n$)的统计量

$$U = \frac{\overline{X} - \mu_0}{\sigma_0/\sqrt{n}} \quad (\sigma_0 \text{ 为已知}) \tag{9.1}$$

得出在 $H_0$ 成立的条件下所选统计量 $U$ 的分布为标准正态分布；

(3) 根据给定的检验水平 $\alpha$，查表确定临界值 $u_\alpha$，使 $P(|U| > u_\alpha) = \alpha$；

(4) 根据样本观察值计算统计量 $U$ 的值并与临界值 $u_\alpha$ 比较；

(5) 下结论：

若 $|u| > u_\alpha$，则否定 $H_0$；

170

若 $|u| < u_\alpha$，则不能否定 $H_0$，一般情况下就接受 $H_0$；

若 $|u| = u_\alpha$ 或 $|u|$ 与 $u_\alpha$ 很接近，为了慎重，一般先不下结论，而要再进行一次抽样检验。

**例 2** 假定某厂生产一种钢索，它的断裂强度 $\xi(\text{kg/cm}^2)$ 服从正态分布 $N(\mu, 40^2)$。从中选取一个容量为 9 的样本，得 $\bar{x} = 780\text{kg/cm}^2$。能否据此样本认为这批钢索的断裂强度为 $800\text{kg/cm}^2$ $(\alpha = 0.05)$？

**解** 首先建立 $H_0: \mu = 800$。选取 $U = (\bar{X} - 800)\sqrt{9}/40$。在 $H_0$ 成立条件下，$U \sim N(0,1)$。因为 $\alpha = 0.05$，所以 $u_\alpha = 1.96$。而

$$|u| = \left| \frac{780 - 800}{40/3} \right| = 1.5 < 1.96$$

因而可以接受 $H_0$，即可以认为这批钢索的断裂强度为 800 $\text{kg/cm}^2$。

**例 3** §9.1 例 2 中，若给定 $\alpha = 0.01$，则所提出的问题就是一个未知方差的正态总体期望值的假设检验问题。

**解** 首先建立待检假设 $H_0: \mu = 3\,140$。由于 $\sigma^2$ 未知，自然想到用样本方差 $S^2 = \sum\limits_{i=1}^{n} (X_i - \bar{X})^2/(n-1)$ 代替 $\sigma^2$。因而选取统计量

$$T = \frac{\bar{X} - 3\,140}{S/\sqrt{20}}$$

根据定理 7.4 的推论 1 知道，在 $H_0$ 成立时，即 $\xi \sim N(3\,140, \sigma^2)$ 时，上面统计量服从具有 19 个自由度的 $t$ 分布。这就是说，如果 $H_0$ 成立，由给定的检验水平 $\alpha = 0.01$，可以查表确定临界值 $t_\alpha$：$t_{0.01}(19) = 2.861$，即

$$P\left\{ \left| \frac{\bar{X} - 3\,140}{S/\sqrt{20}} \right| > 2.861 \right\} = 0.01$$

再由样本观察数据计算统计量 $T$，得到

$$|t| = \frac{3\,160 - 3\,140}{300/\sqrt{20}} \approx 0.298 < 2.861$$

这说明,概率很小的事件

$$\left\{ \left| \frac{\overline{X} - 3\ 140}{S/\sqrt{20}} \right| > 2.861 \right\}$$

在这次试验中没有发生,因而不能拒绝 $H_0$。即可以认为现在与过去的新生儿(女)体重没有显著差异。

概括例 3 的解题过程,得到关于方差未知的一个正态总体期望值 $\mu$ 的假设检验步骤如下:

(1) 建立待检假设 $H_0: \mu = \mu_0$($\mu_0$ 已知);

(2) 选取样本$(X_1, \cdots, X_n)$的统计量

$$T = \frac{\overline{X} - \mu_0}{S/\sqrt{n}} \tag{9.2}$$

得出在 $H_0$ 成立的条件下所选统计量 $T$ 为具有 $n-1$ 个自由度的 $t$ 分布;

(3) 对给定的检验水平 $\alpha$,查表确定临界值 $t_\alpha$,使 $P(|T| > t_\alpha) = \alpha$;

(4) 根据样本观察值计算统计量 $T$ 的值并与临界值 $t_\alpha$ 比较;

(5) 下结论(方法同已知方差的情况)。

例 4 某炼铁厂的铁水含碳量 $\xi$ 在正常情况下服从正态分布。现对操作工艺进行了某些改进,从中抽取 5 炉铁水测得含碳量数据如下:

4.421  4.052  4.357  4.287  4.683

据此是否可以认为新工艺炼出的铁水含碳量的方差仍为 $0.108^2$($\alpha = 0.05$)。

解  建立待检假设 $H_0: \sigma^2 = 0.108^2$;选取样本$(X_1, \cdots, X_n)$的函数$(n-1)S^2/0.108^2 \xlongequal{\triangle} \chi^2$ 作为统计量。在 $H_0$ 成立时,即样本来自总体 $N(\mu, 0.108^2)$ 时,由定理 7.3 的推论(1),有

$$\chi^2 = \frac{(n-1)S^2}{0.108^2} \sim \chi^2(n-1)$$

对于给定的检验水平 $\alpha=0.05$，可以查表确定临界值 $\chi_a^2$ 及 $\chi_b^2$，使

$$P\left(\frac{(n-1)S^2}{0.108^2}<\chi_a^2\right)=\frac{\alpha}{2}$$

$$P\left(\frac{(n-1)S^2}{0.108^2}>\chi_b^2\right)=\frac{\alpha}{2}$$

其中，$\chi_a^2=\chi_{0.975}^2(4)=0.484$，$\chi_b^2=\chi_{0.025}^2(4)=11.1$。具体计算统计量 $\chi^2$ 的值：

$$\chi^2=\frac{4\times0.228^2}{0.108^2}\approx17.827>11.1$$

因而应拒绝 $H_0$，即方差不能认为是 $0.108^2$。

概括上述做法，关于未知期望的正态总体方差的假设检验步骤如下：

(1) 建立待检假设 $H_0:\sigma^2=\sigma_0^2$；

(2) 选取样本 $(X_1,\cdots,X_n)$ 的统计量

$$\chi^2=\frac{(n-1)S^2}{\sigma_0^2} \tag{9.3}$$

得出在 $H_0$ 成立条件下，它服从具有 $(n-1)$ 个自由度的 $\chi^2$ 分布；

(3) 由给定的检验水平 $\alpha$，查表确定临界值 $\chi_a^2$ 及 $\chi_b^2$，使满足：

$$P\left(\frac{(n-1)S^2}{\sigma_0^2}>\chi_b^2\right)=P\left(\frac{(n-1)S^2}{\sigma_0^2}<\chi_a^2\right)=\frac{\alpha}{2}$$

(4) 利用样本观察值计算 $(n-1)S^2/\sigma_0^2$ 的值与 $\chi_b^2$ 及 $\chi_a^2$ 比较；

(5) 下结论：

若 $\dfrac{(n-1)S^2}{\sigma_0^2}>\chi_b^2$ 或 $\dfrac{(n-1)S^2}{\sigma_0^2}<\chi_a^2$，拒绝 $H_0$；

若 $\chi_a^2<\dfrac{(n-1)S^2}{\sigma_0^2}<\chi_b^2$，则不能据此样本拒绝 $H_0$。

例 5　机器包装食盐，假设每袋盐的净重服从正态分布，规定每袋标准重量为 500g，标准差不能超过 10g。某天开工后，为检查其机器工作是否正常，从装好的食盐中随机抽取 9 袋，测其净重（单位：g）为

497　507　510　475　484　488　524　491　515

问这天包装机工作是否正常（$\alpha = 0.05$）？

**解** 设 $\xi$ 为一袋食盐的净重，依题意，$\xi \sim N(\mu, \sigma^2)$。今需检验假设 $H_0 : \mu = 500$ 以及 $H_0' : \sigma^2 \leqslant 10^2$ 是否成立？关于 $\mu = 500$ 的检验问题，例 3 中已经介绍过。只需计算统计量

$$T = \frac{\overline{X} - 500}{S / \sqrt{9}}$$

的值，并与临界值 $t_{0.05}(9-1) = 2.306$ 比较就可以得出结论。$\overline{x} = 499, s = 16.03$，且

$$|t| = \left| \frac{499 - 500}{16.03 / \sqrt{9}} \right| \approx 0.187 < 2.306$$

故可以认为平均每袋食盐净重为 500g，即机器包装没有产生系统误差。

再检验假设 $H_0' : \sigma^2 \leqslant 10^2$，仍然选取统计量

$$\chi^2 = \frac{(n-1)S^2}{10^2}$$

但是，即便在 $H_0$ 成立的条件下，即 $\sigma^2 \leqslant 10^2$ 时，也不能求出上面统计量 $\chi^2$ 的分布。可是，根据定理 7.3 的推论 1 知道，$(n-1)S^2/\sigma^2$ 一定服从 $\chi^2(n-1)$ 分布，记它为 $\chi_*^2$。对于给定的 $\alpha$，可以查表确定 $\chi_\alpha^2$，使 $P\{\chi_*^2 \geqslant \chi_\alpha^2\} = 0.05$。由于 $\chi_*^2$ 中含有未知参数 $\sigma^2$，不能作为检验的统计量。值得注意的是，在 $H_0$ 成立的条件下，有

$$\frac{(n-1)S^2}{10^2} \leqslant \frac{(n-1)S^2}{\sigma^2}$$

因此

$$P\left\{ \frac{(n-1)S^2}{10^2} \geqslant \chi_\alpha^2 \right\} \leqslant P\left\{ \frac{(n-1)S^2}{\sigma^2} \geqslant \chi_\alpha^2 \right\} = \alpha$$

这说明事件 $\{(n-1)S^2/10^2 \geqslant \chi_\alpha^2\}$ 更是一个"小概率事件"。如果计算出的 $\chi^2 = (n-1)S^2/10^2 \geqslant \chi_\alpha^2$，则应该拒绝 $H_0'$。依照上述办法，由 $\alpha = 0.05$，查得 $\chi_{0.05}^2(8) = 15.5$，再计算

$$\chi^2 = \frac{8 \times 16.03^2}{10^2} \approx 20.56 > 15.5$$

由此拒绝 $H_0{}'$，可以认为其方差超过 $10^2$。即包装机工作虽然没有系统误差，但是不够稳定。因此认为该天包装机工作不够正常。

顺便指出，在检验假设 $H_0: \sigma^2 = \sigma_0^2$ 时，有两个临界值 $\chi_a^2$ 及 $\chi_b^2$，即当 $(n-1)S^2/\sigma_0^2 < \chi_a^2$ 或 $(n-1)S^2/\sigma_0^2 > \chi_b^2$ 时，都应该拒绝 $H_0$。这是基于若 $H_0$ 成立，即 $\sigma^2 = \sigma_0^2$，则 $S^2/\sigma_0^2$ 的值不应太大或太小。而在检验假设 $H_0{}': \sigma^2 \leqslant \sigma_0^2$ 时，考虑到若 $H_0{}'$ 成立，即 $\sigma^2 \leqslant \sigma_0^2$，则 $S^2/\sigma_0^2$ 不应太大，但较小是合理的，因此拒绝区域只取 $(n-1)S^2/\sigma_0^2 > \chi_a^2$。

## §9.4 两个正态总体的假设检验

在实际工作中还常常需要对两个正态总体进行比较，§9.1 的例 3 就属此种。假设 $\xi_i \sim N(\mu_i, \sigma_i^2), i=1,2$。关于两个总体中的相应参数比较问题，本节介绍下面三种：

(1) 未知 $\mu_1, \mu_2$，检验假设 $H_0: \sigma_1^2 = \sigma_2^2$；

(2) 未知 $\mu_1, \mu_2$，检验假设 $H_0: \sigma_1^2 \leqslant \sigma_2^2$；

(3) 未知 $\sigma_1^2, \sigma_2^2$，但知道 $\sigma_1^2 = \sigma_2^2$，检验假设 $H_0: \mu_1 = \mu_2$。

例 1  §9.1 例 3 中，记 $\xi_1, \xi_2$ 分别表示甲、乙品种的玉米产量（单位：kg），给定检验水平 $\alpha = 0.05$，则问题是检验两个总体的期望值 $\mu_1$ 与 $\mu_2$ 是否相等，以及方差 $\sigma_1^2$ 与 $\sigma_2^2$ 是否相等。

解  首先建立待检假设 $H_0: \sigma_1^2 = \sigma_2^2$。若 $H_0$ 成立，则 $S_1^2/S_2^2$ 的值不应太大，也不应太小，选取统计量

$$F = \frac{S_1^2}{S_2^2} \tag{9.4}$$

在 $H_0$ 成立时，根据定理 7.5 的推论，$F$ 服从具有第一个自由度为 $n_1-1$，第二个自由度为 $n_2-1$ 的 $F$ 分布。由给定的 $\alpha = 0.05$，查表可以确定 $F_a$ 及 $F_b$，使

$$P\{F < F_a\} = P\{F > F_b\} = 0.025$$

$F_b$ 可以直接查表得到：$F_b = F_{0.025}(5-1, 5-1) = 9.60$。而 $F_a$ 在 $F$ 分布的临界值表中无法直接查到，考虑 $1/F_a$。$P\{F < F_a\} = P\{1/F > 1/F_a\} = P\{S_2^2/S_1^2 > 1/F_a\} = 0.025$，而根据定理 7.5 的推论，$H_0$ 成立时，$S_2^2/S_1^2 \sim F(n_2-1, n_1-1)$。所以 $F_a = 1/F_{0.025}(n_2-1, n_1-1) = 1/9.60 \approx 0.10$。计算统计量 $S_1^2/S_2^2$ 的值，得 $F = 2\ 653.5/11\ 784 = 0.23$。因为 $0.10 < 0.23 < 9.60$，所以不能拒绝 $H_0$，可以认为 $\sigma_1^2 = \sigma_2^2$。

然后再检验假设 $H_0': \mu_1 = \mu_2$。容易想到要考察总体 $\xi_1$ 的样本 $(X_1, \cdots, X_n)$ 和 $\xi_2$ 的样本 $(Y_1, \cdots, Y_n)$ 的函数 $\overline{X} - \overline{Y}$。如果 $H_0$ 成立，显然它的绝对值不应该太大，而它的方差 $(\sigma_1^2 + \sigma_2^2)/n$ 未知，用 $(S_1^2 + S_2^2)/n$ 代替之，选用统计量

$$T = \frac{\overline{X} - \overline{Y}}{\sqrt{(S_1^2 + S_2^2)/n}}$$

由于通过检验 $H_0$，我们可以认为 $\sigma_1^2 = \sigma_2^2$，因此在 $H_0'$ 成立的条件下，根据定理 7.4 的推论 2 可以求出统计量

$$T = \frac{\overline{X} - \overline{Y}}{\sqrt{(S_1^2 + S_2^2)/n}}$$

服从具有 $2n-2$ 个自由度的 $t$ 分布。与前面一个正态总体的假设检验问题一样，由 $\alpha$ 查表确定临界值 $t_a$，使 $P\{|T| > t_a\} = \alpha$。再由给定样本观察值计算出所选统计量的值与临界值 $t_a$ 比较，就可以下结论（请读者自己概括这类检验问题的检验步骤）。具体做法是先建立待检假设 $H_0': \mu_1 = \mu_2$（已知 $\sigma_1^2 = \sigma_2^2$），由于

$$T = \frac{\overline{X} - \overline{Y}}{\sqrt{(S_1^2 + S_2^2)/n}}$$

在 $H_0'$ 成立时服从具有 $2n-2$ 个自由度的 $t$ 分布。而 $\alpha = 0.05, n = 5$。所以 $t_a = t_{0.05}(8) = 2.306$。

由§9.1例3中的观察数据计算,可得

$$\bar{x}=998 \qquad s_1^2=2\ 653.5$$
$$\bar{y}=820 \qquad s_2^2=11\ 784$$

故

$$t=\frac{998-820}{\sqrt{\dfrac{2\ 653.5+11\ 784}{5}}}=3.313>2.306$$

结论是拒绝 $H_0'$,即认为两种玉米产量有明显差异。

关于两个正态总体期望值相等的假设检验,需要用到(定理 7.4 推论 2 中用到)两个总体方差相等的条件。这个条件的成立,往往是从已有的大量经验中得到或者是事先进行了关于两个方差相等的检验,并且得到了肯定的结论。因此,实际工作中遇到这类问题时,常常要先进行方差的检验,只有在两个总体的方差被认为相等的时候,才能用本例中所介绍的方法进行期望值的检验。

例 2　从两处煤矿各抽样数次,分析其含灰率(%)如下:

　　甲矿　　24.3　20.8　23.7　21.3　17.4

　　乙矿　　18.2　16.9　20.2　16.7

假定各煤矿含灰率都服从正态分布,问甲、乙两矿煤的含灰率有无显著差异($\alpha=0.05$)?

解　这是两个样本容量不相等,对于两个正态总体检验两个期望值是否相等的问题。和例1的检验步骤基本相同,先建立待检假设 $H_0:\sigma_1^2=\sigma_2^2$。选取统计量

$$F=\frac{S_1^2}{S_2^2}$$

在 $H_0$ 成立时,它服从具有第一个自由度为 $n_1-1$,第二个自由度为 $n_2-1$ 的 $F$ 分布。

对于 $\alpha=0.05$,查表可以确定 $F_a$ 及 $F_b$,使

$$P\left\{\frac{S_1^2}{S_2^2}<F_a\right\}=P\left\{\frac{S_1^2}{S_2^2}>F_b\right\}=\frac{\alpha}{2}=0.025$$

$F_b$ 可以直接查表得到:$F_b=F_{0.025}(5-1,4-1)=15.10$,而 $F_a$

在 $F$ 分布的临界值表中无法直接查到。考虑 $1/F_a$,有

$$P\left(\frac{S_1^2}{S_2^2}<F_a\right)=P\left(\frac{S_2^2}{S_1^2}>\frac{1}{F_a}\right)=0.025$$

而根据定理 7.5 推论,$H_0$ 成立时,

$$\frac{S_2^2}{S_1^2}\sim F(n_2-1,n_1-1)$$

故　　　　$\dfrac{1}{F_a}=F_{0.025}(4-1,5-1)=9.98$

即　　　　$F_a=\dfrac{1}{F_{0.025}(n_2-1,n_1-1)}=\dfrac{1}{9.98}\approx0.10$

　　计算统计量 $F$ 的值,得 $F=7.505/2.593\approx2.894$。因为 $0.10$ $<2.89<15.10$,所以可认为两矿煤的含灰率的方差相等。

　　然后再建立待检假设 $H_0':\mu_1=\mu_2$。只是由于两个样本容量不相等,需要选取统计量

$$T=\frac{\overline{X}-\overline{Y}}{\sqrt{\dfrac{(n_1-1)S_1^2+(n_2-1)S_2^2}{n_1+n_2-2}}\sqrt{\dfrac{1}{n_1}+\dfrac{1}{n_2}}}\qquad(9.5)$$

并且根据定理 7.4 推论 2 可知,在 $H_0$ 成立的条件下(9.5)式中的统计量 $T$ 服从具有 $n_1+n_2-2$ 个自由度的 $t$ 分布。

　　因为 $\alpha=0.05,n_1+n_2-2=7$,所以 $t_{0.05}(7)=2.365$。具体计算,得 $\overline{x}=21.5,\overline{y}=18,(n_1-1)s_1^2=30.02,(n_2-1)s_2^2=7.78$。

$$|t|=\frac{21.5-18}{\sqrt{\dfrac{30.02+7.78}{7}}\sqrt{\dfrac{1}{5}+\dfrac{1}{4}}}\approx2.245<2.365$$

因而认为两煤矿的含灰率无显著差异。但由于 $2.245$ 与临界值 $2.365$ 比较接近,为稳妥计,最好再抽一次样,进行一次计算。

　　例 3　为比较不同季节出生的新生儿(女)体重的方差,从 1975 年 12 月及 6 月的新生儿(女)中分别随机地抽取 6 名及 10 名,测其体重如下(单位:g):

　　　　　12 月　　　3 520　2 960　2 560　1 960　3 260

```
                3 960
6 月      3 220    3 220    3 760    3 000    2920
          3 740    3 060    3 080    2 940    3 060
```

假定新生儿体重服从正态分布,问新生儿(女)体重的方差是否冬季的比夏季的小($\alpha = 0.05$)?

**解**  记 $\xi_1$,$\xi_2$ 分别表示冬、夏两季的新生儿(女)体重。显然 $\xi_1$ 与 $\xi_2$ 相互独立,且 $\xi_i \sim N(\mu_i, \sigma_i^2)$,$i = 1, 2$。设想冬季的比夏季的方差小,建立待检假设 $H_0 : \sigma_1^2 < \sigma_2^2$。选取统计量 $F = S_1^2 / S_2^2$。即便在 $H_0$ 成立条件下,也不能求出 $S_1^2 / S_2^2$ 的概率分布。可是由定理 7.5 推论可知。

$$F_* = \frac{\sigma_2^2 S_1^2}{\sigma_1^2 S_2^2} \sim F(n_1 - 1, n_2 - 1)$$

对于给定的 $\alpha$,可以查表确定临界值 $F_\alpha$,使满足:$P\{F_* > F_\alpha\} = \alpha$。虽然 $F_*$ 中含有未知参数,不能作为一个统计量,但是,在 $H_0$ 成立的条件下,下列不等式成立:

$$F = \frac{S_1^2}{S_1^2} \leqslant \frac{\sigma_2^2 S_1^2}{\sigma_1^2 S_2^2} = F_*$$

因此事件 $\{F > F_\alpha\}$ 是比事件 $\{F_* > F_\alpha\}$ 概率更小的一个小概率事件。只要由样本观察值计算出的 $F > F_\alpha$,则应该否定 $H_0$。按照上面的分析,完成本例提出的检验问题。

$$\alpha = 0.05$$

$$F_\alpha = F_{0.05}(6 - 1, 10 - 1) = F_{0.05}(5.9) = 3.48$$

$$F = \frac{s_1^2}{s_1^2} = \frac{505\ 667}{93\ 956} = 5.382 > 3.48$$

因而否定 $H_0$,而认为新生(女)儿体重的方差冬季不比夏季的小。

小样本下,$F$ 检验法在工业上很有用,不少工厂每天要用这种方法来检验两个正态总体的方差是否相同。利用 $F$ 分布进行检验,并不需要预先知道两个总体的期望值是否相等,这是它的优越之处。

## *§9.5　总体分布的假设检验

前两节中关于参数的假设检验,都是事先假定总体的分布类型为已知的。特别地,所讨论的总体都认为是服从正态分布的。但有些时候,事先并不知道总体服从什么分布,这就需要根据样本对总体分布函数 $F(x)$ 进行假设检验。

若总体为离散型,则建立待检假设:

$H_0$:总体 $\xi$ 的概率函数为 $P\{\xi=x_i\}=p_i,i=1,2,\cdots$

若总体为连续型,则建立待检假设:

$H_0$:总体 $\xi$ 有概率密度 $\varphi(x)$

至于 $\varphi(x)$(或概率函数)的具体形式,可以先由实际问题分析或由样本观测数据利用直方图来推测,然后再用本节介绍的方法检验 $H_0$ 是否成立。关于分布中的未知参数,可用§8.2中介绍的参数估计方法,求出其估计值。对于来自某一总体的样本 $(X_1,\cdots,X_n)$ 具体检验办法如下:

(1) 建立待检假设 $H_0$:总体 $\xi$ 的分布函数为 $F(x)$。

(2) 在数轴上选取 $k-1$ 个分点 $t_1,\cdots,t_{k-1}$,将实数轴分为 $k$ 个区间:$(-\infty,t_1],(t_1,t_2],\cdots,(t_{k-2},t_{k-1}],(t_{k-1},+\infty)$,记 $p_i$ 为分布函数是 $F(x)$ 的总体 $\xi$ 在第 $i$ 个区间取值的概率,即 $p_1=P(\xi\leqslant t_1)=F(t_1),p_2=P(t_1<\xi\leqslant t_2)=F(t_2)-F(t_1),\cdots,p_{k-1}=F(t_{k-1})-F(t_{k-2}),p_k=P(\xi>t_{k-1})=1-F(t_{k-1})$。记 $m_i$ 为 $n$ 个样本观察值中落在第 $i$ 个区间中的个数,也就是组频数①。由大数定律可以知道,如果样本容量较大(一般要求 $n$ 至少为 50,最好在 100 以上),在 $H_0$ 成立条件下,$|m_i/n-p_i|$ 的值应该比较小。选取统计量

---

① 分点的选取应使 $k$ 个区间中每个区间内都有样本观察值,并且最好使 $m_i\geqslant 5(i=1,2,\cdots,k)$。

$$\chi^2 = \sum_{i=1}^{k} \frac{(m_i - np_i)^2}{np_i} \qquad (9.6)$$

数学上可以证明,在 $H_0$ 成立的条件下,(9.6)式中的统计量近似地服从具有 $k-1-r$ 个自由度的 $\chi^2$ 分布($r$ 是总体分布 $F(x)$ 中需要用样本进行估计的未知参数的数目)。$n$ 越大,近似得越好。

(3) 对于给定的检验水平 $\alpha$,查表确定临界值 $\chi_\alpha^2$,使满足:

$$P\left\{ \sum_{i=1}^{k} \frac{(m_i - np_i)^2}{np_i} > \chi_\alpha^2 \right\} = \alpha$$

(4) 由样本值 $(X_1, \cdots, X_n)$ 计算 $\chi^2$ 的值,并与 $\chi_\alpha^2$ 比较。

(5) 下结论:若 $\chi^2 > \chi_\alpha^2$,则拒绝 $H_0$,即不能认为总体分布函数是 $F(X)$;否则接受 $H_0$。

**例1** 随机地抽取了 1975 年 2 月份新生儿(男)50 名,测其体重如下(单位:g):

2 520　3 460　2 600　3 320　3 120　3 400　2 900　2 420　3 280　3 100
2 980　3 160　3 100　3 460　2 740　3 060　3 700　3 460　3 500　1 600
3 100　3 700　3 280　2 800　3 120　3 800　3 740　2 940　3 580　2 980
3 700　3 460　2 940　3 300　2 980　3 480　3 220　3 060　3 400　2 680
3 340　2 500　2 960　2 900　4 600　2 780　3 340　2 500　3 300　3 640

试以显著水平 $\alpha = 0.05$ 检验新生儿(男)体重是否服从正态分布?

**解** 用 $\xi$ 表示新生儿体重,用样本平均数 $\bar{x}$ 及样本方差 $s^2$ 作为总体分布中未知参数 $\mu$ 和 $\sigma^2$ 的估计值。经计算可得 $\hat{\mu} = \bar{x} = 3\,160$,$\hat{\sigma}^2 = s^2 = 465.5^2$。问题是要检验假设 $H_0: \xi \sim N(3\,160, 465.5^2)$。

在 $H_0$ 成立的条件下,由(9.6)式给出的统计量近似地服从具有 $k-r-1$ 个自由度的 $\chi^2$ 分布。由于总体中有两个未知参数用样本数据估计,因此 $r = 2$。

在数轴上选取 6 个分点 2 450,2 700,2 950,3 200,3 450,3 700,将数轴分为 7 个区间 $(-\infty, 2\,450]$,$(2\,450, 2\,700]$,$(2\,700,$

$2\,950]$,$\cdots$,$(3\,700,+\infty)$,即 $k=7$。

由 $\alpha=0.05$,查表可得临界值 $\chi^2_{0.05}(7-2-1)=\chi^2_{0.05}(4)=$ $9.49$。

为计算统计量的值,需先计算 $p_i(i=1,2,\cdots,7)$。为此,先计算 $F(t_i)(i=1,2,\cdots,6)$。

$$F(t_1)=\Phi_0\left(\frac{2\,450-3\,160}{465.5}\right)=\Phi_0(-1.53)=1-0.937$$
$$=0.063$$

$$F(t_2)=\Phi_0\left(\frac{2\,700-3\,160}{465.5}\right)=\Phi_0(-0.99)=1-0.839$$
$$=0.161$$

$$F(t_3)=\Phi_0\left(\frac{2\,950-3\,160}{465.5}\right)=\Phi_0(-0.45)=1-0.674$$
$$=0.326$$

$$F(t_4)=\Phi_0\left(\frac{3\,200-3\,160}{465.5}\right)=\Phi_0(0.086)=0.536$$

$$F(t_5)=\Phi_0\left(\frac{3\,450-3\,160}{465.5}\right)=\Phi_0(0.62)=0.732$$

$$F(t_6)=\Phi_0\left(\frac{3\,700-3\,160}{465.5}\right)=\Phi_0(1.16)=0.877$$

因此,

$$p_1=F(t_1)=0.063$$
$$p_2=F(t_2)-F(t_1)=0.098$$
$$p_3=F(t_3)-F(t_2)=0.165$$
$$p_4=F(t_4)-F(t_3)=0.210$$
$$p_5=F(t_5)-F(t_4)=0.196$$
$$p_6=F(t_6)-F(t_5)=0.145$$
$$p_7=1-F(t_6)=0.123$$

为清楚起见,在计算 $\chi^2$ 值的时候,可列一个 $\chi^2$ 计算表,如表 9-1。

表 9-1

| 区间编号 $i$ | 1 | 2 | 3 | 4 | 5 | 6 | 7 |
|---|---|---|---|---|---|---|---|
| 区间范围 | $(-\infty,$ 2 450] | (2 450, 2 700] | (2 700, 2 950] | (2 950, 3 200] | (3 200, 3 450] | (3 450, 3 700] | (3 700, $+\infty)$ |
| 概率 $p_i$ | 0.063 | 0.098 | 0.165 | 0.210 | 0.196 | 0.145 | 0.123 |
| $np_i$ | 3.15 | 4.9 | 8.25 | 10.5 | 9.8 | 7.25 | 6.15 |
| 频　数 $m_i$ | 2 | 5 | 7 | 12 | 10 | 11 | 3 |
| $(np_i-m_i)^2$ | 1.323 | 0.01 | 1.563 | 2.25 | 0.04 | 14.063 | 9.923 |
| $\dfrac{(np_i-m_i)^2}{np_i}$ | 0.420 | 0.002 | 0.189 | 0.214 | 0.004 | 1.940 | 1.613 |

故　　　　$\displaystyle\sum_{i=1}^{7}\frac{(m_i-np_i)^2}{np_i}=4.38<9.49$

因而可以认为新生儿(男)体重服从正态分布 $N(3\ 160,465.5^2)$。

　　上面介绍的检验方法称为分布函数的 $\chi^2$ 检验法。这种方法应用范围广,不论对于任何类型的分布,都可用此方法。但是从例 1 中也看到,如果总体分布是连续型的,计算比较麻烦。不过对于检验分布是否为正态总体时,如果要求精确度不高,可以用"正态概率纸"大致判断[①]。

　　尽管对于连续型分布函数,上面的方法使用不便,但是对于离散型情况,$\chi^2$ 法还是方便可行的。

　　例 2　检验 §9.1 例 1 中的硬币是否匀称($\alpha=0.05$)?

　　解　如果硬币是匀称的,则"正面"出现的概率应为 1/2。记"$\xi=1$"表示"正面出现","$\xi=0$"表示"反面"出现。

　　建立待检假设 $H_0:P(\xi=1)=P(\xi=0)=1/2$。

　　取一个分点 0.5,将数轴分为两部分:

---

　　① 参看浙江大学数学系高等数学教研室编《概率论与数理统计》,人民教育出版社 1979 年版,第 270 页。

$$p_1 = P(\xi \leqslant 0.5) = P(\xi = 0)$$

$$p_2 = P(\xi > 0.5) = P(\xi = 1)$$

若 $H_0$ 成立,则 $p_1 = p_2 = 1/2$,且

$$\chi^2 = \sum_{i=1}^{2} \frac{(m_i - np_i)^2}{np_i} \sim \chi^2(2-1)$$

其临界值 $\chi^2_{0.05}(1) = 3.84$。$np_1 = 50, np_2 = 50, m_1 = 60, m_2 = 40$。

$$\chi^2 = \frac{(60-50)^2}{50} + \frac{(40-50)^2}{50} = 4 > 3.84$$

因而认为这枚硬币不是匀称的。

# 习 题 九

1. 已知某炼铁厂铁水含碳量服从正态分布 $N(4.55, 0.108^2)$。现在测定了 9 炉铁水,其平均含碳量为 4.484。如果估计方差没有变化,可否认为现在生产之铁水平均含碳量仍为 4.55($\alpha = 0.05$)?

2. 已知某一试验,其温度服从正态分布 $N(\mu, \sigma^2)$,现在测量了温度的 5 个值为

    1 250   1 265   1 245   1 260   1 275

问是否可以认为 $\mu = 1\ 277$($\alpha = 0.05$)?

3. 打包机装糖入包,每包标准重为 100kg。每天开工后,要检验所装糖包的总体期望值是否合乎标准(100kg)。某日开工后,测得 9 包糖重如下(单位:kg):

    99.3   98.7   100.5   101.2   98.3   99.7   99.5
    102.1   100.5

打包机装糖的包重服从正态分布,问该天打包机工作是否正常($\alpha = 0.05$)?

4. 某种导线的电阻服从正态分布 $N(\mu, 0.005^2)$。今从新生产的一批导线中抽取 9 根,测其电阻,得 $s = 0.008\Omega$。对于 $\alpha = 0.05$,能否认为这批导线电阻的标准差仍为 0.005?

5. 从一批灯泡中抽取 50 个灯泡的随机样本,算得样本平均数 $\bar{x} = 1\,900$ 小时,样本标准差 $s = 490$ 小时,以 $\alpha = 1\%$ 的水平,检验整批灯泡的平均使用寿命是否为 2 000 小时?

6. 某种羊毛在处理前后,各抽取样本,测得含脂率(%)如下:

处理前:19　18　21　30　66　42　8　12　30　27
处理后:15　13　7　24　19　4　8　20

羊毛含脂率按正态分布,问处理后含脂率的标准差有无显著变化 ($\alpha = 0.05$)?

7. 两台车床生产同一种滚珠(滚珠直径按正态分布)。从中分别抽取 8 个和 9 个产品,比较两台车床生产的滚珠直径的方差是否有明显差异($\alpha = 0.05$)?

甲车床:15.0　14.5　15.2　15.5　14.8　15.1　15.2　14.8
乙车床:15.2　15.0　14.8　15.2　15.0　15.0　14.8　15.1　14.8

8. 在漂白工艺中要改变温度对针织品断裂强力的影响,在两种不同温度下分别作了 8 次试验,测得断裂强力的数据如下(单位:kg):

70℃:20.5　18.8　19.8　20.9　21.5　19.5　21.0　21.2
80℃:17.7　20.3　20.0　18.8　19.0　20.1　20.2　19.1

判断两种温度下的强力有无差别(断裂强力可认为服从正态分布 $\alpha = 0.05$)?

9. 甲、乙两个铸造厂生产同一种铸件,假设两厂铸件的重量都服从正态分布,测得重量如下(单位:kg):

甲厂:93.3　92.1　94.7　90.1　95.6　90.0　94.7

乙厂:95.6　94.9　96.2　95.1　95.8　96.3

问乙厂铸件重量的方差是否比甲厂的小($\alpha=0.05$)?

10. 一个正 20 面体,每个面上都标有 0,1,2,3,…,9 中的某一个数字,并且这 10 个数中的每一个都标在两个面上。现在抛掷这个正 20 面体 800 次,标有数字 0,1,2,…,9 的各面朝上的次数如表 9-3 所示。判断这个正 20 面体是否由均匀材料制成的($\alpha=0.05$)?

表 9-2

| 朝上一面的数字 $\xi$ | 0 | 1 | 2 | 3 | 4 | 5 | 6 | 7 | 8 | 9 |
|---|---|---|---|---|---|---|---|---|---|---|
| 频数 $m_i$ | 75 | 93 | 84 | 79 | 82 | 69 | 74 | 71 | 91 | 76 |

11. 根据 §4.3 例 3 中的观察数据,检验整批零件上的疵点数是否服从普哇松分布($\alpha=0.05$)?

# *第十章 方差分析

用不同的生产方法生产同一种产品,比较各种生产方法对产品的影响是人们经常遇到的问题。比如,化工生产中,原料成分、剂量、顺序、催化剂、反应温度、压力、时间、机器设备,及操作人员技术水平等因素对产品都会有些影响,有的影响大些,有的影响小些。为此,需要找出对产品有显著影响的因素。方差分析就是鉴别各因素效应的一种有效的统计方法。它是在本世纪 20 年代由英国统计学家费舍尔(R. A. Fisher)首先使用到农业试验上去的。后来发现这种方法的应用范围十分广阔,可以成功地应用在试验工作的很多方面。

## §10.1 单因素方差分析

由于试验条件的影响,在进行试验时,可能使试验结果表现出系统误差。称可控制的试验条件为因素,因素变化的各个等级为水平。如果在试验中只有一个因素在变化,其它可控制的条件不变,称它为单因素试验;若试验中变化的因素多于一个,则称为双因素以及多因素试验。单因素试验中,若只有两个水平,就是上一章讲过的两个总体的比较问题。超过两个水平的时候,也就是需要好多个总体进行比较,这时,方差分析是一种有效的方法。

对试验的变异因素分成若干水平,对每一个水平进行重复试验,列出试验记录表(见表 10-1):

表 10-1

| 试 验 结 果 | | 试 验 批 号 | | | | | 行 和 | 行平均 |
|---|---|---|---|---|---|---|---|---|
| | | 1 | 2 | $\cdots$ | $j$ | $\cdots$ $n_i$ | | |
| 因 | 1 | $X_{11}$ | $X_{12}$ | $\cdots$ | $X_{1j}$ | $\cdots$ $X_{1n_1}$ | $T_1.$ | $\overline{X}_1.$ |
| 素 | 2 | $X_{21}$ | $X_{22}$ | $\cdots$ | $X_{2j}$ | $\cdots$ $X_{2n_2}$ | $T_2.$ | $\overline{X}_2.$ |
| | $\vdots$ | $\cdots$ | $\cdots$ | $\cdots$ | $\cdots$ | $\cdots$ | $\vdots$ | $\vdots$ |
| 水 | $i$ | $X_{i1}$ | $X_{i2}$ | | $X_{ij}$ | $\cdots$ $X_{in_i}$ | $T_i.$ | $\overline{X}_i.$ |
| | $\vdots$ | $\cdots$ | $\cdots$ | $\cdots$ | $\cdots$ | $\cdots$ | $\vdots$ | $\vdots$ |
| 平 | $r$ | $X_{r1}$ | $X_{r2}$ | | $X_{rj}$ | $\cdots$ $X_{rn_r}$ | $T_r.$ | $\overline{X}_r.$ |

其中 $X_{ij}$ 表示第 $i$ 个等级进行第 $j$ 次试验的可能结果。记 $n=n_1+n_2+\cdots+n_r$。

$$\overline{X}_i. = \frac{1}{n_i}\sum_{j=1}^{n_i}X_{ij} \quad (i=1,2,\cdots,r) \tag{10.1}$$

$$T_i. = \sum_{j=1}^{n_i}X_{ij}=n_i\overline{X}_i. \tag{10.2}$$

$$\overline{X}=\frac{1}{n}\sum_{i=1}^{r}\sum_{j=1}^{n_i}X_{ij} \tag{10.3}$$

$$T=\sum_{i=1}^{r}\sum_{j=1}^{n_i}X_{ij}=n\overline{X} \tag{10.4}$$

## (一)方差分析的假设前题

(1)对变异因素的某一个水平,比如第 $i$ 个水平,进行试验,得到的观察结果 $X_{i1},X_{i2},\cdots,X_{in_i}$,看作是从正态总体 $N(\mu_i,\sigma^2)$ 中取出的一个容量为 $n_i$ 的样本。而且 $\mu_i,\sigma^2$ 未知。

(2)对于表示 $r$ 个水平的 $r$ 个正态总体的方差认为都是相等的。

(3)从不同总体中取出的各个样本,即各 $X_{ij}$ 相互独立。

## (二)统计假设

如果要检验的因素对试验结果没有显著影响,则试验的全部结果 $X_{ij}$ 应来自同一正态总体。因此,提出一项统计假设:所有的 $X_{ij}(j=1,\cdots,n_i;i=1,2,\cdots,r)$ 都取自同一个正态总体 $N(\mu,\sigma^2)$。

待检假设为 $H_0:\mu_1=\mu_2=\cdots=\mu_r=\mu$。

## (三)检验方法

如果 $H_0$ 成立,那么 $r$ 个总体间无显著差异。由 $r$ 个样本组成的 $n$ 个观察结果可视为取自同一总体 $N(\mu,\sigma^2)$ 的容量为 $n$ 的一个样本。各个 $X_{ij}$ 间的差异只是由于随机因素引起的。若 $H_0$ 不成立,那么在所有 $X_{ij}$ 的总变差中,除了随机波动引起的变差之外,还应包含由于因素 $A$ 的不同水平作用所产生的差异。在总的变差中把这两种差异分开,然后再进行比较,可以得到关于上述假设的一个检验方法。

$$\sum_{i=1}^{r}\sum_{j=1}^{n_i}(X_{ij}-\overline{X})^2=\sum_{i=1}^{r}\sum_{j=1}^{n_i}(X_{ij}-\overline{X}_{i\cdot}+\overline{X}_{i\cdot}-\overline{X})^2$$

$$=\sum_{i=1}^{r}\sum_{j=1}^{n_i}(X_{ij}-\overline{X}_{i\cdot})^2+\sum_{i=1}^{r}n_i(\overline{X}_{i\cdot}-\overline{X})^2$$

$$+2\sum_{i=1}^{r}\sum_{j=1}^{n_i}(X_{ij}-\overline{X}_{i\cdot})(\overline{X}_{i\cdot}-\overline{X})$$

因为  $\sum_{i=1}^{r}\sum_{j=1}^{n_i}(X_{ij}-\overline{X}_{i\cdot})(\overline{X}_{i\cdot}-\overline{X})$

$$=\sum_{i=1}^{r}(\overline{X}_{i\cdot}-\overline{X})\sum_{j=1}^{n_i}(X_{ij}-\overline{X}_{i\cdot})=0$$

所以  $\sum_{i=1}^{r}\sum_{j=1}^{n_i}(X_{ij}-\overline{X})^2=\sum_{i=1}^{r}n_i(\overline{X}_{i\cdot}-\overline{X})^2$

$$+\sum_{i=1}^{r}\sum_{j=1}^{n_i}(X_{ij}-\overline{X}_{i\cdot})^2 \tag{10.5}$$

记

$$S_T=\sum_{i=1}^{r}\sum_{j=1}^{n_i}(X_{ij}-\overline{X})^2 \tag{10.6}$$

$$S_E=\sum_{i=1}^{r}\sum_{j=1}^{n_i}(X_{ij}-\overline{X}_{i\cdot})^2 \tag{10.7}$$

$$S_A=\sum_{i=1}^{r}n_i(\overline{X}_{i\cdot}-\overline{X})^2 \tag{10.8}$$

(10.5)式可以写成

$$S_T=S_A+S_E \tag{10.9}$$

在这里,离差平方总和 $S_T$ 是总的样本方差的 $n-1$ 倍。它被分解成两项之和,第一项 $S_A$ 表示,由各不同水平总体中取出的各样本平均数 $\overline{X}_{i\cdot}$,与总的样本平均数 $\overline{X}$ 之间离差平方的加权和。它反映了从各不同水平总体中取出的各个样本之间的差异。这是由于因素 $A$ 的不同水平作用所引起的,称为样本组间(离差)平方和。第二项 $S_E$ 表示从 $r$ 个总体中的每一个总体所取的样本内部的离差平方和。它反映了为从总体 $\xi_i$ 中选取一个容量为 $n_i(i=1,2,\cdots,r)$ 的样本所进行的重复试验而产生的误差。它排除了因素 $A$ 的不同水平对试验结果的作用,而是由于随机波动引起的差异,称为组内部平方和或剩余平方和。

如果 $H_0$ 成立,则所有的 $X_{ij}$ 都服从正态分布 $N(\mu,\sigma^2)$。它们又相互独立,由定理 7.3 推论可知

$$S_T/\sigma^2\sim\chi^2(n-1)$$

而 $S_E$ 中有 $r$ 个约束条件:

$$\overline{X}_{i\cdot}=\frac{1}{n_i}\sum_{j=1}^{n_i}X_{ij}\qquad(i=1,\cdots,r)$$

$S_A$ 中有一个约束条件:

190

$$\overline{X} = \frac{1}{n}\sum_{i=1}^{r} n_i \overline{X}_i.$$

所以 $S_E$ 的自由度为 $n-r$，$S_A$ 的自由度为 $r-1$。它们的和为 $n-1$。这恰好是 $S_T$ 的自由度。可以证明：

$$\frac{1}{\sigma^2}S_E \sim \chi^2(n-r) \qquad \frac{1}{\sigma^2}S_A \sim \chi^2(r-1)$$

并且 $S_E$ 与 $S_A$ 独立。

如果组间变差比组内变差大很多，则说明不同水平间有明显差异，这 $r$ 个总体不能认为服从同一正态分布 $N(\mu, \sigma^2)$，即应拒绝 $H_0$。否则说明各水平的效应不明显，即因素 $A$ 对试验结果影响不大，可以接受 $H_0$。为此选取 $F$ 统计量：

$$F = \frac{\dfrac{S_A}{r-1}}{\dfrac{S_E}{n-r}} = \frac{(n-r)\sum_{i=1}^{r} n_i(\overline{X}_i. - \overline{X})^2}{(r-1)\sum_{i=1}^{r}\sum_{j=1}^{n_i}(X_{ij} - \overline{X}_i.)} \tag{10.10}$$

在 $H_0$ 成立的条件下，由定理 7.5 可知，(10.10)所示统计量 $F$ 服从第一个自由度为 $r-1$，第二个自由度为 $n-r$ 的 $F$ 分布。对于给定的检验水平 $\alpha$，可以查附表六确定临界值 $F_\alpha$，$F_\alpha$ 满足

$$P\left\{\frac{(n-r)S_A}{(r-1)S_E} > F_\alpha\right\} = \alpha$$

把计算出的 $F$ 值与 $F_\alpha$ 比较之后就可以下结论。

如果对因素的每一个水平试验次数相同，即 $r$ 个样本的容量都相同：$n_1 = n_2 = \cdots = n_r \overset{\triangle}{=\!=\!=} s$，则称为等重复试验；否则称为不等重复试验。

## §10.2  单因素方差分析表

把对于样本观察值的计算结果列成表(见表 10-2)，称为方差分析表。

表 10-2

| 方差来源 | 离差平方和 | 自由度 | 方 差 | F 值 | F 临界值 |
|---|---|---|---|---|---|
| 组 间（因素） | $S_A = \sum_{i=1}^{r} n_i (\overline{X}_i. - \overline{X})^2$ | $r-1$ | $\dfrac{S_A}{r-1}$ | $F = \dfrac{\dfrac{S_A}{r-1}}{\dfrac{S_E}{n-r}}$ | $F_\alpha(r-1, n-r)$ |
| 组 内（余和） | $S_E = \sum_{i=1}^{r} \sum_{j=1}^{n_i} (X_{ij} - \overline{X}_i.)^2$ | $n-r$ | $\dfrac{S_E}{n-r}$ | | |
| 总 和 | $S_T = \sum_{i=1}^{r} \sum_{j=1}^{n_i} (X_{ij} - \overline{X})^2$ | $n-1$ | $\dfrac{S_T}{n-1}$ | | |

在进行方差计算时,常常要进行大量计算,如果手算,为简化计算和减少误差,常将观测值 $X_{ij}$ 加上或减去一个常数(这个数接近总平均数 $\overline{X}$),有时还要再乘以一个常数,使得变换后的数据比较简单,便于计算。这样做,原则上不会影响方差分析的结果,但对计算却很方便。计算中可以采用下面几个公式:

$$S_T = \sum_{i=1}^{r} \sum_{j=1}^{n_i} X_j^2 - \frac{T^2}{n} \tag{10.11}$$

$$S_A = \sum_{i=1}^{r} \frac{T_i^2}{n_i} - \frac{T^2}{n} \tag{10.12}$$

$$S_E = S_T - S_A \tag{10.13}$$

当 $n_1 = n_2 = \cdots = n_r = s$ 时,有

$$S_A = \frac{1}{s} \sum_{i=1}^{r} T_i^2. - \frac{T^2}{rs} \tag{10.14}$$

## §10.3 单因素方差分析举例

例 1 一批由同一种原料织成的布,用不同的印染工艺处理,然后进行缩水率试验。假设采用 5 种不同的工艺,每种工艺处理 4

块布样,测得缩水率的百分数如表 10-3。若布的缩水率服从正态分布,不同工艺处理的布的缩水率方差相等。试考察不同工艺对布的缩水率有无明显影响($\alpha=5\%$)?

**表　10-3**

| 缩水率(%) | | 试　验　批　号 | | | |
| --- | --- | --- | --- | --- | --- |
| | | 1 | 2 | 3 | 4 |
| 因素(印染)工艺 $A$ | $A_1$ | 4.3 | 7.8 | 3.2 | 6.5 |
| | $A_2$ | 6.1 | 7.3 | 4.2 | 4.1 |
| | $A_3$ | 4.3 | 8.7 | 7.2 | 10.1 |
| | $A_4$ | 6.5 | 8.3 | 8.6 | 8.2 |
| | $A_5$ | 9.5 | 8.8 | 11.4 | 7.8 |

　　**解**　(1) 先将每一观测数据减去 7.4,再除以 0.1,列出方差计算表(为了方便,变换后数据仍记为 $X_{ij}$,相应的平方和仍分别记为 $S_T,S_A,S_E$),见表 10-4。

**表　10-4**

| $x_{ij}(x_{ij}^2)$ | 1 | 2 | 3 | 4 | $T_i.$ | $T_i^2.$ |
| --- | --- | --- | --- | --- | --- | --- |
| 因素 $A_1$ | −31(961) | 4(16) | −42(1764) | −9(81) | −78 | 6084 |
| $A_2$ | −13(169) | −1(1) | −32(1024) | −33(1089) | −79 | 6241 |
| $A_3$ | −31(961) | 13(169) | −2(4) | 27(729) | 7 | 49 |
| $A_4$ | −9(81) | 9(81) | 12(144) | 8(64) | 20 | 400 |
| $A_5$ | 21(441) | 14(196) | 40(1600) | 4(16) | 79 | 6241 |

　　(2) 计算 $S_T,S_A,S_E$

$$\sum_{i=1}^{5}\sum_{j=1}^{4}X_{ij}^2=9\,591 \qquad T=-51 \qquad T^2=2\,601$$

$$\sum_{i=1}^{5}T_i^2.=19\,015$$

$$S_T = \sum_{i=1}^{5} \sum_{j=1}^{4} X_{ij}^2 - \frac{T^2}{20} = 9\,460.95$$

$$S_A = \frac{1}{4} \sum_{i=1}^{5} T_i^2 \cdot - \frac{T^2}{20} = 4\,623.7$$

$$S_E = S_T - S_A = 4\,837.25$$

(3) 列出方差分析表(见表 10-5)。

表　10-5

| 方差来源 | 离差平方和 | 自由度 | $F$ 的值 | 临界值 |
|---|---|---|---|---|
| 组间 | $S_A = 4623.7$ | 4 | | |
| 余和 | $S_E = 4837.25$ | 15 | $F = \dfrac{\frac{4\,623.7}{4}}{\frac{4\,837.25}{15}} = 3.58$ | $F_{0.05}(4.15)$ |
| 总和 | $S_T = 9460.95$ | 19 | | $= 3.06$ |

(4) 结论:由于 $F$ 的值 3.58 已超过临界值 3.06,因此认为不同工艺对布的缩水率有较明显影响。但看到 $F$ 的值超过临界值不多,也可再进行一次抽样,然后再做结论。

例 2　灯泡厂用 4 种不同材料制成灯丝,检验灯丝材料这一因素对灯泡寿命的影响。如果检验水平 $\alpha = 0.05$,并且灯泡寿命服从正态分布,试根据表 10-6 试验结果记录,判断灯泡寿命是否因灯丝材料不同而有显著差异(假定不同材料的灯丝制成的灯泡寿命的方差相同)?

表　10-6

| | | 试　验　批　号 | | | | | | | |
|---|---|---|---|---|---|---|---|---|---|
| | | 1 | 2 | 3 | 4 | 5 | 6 | 7 | 8 |
| 灯丝材料水平 | $A_1$ | 1 600 | 1 610 | 1 650 | 1 680 | 1 700 | 1 720 | 1 800 | |
| | $A_2$ | 1 580 | 1 640 | 1 640 | 1 700 | 1 750 | | | |
| | $A_3$ | 1 460 | 1 550 | 1 600 | 1 620 | 1 640 | 1 660 | 1 740 | 1 820 |
| | $A_4$ | 1 510 | 1 520 | 1 530 | 1 570 | 1 600 | 1 680 | | |

解 （1）把表中每一个数据减去 1 640，再除以 10（仍记为 $x_{ij}$），列出方差计算表如表 10-7：

表 10-7

| $x_{ij}$ $(x_{ij}^2)$ | 1 | 2 | 3 | 4 | 5 | 6 | 7 | 8 | $T_{i\cdot}$ | $T_{i\cdot}^2/n_i$ |
|---|---|---|---|---|---|---|---|---|---|---|
| 因素 $A_1$ | −4 (16) | −3 (9) | 1 (1) | 4 (16) | 6 (36) | 8 (64) | 16 (256) | | 28 | 112 |
| $A_2$ | −6 (36) | 0 (0) | 0 (0) | 6 (36) | 11 (121) | | | | 11 | 24.2 |
| $A_3$ | −18 (324) | −9 (81) | −4 (16) | −2 (4) | 0 (0) | 2 (4) | 10 (100) | 18 (324) | −3 | 1.125 |
| $A_4$ | −13 (169) | −12 (144) | −11 (121) | −7 (49) | −4 (16) | 4 (16) | | | −43 | 308.167 |

（2）由表 10-7 进一步计算，可得：

$$\sum_{i=1}^{4}\sum_{j=1}^{n_i} x_{ij}^2 = 1\,959 \quad T=-7 \quad T^2=49 \quad n=26$$

$$\sum_{i=1}^{4}\frac{T_{i\cdot}^2}{n_i}=445.492$$

$$S_T=\sum_{i=1}^{4}\sum_{j=1}^{n_i} x_{ij}^2 - \frac{T^2}{n} \approx 1\,957.115$$

$$S_A=\sum_{i=1}^{4}\frac{T_{i\cdot}^2}{n} - \frac{T^2}{n} \approx 443.607$$

$$S_E=S_T-S_A \approx 1\,513.508$$

（3）列出方差分析表如表 10-8：

表 10-8

| 方差来源 | 离差平方和 | 自由度 | $F$ 的值 | $F$ 临界值 |
|---|---|---|---|---|
| 组间 | $S_A=443.607$ | 3 | $F=\dfrac{S_A/3}{S_E/22}$ | $F_{0.05}(3,22)$ =3.05 |
| 余和 | $S_E=1\,513.508$ | 22 | $\approx\dfrac{443.607\times22}{1\,513.508\times3}$ | |
| 总和 | $S_T=1\,957.115$ | 25 | $\approx2.15$ | |

（4）实际计算的值为 2.15，小于临界值 3.05，因此可以认为灯泡的使用寿命不会因灯丝材料不同而有显著差异。

## §10.4 双因素方差分析

### （一）无重复双因素方差分析

进行双因素方差分析的目的，是要检验两个因素对试验结果有无影响。在试验中，对每一因素的每一水平都可取一个容量为 $n_{ij}$ 的样本（不等重复）。但是这里先介绍一个无重复试验的情况。把因素 $A$ 分为 $r$ 个水平，因素 $B$ 分为 $s$ 个水平。对 $A,B$ 的每一个水平的一对组合 $(A_i,B_j)(i=1,\cdots,r;j=1,\cdots,s)$，只进行一次试验，得到 $rs$ 个试验结果 $X_{ij}$，将可能结果列成试验记录表如表 10-9。其中 $X_{ij}$ 表示因素 $A$ 的第 $i$ 个水平与因素 $B$ 的第 $j$ 个水平构成的一组配合 $(A_i,B_j)$ 进行试验的可能结果。记 $n=rs$。

表 10-9

| 试 验 结 果 | | 因　素　　$B$ | | | | | | 行 和 $T_i.$ | 行平均 $\overline{X}_i.$ |
|---|---|---|---|---|---|---|---|---|---|
| | | $B_1$ | $B_2$ | $\cdots$ | $B_j$ | $\cdots$ | $B_s$ | | |
| 因 素 $A$ | $A_1$ | $X_{11}$ | $X_{12}$ | $\cdots$ | $X_{1j}$ | $\cdots$ | $X_{1s}$ | $T_1.$ | $\overline{X}_1.$ |
| | $A_2$ | $X_{21}$ | $X_{22}$ | $\cdots$ | $X_{2j}$ | $\cdots$ | $X_{2s}$ | $T_2.$ | $\overline{X}_2.$ |
| | $\vdots$ | $\cdots$ | $\cdots$ | $\cdots$ | $\cdots$ | $\cdots$ | $\cdots$ | $\vdots$ | $\vdots$ |
| | $A_i$ | $X_{i1}$ | $X_{i2}$ | $\cdots$ | $X_{ij}$ | $\cdots$ | $X_{is}$ | $T_i.$ | $\overline{X}_i.$ |
| | $\vdots$ | $\cdots$ | $\cdots$ | $\cdots$ | $\cdots$ | $\cdots$ | $\cdots$ | $\vdots$ | $\vdots$ |
| | $A_r$ | $X_{r1}$ | $X_{r2}$ | $\cdots$ | $X_{rj}$ | $\cdots$ | $X_{rs}$ | $T_r.$ | $\overline{X}_r.$ |
| 列和 $T._j$ | | $T._1$ | $T._2$ | $\cdots$ | $T._j$ | $\cdots$ | $T._s$ | 总和 $T$ | |
| 列平均 $\overline{X}._j$ | | $\overline{X}._1$ | $\overline{X}._2$ | $\cdots$ | $\overline{X}._j$ | $\cdots$ | $\overline{X}._s$ | | 总平均 $\overline{X}$ |

196

$$\overline{X}_i. = \frac{1}{s}\sum_{j=1}^{s}X_{ij} \qquad (i=1,2,\cdots,r) \qquad\qquad (10.15)$$

$$\overline{X}._j = \frac{1}{r}\sum_{i=1}^{r}X_{ij} \qquad (j=1,2,\cdots,s) \qquad\qquad (10.16)$$

$$T_i. = \sum_{j=1}^{s}X_{ij} = s\overline{X}_i. \qquad (i=1,2,\cdots,r) \qquad\qquad (10.17)$$

$$T._j = \sum_{i=1}^{r}X_{ij} = r\overline{X}._j \qquad (j=1,2,\cdots,s) \qquad\qquad (10.18)$$

$$\overline{X} = \frac{1}{n}\sum_{i=1}^{r}\sum_{j=1}^{s}X_{ij} \qquad\qquad (10.19)$$

$$T = \sum_{i=1}^{r}\sum_{j=1}^{s}X_{ij} = n\overline{X} \qquad\qquad (10.20)$$

§10.1 的单因素方差分析中的假设前提仍然不变,即 $X_{ij} \sim N(\mu_{ij},\sigma^2)$,各个样本 $X_{ij}(i=1,\cdots,r;j=1,\cdots,s)$ 相互独立。

根据要分析的两个因素,要判断因素 $A$ 的影响是否显著,就要检验假设

$$H_{0A}:\mu_{1j}=\mu_{2j}=\cdots=\mu_{rj}=\mu._j \qquad (j=1,2,\cdots,s)$$

因为,如果因素 $A$ 的影响不显著,从 $r$ 个总体 $N(\mu_{ij},\sigma^2)$ 选出的 $r$ 个样本 $X_{1j},X_{2j},\cdots,X_{rj}$ 可以看作来自同一个总体 $N(\mu._j,\sigma^2)$,也就是 $H_{0A}$ 应该成立。类似地要判断因素 $B$ 的影响是否显著,就等价于要检验假设

$$H_{0B}:\mu_{i1}=\mu_{i2}=\cdots=\mu_{is}=\mu_i. \qquad (i=1,2,\cdots,r)$$

与单因素方差分析的检验方法一样,把因素 $A,B$ 和随机波动所产生的变差(分别记为 $S_A,S_B,S_E$)从离差平方总和 $S_T$ 中分开,然后进行比较,得到关于假设 $H_{0A}$ 及 $H_{0B}$ 的检验方法。

$$S_T = \sum_{i=1}^{r}\sum_{j=1}^{s}(X_{ij}-\overline{X})^2$$

$$= \sum_{i=1}^{r}\sum_{j=1}^{s}[(X_{ij}-\overline{X}_i.-\overline{X}._j+\overline{X})+(\overline{X}_i.-\overline{X})$$

$$+(\overline{X}._j-\overline{X})]^2$$

$$=\sum_{i=1}^{r}\sum_{j=1}^{s}(X_{ij}-\overline{X}_i.-\overline{X}._j+\overline{X})^2+s\sum_{i=1}^{r}(\overline{X}_i.-\overline{X})^2$$

$$+r\sum_{j=1}^{s}(\overline{X}._j-\overline{X})^2$$

$$+2\sum_{i=1}^{r}\sum_{j=1}^{s}(X_{ij}-\overline{X}_i.-\overline{X}._j+\overline{X})(\overline{X}_i.-\overline{X})$$

$$+2\sum_{i=1}^{r}\sum_{j=1}^{s}(\overline{X}_i.-\overline{X})(\overline{X}._j-\overline{X})$$

$$+2\sum_{i=1}^{r}\sum_{j=1}^{s}(X_{ij}-\overline{X}_i.-\overline{X}._j+\overline{X})(\overline{X}._j-\overline{X})$$

容易验证,上面等号右边三个交叉项乘积的和均为零。所以

$$S_T=S_E+S_A+S_B \tag{10.21}$$

其中

$$S_E=\sum_{i=1}^{r}\sum_{j=1}^{s}(X_{ij}-\overline{X}_i.-\overline{X}._j+\overline{X})^2 \tag{10.22}$$

$$S_A=s\sum_{i=1}^{r}(\overline{X}_i.-\overline{X})^2 \tag{10.23}$$

$$S_B=r\sum_{j=1}^{s}(\overline{X}._j-\overline{X})^2 \tag{10.24}$$

如果 $H_{0A}$ 及 $H_{0B}$ 都成立,则有 $\mu_{ij}=\mu$,对所有的 $i=1,\cdots,r$ 及 $j=1,\cdots,s$ 都成立。也就是说 $rs$ 个容量为 1 的样本可以看成是一个容量为 $rs$ 的取自总体 $N(\mu,\sigma^2)$ 的样本。与单因素的分析完全一样,可以得到:

$$\frac{1}{\sigma^2}S_A\sim\chi^2(r-1) \qquad\qquad \frac{1}{\sigma^2}S_B\sim\chi^2(s-1)$$

$$\frac{1}{\sigma^2}S_E\sim\chi^2(n-r-s+1) \qquad \frac{1}{\sigma^2}S_T\sim\chi^2(n-1)$$

并且 $S_E,S_A,S_B$ 相互独立。实际上,只要 $H_{0A}$ 成立,$S_E/\sigma^2$ 与 $S_A/\sigma^2$ 为相互独立的 $\chi^2$ 变量。同样,只要 $H_{0B}$ 成立,$S_E/\sigma^2$ 与 $S_B/\sigma^2$ 就是相

198

互独立的 $\chi^2$ 变量。为此,选取统计量

$$F_A = \frac{\dfrac{1}{(r-1)}s\sum_{i=1}^{r}(\overline{X}_i. -\overline{X})^2}{\dfrac{1}{(r-1)(s-1)}\sum_{i=1}^{r}\sum_{j=1}^{s}(X_{ij}-\overline{X}_i. -\overline{X}_{.j}+\overline{X})^2}$$

$$= \frac{(s-1)S_A}{S_E} \qquad\qquad (10.25)$$

$$F_B = \frac{(r-1)S_B}{S_E} \qquad\qquad (10.26)$$

如果 $H_{0A}$ 成立,则

$$F_A \sim F(r-1,(r-1)(s-1))$$

如果 $H_{0B}$ 成立,则

$$F_B \sim F(s-1,(r-1)(s-1))$$

对于给定的 $\alpha$,可以通过 $F$ 临界值表,得出 $H_{0A}$,$H_{0B}$ 是否成立。为清楚起见,常用表 10-10 所示的方差分析表。

表　10-10

| 方差来源 | 离差平方和 | 自由度 | $F$ 的值 | $F$ 临界值 |
|---|---|---|---|---|
| 因素 $A$ | $S_A=s\sum_{i=1}^{r}(\overline{X}_i. -\overline{X})^2$ | $r-1$ | $F_A=\dfrac{(s-1)S_A}{S_E}$ | $F_{A\alpha}(r-1,$ $(r-1)(s-1))$ |
| 因素 $B$ | $S_B=r\sum_{j=1}^{s}(\overline{X}_{.j}-\overline{X})^2$ | $s-1$ | $F_B=\dfrac{(r-1)S_B}{S_E}$ | $F_{B\alpha}(s-1,$ $(r-1)(s-1))$ |
| 误　差 | $S_E=\sum_{i=1}^{r}\sum_{j=1}^{s}(\overline{X}_{ij}-$ $\overline{X}_i. -\overline{X}_{.j}+\overline{X})^2$ | $(r-1)(s-1)$ | | |
| 总　和 | $S_T=\sum_{i=1}^{r}\sum_{j=1}^{s}(X_{ij}-\overline{X})^2$ | $rs-1$ | | |

与单因素方差分析一样,为便于计算,常采用下面一些公式:

$$S_T = \sum_{i=1}^{r}\sum_{j=1}^{s}X_{ij}^2 - \frac{T^2}{rs} \qquad\qquad (10.27)$$

$$S_A = \frac{1}{s}\sum_{i=1}^{r}T_i^2. -\frac{T^2}{rs} \qquad\qquad (10.28)$$

$$S_B = \frac{1}{r} \sum_{j=1}^{s} T_{\cdot j}^2 - \frac{T^2}{rs} \tag{10.29}$$

$$S_E = S_T - S_A - S_B \tag{10.30}$$

其中 $T, T_i \cdot , T \cdot_j$ 分别由公式(10.20)、(10.17)、(10.18)给出。

例 1  为了解 3 种不同配比的饲料对仔猪生长影响的差异，对 3 种不同品种的猪各选 3 头进行试验，分别测得其 3 个月间体重增加量如表 10-11 所示。假定其体重增长量服从正态分布，且各种配合的方差相等。试分析不同饲料与不同品种对猪的生长有无显著影响？

表  10-11

| 体重增长量 | | 因素 B  （品种） | | |
|---|---|---|---|---|
| | | $B_1$ | $B_2$ | $B_3$ |
| 因素<br>素<br>A<br>（饲料） | $A_1$ | 51 | 56 | 45 |
| | $A_2$ | 53 | 57 | 49 |
| | $A_3$ | 52 | 58 | 47 |

解  （1）将表中每一个数据减去 50，其差记为 $x_{ij}$，列出方差计算表（见表 10-12）。

表  10-12

| $x_{ij}(x_{ij}^2)$ | 因素 $B_1$ | $B_2$ | $B_3$ | $T_i \cdot$ | $T_i^2 \cdot$ |
|---|---|---|---|---|---|
| 因素 $A_1$ | 1(1) | 6(36) | −5(25) | 2 | 4 |
| $A_2$ | 3(9) | 7(49) | −1(1) | 9 | 81 |
| $A_3$ | 2(4) | 8(64) | −3(9) | 7 | 49 |
| $T \cdot_j$ | 6 | 21 | −9 | $T=18$ | $\sum\limits_{i=1}^{s} T_i^2 \cdot = 134$ |
| $T_{\cdot j}^2$ | 36 | 441 | 81 | $\sum\limits_{i=1}^{s} T_{\cdot j}^2 = 558$ | $T^2 = 324$ |
| | | | | | $\sum\limits_{i=1}^{s}\sum\limits_{j=1}^{s} x_{ij}^2$<br>$=198$ |
| $\sum\limits_{i=1}^{s} x_{ij}^2$ | 14 | 149 | 35 | | |

（2）由表 10-12 计算出：

$$S_T = \sum_{i=1}^{r} \sum_{j=1}^{s} X_{ij}^2 - \frac{T^2}{rs} = 198 - 36 = 162$$

$$S_A = \frac{1}{s} \sum_{i=1}^{r} T_{i\cdot}^2 - \frac{T^2}{rs} = \frac{134}{3} - 36 = \frac{26}{3}$$

$$S_B = \frac{1}{r} \sum_{j=1}^{s} T_{\cdot j}^2 - \frac{T^2}{rs} = \frac{558}{3} - 36 = 150$$

$$S_E = S_T - S_A - S_B = \frac{10}{3}$$

（3）列出方差分析表，见表 10-13。

表 10-13

| 方差来源 | 离差平方和 | 自由度 | $F$ 的值 | $F$ 的临界值 |
|---|---|---|---|---|
| 因素 $A$ | $S_A = \dfrac{26}{3}$ | 2 | $F_A = \dfrac{2 \times 26/3}{10/3} = 5.2$ | $F_{0.05}(2,4) = 6.94$ |
| 因素 $B$ | $S_B = 150$ | 2 | | $F_{0.01}(2,4) = 18$ |
| 余 和 | $S_E = \dfrac{10}{3}$ | 4 | $F_B = \dfrac{2 \times 150}{10/3} = 90$ | |
| 总 和 | $S_T = 162$ | 8 | | |

（4）下结论：$F_A = 5.2 < F_{0.05}(2,4) = 6.94$，说明不同的饲料对猪体重的增长无显著影响。$F_B = 90$ 不仅大于 $F_{0.05}(2,4)$，而且还大于 $F_{0.01}(2,4) = 18$，说明品种的差异对猪体重增长的影响特别显著。

### （二）重复试验的双因素分析

如果要考察两个因素 $A,B$ 之间是否存在交互作用的影响，需要对两个因素各种水平的组合 $(A_i, B_j)$ 进行重复试验。比如每一个组合都重复试验 $t(t>1)$ 次，现将可能结果列成试验记录表如表 10-14。

表　10-14

| 试验结果因素 A ＼ 因素 B | $B_1$ | ... | $B_j$ | ... | $B_s$ |
|---|---|---|---|---|---|
| $A_1$ | $X_{111},\cdots,X_{11t}$ | ... | $X_{1j1},\cdots,X_{1ji}$ | ... | $X_{1s1},\cdots,X_{1st}$ |
| $\vdots$ | | | | | |
| $A_i$ | $X_{i11},\cdots,X_{i1t}$ | ... | $X_{ij1},\cdots,X_{ijt}$ | ... | $X_{is1},\cdots,X_{ist}$ |
| $\vdots$ | | | | | |
| $A_r$ | $X_{r11},\cdots,X_{r1t}$ | ... | $X_{rj1},\cdots,X_{rjt}$ | ... | $X_{rs1},\cdots,X_{rst}$ |

$X_{ijk}$ 表示对因素 $A$ 的第 $i$ 个水平, 因素 $B$ 的第 $j$ 个水平的第 $k$ 次观测的可能值。记

$$\overline{X}_{ij.}=\frac{1}{t}\sum_{k=1}^{t}X_{ijk} \qquad \overline{X}_{i..}=\frac{1}{st}\sum_{j=1}^{s}\sum_{k=1}^{t}X_{ijk}$$

$$\overline{X}_{.j.}=\frac{1}{rt}\sum_{i=1}^{r}\sum_{k=1}^{t}X_{ijk} \quad \overline{X}=\frac{1}{rst}\sum_{i=1}^{r}\sum_{j=1}^{s}\sum_{k=1}^{t}X_{ijk}$$

于是总离差平方和可以分解为

$$S_T=\sum_{i=1}^{r}\sum_{j=1}^{s}\sum_{k=1}^{t}(X_{ijk}-\overline{X})^2$$

$$=\sum_{i=1}^{r}\sum_{j=1}^{s}\sum_{k=1}^{t}[(\overline{X}_{i..}-\overline{X})+(\overline{X}_{.j.}-\overline{X})$$

$$+(\overline{X}_{ij.}-\overline{X}_{i..}-\overline{X}_{.j.}+\overline{X})+(X_{ijk}-\overline{X}_{ij.})]^2$$

由于等号右边各交叉项乘积的和为零, 所以

$$S_T=S_A+S_B+S_I+S_E \tag{10.31}$$

其中

$$S_A=st\sum_{i=1}^{r}(\overline{X}_{i..}-\overline{X})^2 \tag{10.32}$$

$$S_B=rt\sum_{j=1}^{s}(\overline{X}_{.j.}-\overline{X})^2 \tag{10.33}$$

$$S_I = t \sum_{i=1}^{r} \sum_{j=1}^{s} (\overline{X}_{ij.} - \overline{X}_{i..} - \overline{X}_{.j.} + \overline{X})^2 \qquad (10.34)$$

$$S_E = \sum_{i=1}^{r} \sum_{j=1}^{s} \sum_{k=1}^{t} (X_{ijk} - \overline{X}_{ij.})^2 \qquad (10.35)$$

它们分别表示由因素 $A,B,A$ 与 $B$ 的交互作用及随机波动产生的离差平方和,相应的重复试验双因素方差分析表如下页表 10-15。

如果 $F_A > F_{A\alpha}(r-1, rs(t-1))$,则认为因素 $A$ 影响显著,否则认为影响不显著。对因素 $B$ 也类似。

如果 $F_I > F_{I\alpha}((r-1)(s-1), rs(t-1))$,则认为因素 $A,B$ 交互作用显著,否则认为交互作用不显著。

# 习 题 十

1. 把大片条件相同的土地分成 20 个小区,播种 4 种不同品种的小麦,进行产量对比试验。每一品种播种在 5 个小区地块上,共得到 20 个小区产量的独立观察值如表 10-16。问不同品种小麦的小区产量有无显著差异($\alpha = 0.05$)?

表　10-16

| 小区产量 | | 试　验　批　号 | | | | |
|---|---|---|---|---|---|---|
| | | 1 | 2 | 3 | 4 | 5 |
| 品种因素 | $A_1$ | 32.3 | 34.0 | 34.3 | 35.0 | 36.5 |
| | $A_2$ | 33.3 | 33.0 | 36.3 | 36.9 | 34.5 |
| | $A_3$ | 30.3 | 34.3 | 35.3 | 32.3 | 35.8 |
| | $A_4$ | 29.3 | 26.0 | 29.8 | 28.0 | 28.8 |

2. 粮食加工厂试验 5 种贮藏方法,检验它们对粮食含水率是否有显著影响。在贮藏前这些粮食的含水率几乎没有差别,贮藏后含水率如表 10-17。问不同的贮藏方法对含水率的影响是否有明显差异($\alpha = 0.05$)?

204

**表 10-15**

| 方差来源 | 离差平方和 | 自由度 | 方差 | F 的值 | F 临界值 |
|---|---|---|---|---|---|
| 因素 A | $S_A = st\sum_{i=1}^{r}(\overline{X}_{i..} - \overline{X})^2$ | $r-1$ | $\dfrac{S_A}{r-1}$ | $F_A = \dfrac{S_A rs(t-1)}{S_E(r-1)}$ | $F_{A\alpha}(r-1,\ rs(t-1))$ |
| 因素 B | $S_B = rt\sum_{j=1}^{s}(\overline{X}_{.j.} - \overline{X})^2$ | $s-1$ | $\dfrac{S_B}{s-1}$ | $F_B = \dfrac{S_B rs(t-1)}{S_E(s-1)}$ | $F_{B\alpha}(s-1,\ rs(t-1))$ |
| A,B交互作用 | $S_I = t\sum_{i=1}^{r}\sum_{j=1}^{s}(\overline{X}_{ij.} - \overline{X}_{i..} - \overline{X}_{.j.} + \overline{X})^2$ | $(r-1)(s-1)$ | $\dfrac{S_I}{(r-1)(s-1)}$ | $F_I = \dfrac{S_I rs(t-1)}{S_E(r-1)(s-1)}$ | $F_{I\alpha}((r-1)(s-1),\ rs(t-1))$ |
| 剩余误差 | $S_E = \sum_{i=1}^{r}\sum_{j=1}^{s}\sum_{k=1}^{t}(X_{ijk} - \overline{X}_{ij.})^2$ | $rs(t-1)$ | $\dfrac{S_E}{rs(t-1)}$ | | |
| 总和 | $S_T = \sum_{i=1}^{r}\sum_{j=1}^{s}\sum_{k=1}^{t}(X_{ijk} - \overline{X})^2$ | $rst-1$ | | | |

**表 10-17**

| 含水率(%) | | 试 验 批 号 | | | | |
|---|---|---|---|---|---|---|
| | | 1 | 2 | 3 | 4 | 5 |
| 因素（贮藏方法）A | $A_1$ | 7.3 | 8.3 | 7.6 | 8.4 | 8.3 |
| | $A_2$ | 5.4 | 7.4 | 7.1 | | |
| | $A_3$ | 8.1 | 6.4 | | | |
| | $A_4$ | 7.9 | 9.5 | 10.0 | | |
| | $A_5$ | 7.1 | | | | |

3. 设有 3 种机器 $A,B,C$ 制造同一种产品,对每种机器各观测 5 天,其日产量如表 10-18。问机器与机器之间是否真正存在差别($\alpha=0.05$)?

**表 10-18**

| 日 产 量 机 器 试验批号 | 1 | 2 | 3 | 4 | 5 |
|---|---|---|---|---|---|
| A | 41 | 48 | 41 | 49 | 57 |
| B | 65 | 57 | 54 | 72 | 64 |
| C | 45 | 51 | 56 | 48 | 48 |

4. 设 4 个工人操作机器 $A_1,A_2,A_3$ 各一天,其日产量如表 10-19。问是否真正存在机器或工人之间的差别($\alpha=0.05$)?

5. 试根据试验记录表 10-20,分析出生月份和性别对新生儿体重有无显著影响($\alpha=0.05$)?

6. 酿造厂有化验员 3 名,担任发酵粉的颗粒检验。今由 3 位化验员每天由该厂所产的发酵粉中抽样一次,连续 10 天。每天检验其中所含颗粒的百分率,结果如表 10-21。设 $\alpha=5\%$,试分析 3 名化验员的化验技术之间与每日所抽样本之间有无显著差异?

表 10-19

| 日产量\机器\工人 | $B_1$ | $B_2$ | $B_3$ | $B_4$ |
|---|---|---|---|---|
| $A_1$ | 50 | 47 | 47 | 53 |
| $A_2$ | 53 | 54 | 57 | 58 |
| $A_3$ | 52 | 42 | 41 | 48 |

表 10-20

| 因素 $A$（性别） | 因素 $B$（出生月份） | | | | | |
|---|---|---|---|---|---|---|
| | 1 | 2 | 3 | 4 | 5 | 6 |
| 男 | 3 084 | 3 020 | 3 306 | 3 294 | 3 306 | 3 312 |
| 女 | 3 186 | 3 159 | 3 200 | 2 906 | 3 368 | 2 834 |

| 因素 $A$（性别） | 因素 $B$（出生月份） | | | | | |
|---|---|---|---|---|---|---|
| | 7 | 8 | 9 | 10 | 11 | 12 |
| 男 | 3 170 | 3 694 | 3 340 | 3 328 | 3 354 | 3 210 |
| 女 | 3 114 | 3 168 | 3 119 | 3 234 | 3 074 | 3 360 |

表 10-21

| 百分率 % | | 因素 $B$（化验时间） | | | | |
|---|---|---|---|---|---|---|
| | | $B_1$ | $B_2$ | $B_3$ | $B_4$ | $B_5$ |
| 因素 $A$（化验员） | $A_1$ | 10.1 | 4.7 | 3.1 | 3.0 | 7.8 |
| | $A_2$ | 10.0 | 4.9 | 3.1 | 3.2 | 7.8 |
| | $A_3$ | 10.2 | 4.8 | 3.0 | 3.0 | 7.8 |

| 百分率 % | | 因素 $B$（化验时间） | | | | |
|---|---|---|---|---|---|---|
| | | $B_6$ | $B_7$ | $B_8$ | $B_9$ | $B_{10}$ |
| 因素 $A$（化验员） | $A_1$ | 8.2 | 7.8 | 6.0 | 4.9 | 3.4 |
| | $A_2$ | 8.2 | 7.7 | 6.2 | 5.1 | 3.4 |
| | $A_3$ | 8.4 | 7.8 | 6.1 | 5.0 | 3.3 |

# 第十一章 回归分析

## §11.1 回归概念

自然界中的许多现象之间存在着相互依赖、相互制约的关系。这些关系表现在量上主要有两种类型：一类是函数关系，即变量之间有着确定的关系。例如已知圆的半径 $R$，则圆面积可以用公式 $S=\pi R^2$ 来计算。这里 $S$ 与 $R$ 之间有着确定的关系。另一类是统计关系或称相关关系。即变量之间虽然存在着密切的关系，但从一个（或一组）变量的每一确定的值，不能求出另一变量的确定的值。可是在大量试验中，这种不确定的联系，具有统计规律性，这种联系便称为统计相关。

例1 居民按人口计算的平均收入与某种商品（如糖果）的消费量之间，有着一定的联系。一般说来平均收入高的，消费量大，但平均收入相同时，这种商品的消费量却不一定是完全相同的。

例2 森林中的同一种树木，其断面直径与高度之间是有联系的。一般说来，较粗的树较高，但直径相同的树，其高度也不完全是相同的。

例3 消费者对某种商品（比如西红柿）的月需求量与该种商品的价格有很密切的关系。一般说来，价格低时需求量大，价格高时需求量小，但同一种价格，月需求量也不完全相同。

例4 农作物的产量与施肥量、气候、农药也有这种不确定的关系。

另一方面，即便是具有确定关系的变量，由于试验误差的影响,其表现形式也具有某种程度的不确定性。

由一个或一组非随机变量来估计或预测某一个随机变量的观察值时,所建立的数学模型及所进行的统计分析,称为回归分析。如果这个模型是线性的就称为线性回归分析。这种方法是处理变量间相关关系的有力工具,是数理统计中一种常用的方法。它不仅告诉人们怎样建立变量间的数学表达式,即经验公式,而且还利用概率统计知识进行分析讨论,判断出所建立的经验公式的有效性,从而可以进行预测或估计。这在实际中是很有用的。本章主要介绍如何建立经验公式。

## §11.2 一元线性回归方程

具有相关关系的变量间虽然不具有确定的函数关系,但是可以借助函数关系表达它们之间的统计规律性。用以近似地描述具有相关关系的变量间联系的函数称为回归函数。

在实际中最简单的情况是由两个变量组成的关系,比如,在经济关系中,对某种商品的需求量随价格的升降而变化,居民消费随收入的增减而改变等等。首先考察两个变量间的模型,即

$$y = f(x) \tag{11.1}$$

由于两个变量之间不存在完全确定的函数关系,因此必须把随机波动产生的影响引入方程:

$$y = f(x) + \varepsilon \tag{11.2}$$

其中,$y$ 是随机变量,$x$ 是普通变量,$\varepsilon$ 是随机项。随机变量 $y_i$ 表示对应于给定变量 $x$ 的值 $x_i$ 的试验结果:

$$y_i = f(x_i) + \varepsilon_i \qquad (i = 1, 2, \cdots, n) \tag{11.3}$$

首先一个问题是如何根据已经试验的结果以及以往的经验来确定回归函数的类型以及求出函数中的未知参数的估计,得到经验公式。

### （一）回归直线方程

例1　以家庭为单位，某种商品年需求量与该商品价格之间的一组调查数据如表 11-1：

**表　11-1**

| 价格 $p_i$(元) | 1 | 2 | 2 | 2.3 | 2.5 | 2.6 | 2.8 | 3 | 3.3 | 3.5 |
|---|---|---|---|---|---|---|---|---|---|---|
| 需求量 $d_i$(500g) | 5 | 3.5 | 3 | 2.7 | 2.4 | 2.5 | 2 | 1.5 | 1.2 | 1.2 |

统计结果表明，尽管价格不变，需求仍可能变化，价格改变，需求也可能不变。但是，总的趋势是家庭对该商品的年需求量随着价格的上升而减少，它们之间存在着密切的联系。我们要找出近似地描述它们关系的回归函数，也就是求出 $d$ 对于 $p$ 的回归方程。

为了确定回归函数 $\hat{d}=f(p)$ 的类型，先把 10 对数据作为直角坐标平面上点的坐标，并把这些点画在直角坐标平面上。这样得到的图称为散点图（如图 11-1）。可以看出，所有散点大体上散布在

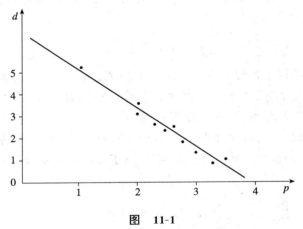

**图　11-1**

一条直线的周围。即需求量与价格大致成线性关系。因而可以决定该种商品的需求量 $d$ 对价格 $p$ 的回归函数类型为直线型。我们

把 $d$ 对 $p$ 的回归函数记为 $\hat{d}=\beta_0+\beta_1 p$,其中 $\beta_1$ 称为回归系数。关系式 $\hat{d}=\beta_0+\beta_1 p$ 称为 $d$ 对 $p$ 的回归方程。要求出回归方程,就是要找出 $\beta_0$ 与 $\beta_1$ 的估计量 $\hat{\beta}_0$ 及 $\hat{\beta}_1$,使直线 $\hat{d}=\beta_0+\beta_1 p$ 总的看来与所有的散点最接近。通常是使得 $\sum\limits_{i=1}^{n}(d_i-\hat{d}_i)^2$ 达到最小。

一般地,两个变量的线性回归模型为

$$y=\beta_0+\beta_1 x+\varepsilon \tag{11.4}$$

取一个容量为 $n$ 的样本 $(x_1,y_1),(x_2,y_2),\cdots,(x_n,y_n)$,有

$$y_i=\beta_0+\beta_1 x_i+\varepsilon_i \qquad (i=1,\cdots,n) \tag{11.4'}$$

并且假定:

$$\varepsilon_i \sim N(0,\sigma^2) \qquad (i=1,\cdots,n,\sigma^2 \text{ 未知}) \tag{11.5}$$
$$E(\varepsilon_i\varepsilon_j)=0 \qquad (i\neq j; i,j=1,\cdots,n)$$

平面上任意一条直线 $l$ 的方程记为

$$\hat{y}=\beta_0+\beta_1 x$$

用数值 $(y_i-\hat{y}_i)^2$ 描述点 $(x_i,y_i)$ 与它沿平行纵轴方向到 $l$ 的远近距离。

$$Q=\sum_{i=1}^{n}\left[y_i-(\beta_0+\beta_1 x_i)\right]^2$$

定量地描述了直线 $l$ 与 $n$ 个观察点总的接近程度。$Q$ 的大小随直线 $l$ 的位置变化而变化。也就是说,$Q$ 的值随着 $\beta_0$ 和 $\beta_1$ 的不同而变化。它是 $\beta_0$ 和 $\beta_1$ 的二元函数。要找一条总的看来最接近这 $n$ 个点的直线,就要找出使得 $Q$ 达到最小值的 $\hat{\beta}_0$ 与 $\hat{\beta}_1$,分别称它们为 $\beta_0$ 及 $\beta_1$ 的最小二乘估计。$\hat{\beta}_0$ 与 $\hat{\beta}_1$ 的求法可以利用微积分中的极值求法:

$$\frac{\partial Q}{\partial \beta_0}=-2\sum_{i=1}^{n}\left[y_i-(\beta_0+\beta_1 x_i)\right]=0$$

$$\frac{\partial Q}{\partial \beta_1}=-2\sum_{i=1}^{n}\left[y_i-(\beta_0+\beta_1 x_i)\right]x_i=0 \tag{11.6}$$

整理后可得方程组

$$\begin{cases} n\beta_0 + \sum_{i=1}^{n} x_i \beta_1 = \sum_{i=1}^{n} y_i \\ \sum_{i=1}^{n} x_i \beta_0 + \sum_{i=1}^{n} x_i^2 \beta_1 = \sum_{i=1}^{n} x_i y_i \end{cases} \qquad (11.7)$$

解方程组(11.7),得到

$$\hat{\beta}_1 = \frac{\sum_{i=1}^{n}(x_i - \bar{x})(y_i - \bar{y})}{\sum_{i=1}^{n}(x_i - \bar{x})^2} = \frac{\sum_{i=1}^{n} x_i y_i - n\bar{x}\,\bar{y}}{\sum_{i=1}^{n} x_i^2 - n\bar{x}^2} \qquad (11.8)$$

$$\hat{\beta}_0 = \bar{y} - \hat{\beta}_1 \bar{x} \qquad (11.9)$$

可以证明,$\hat{\beta}_0,\hat{\beta}_1$ 确实使平方和 $Q$ 达到最小。

于是所求的回归直线方程为

$$\hat{y} = \hat{\beta}_0 + \hat{\beta}_1 x \qquad (11.10)$$

比如求例 1 中的回归方程,可以用(11.9)与(11.8)式分别计算 $\hat{\beta}_0$ 及 $\hat{\beta}_1$。为了清楚起见,可先列出回归计算表如表 11-2。

表 11-2

| 价格 $p_i$ | 1 | 2 | 2 | 2.3 | 2.5 | 2.6 | 2.8 | 3 | 3.3 | 3.5 | 25 |
|---|---|---|---|---|---|---|---|---|---|---|---|
| 需求 $d_i$ | 5 | 3.5 | 3 | 2.7 | 2.4 | 2.5 | 2 | 1.5 | 1.2 | 1.2 | 25 |
| $p_i d_i$ | 5 | 7 | 6 | 6.21 | 6 | 6.5 | 5.6 | 4.5 | 3.96 | 4.2 | 54.97 |
| $p_i^2$ | 1 | 4 | 4 | 5.29 | 6.25 | 6.76 | 7.84 | 9 | 10.89 | 12.25 | 67.28 |

$$\hat{\beta}_1 = \frac{\sum_{i=1}^{n} p_i d_i - n\bar{p}\bar{d}}{\sum_{i=1}^{n} p_i^2 - n\bar{p}^2} = \frac{54.97 - 10 \times 2.5 \times 2.5}{67.28 - 10 \times 2.5^2} \approx -1.6$$

$$\hat{\beta}_0 = \bar{d} - \hat{\beta}_1 \bar{p} \approx 2.5 - (-1.6) \times 2.5 = 6.5$$

所求回归方程应为

$$\hat{d} = 6.5 - 1.6p$$

### (二)相关性检验

用最小二乘法求出的回归直线并不需要事先假定 $y$ 与 $x$ 一定具有线性相关的关系。就方法——最小二乘法——本身而言,对任意一组数据都可以用(11.8)及(11.9)式给它们配一条直线,描述 $y$ 与 $x$ 间的关系。因此,需要判断 $y$ 对 $x$ 的回归函数的类型是否为线性的,也就是这两个变量间是否真的存在着近似线性的关系。如果在 $y=\beta_0+\beta_1 x+\varepsilon$ 中的 $\beta_1=0$,说明 $x$ 值的变化对 $y$ 没有影响,因而变量 $x$ 不能控制变量 $y$,用回归直线方程(11.10)不能描述两个变量 $y$ 与 $x$ 之间的关系,因此,在相关性检验时首先提出待检假设:

$$H_0: \beta_1=0$$

为寻找检验 $H_0$ 的方法,将 $x$ 对 $y$ 的线性影响与随机波动引起的变差分开:

$$\sum_{i=1}^{n}(y_i-\overline{y})^2=\sum_{i=1}^{n}\left[(y_i-\hat{y_i})+(\hat{y_i}-\overline{y})\right]^2$$

根据(11.9)式及(11.10)式,有

$$\hat{y_i}-\overline{y}=\hat{\beta_0}+\hat{\beta_1}x_i-(\hat{\beta_0}+\hat{\beta_1}\overline{x})$$
$$=\hat{\beta_1}(x_i-\overline{x})$$
$$y_i-\hat{y_i}=y_i-\overline{y}-(\hat{y_i}-\overline{y})$$
$$=y_i-\overline{y}-\hat{\beta_1}(x_i-\overline{x})$$

再根据(11.8)式,有

$$\sum_{i=1}^{n}(y_i-\hat{y_i})(\hat{y_i}-\overline{y})$$
$$=\sum_{i=1}^{n}\left[y_i-\overline{y}-\hat{\beta_1}(x_i-\overline{x})\right]\hat{\beta_1}(x_i-\overline{x})$$
$$=\hat{\beta_1}\left[\sum_{i=1}^{n}(x_i-\overline{x})(y_i-\overline{y})-\hat{\beta_1}\sum_{i=1}^{n}(x_i-\overline{x})^2\right]$$

212

$$= 0$$

则

$$\sum_{i=1}^{n}(y_i-\overline{y})^2=\sum_{i=1}^{n}(y_i-\hat{y}_i)^2+\sum_{i=1}^{n}(\hat{y}_i-\overline{y})^2 \tag{11.11}$$

记 $\sum_{i=1}^{n}(y_i-\overline{y})^2=S_{yy}$, $\sum_{i=1}^{n}(y_i-\hat{y}_i)^2=Q$, $\sum_{i=1}^{n}(\hat{y}_i-\overline{y})^2=U$, 其中 $U$ 是 $\hat{y}_1,\cdots,\hat{y}_n$ 对于其平均值 $\overline{y}$（易知 $y_1,\cdots,y_n$ 与 $\hat{y}_1,\cdots,\hat{y}_n$ 的平均值相等）的离差平方和。它反映了 $\hat{y}_1,\cdots,\hat{y}_n$ 的分散程度。而这一分散性是由于在回归直线上它们所对应的横坐标 $x_1,\cdots,x_n$ 的变化引起的，并且通过 $x$ 对于 $y$ 的线性影响表现出来，称它为回归平方和。注意到：

$$U=\sum_{i=1}^{n}(\hat{y}_i-\overline{y})^2=\sum_{i=1}^{n}[\hat{\beta}_1(x_i-\overline{x})]^2$$

$$=\hat{\beta}_1^2\sum_{i=1}^{n}(x_i-\overline{x})^2 \tag{11.12}$$

可更清楚地看出 $x$ 对 $y$ 的线性影响与 $U$ 的关系。至于 $Q$，它是对应于变量 $x$ 的每一个取值 $x_i$，变量 $y$ 的实际观察值 $y_i$ 与回归函数值 $\hat{y}$ 的离差平方和，是由总误差中分离出 $x$ 对 $y$ 的线性影响之外的其余因素而产生的误差。在 (11.2) 式假定下，$Q$ 完全是随机项 $\varepsilon$ 引起的，称为残差平方和或剩余平方和。若记

$$S_{xx}=\sum_{i=1}^{n}(x_i-\overline{x})^2$$

$$S_{xy}=\sum_{i=1}^{n}(x_i-\overline{x})(y_i-\overline{y})$$

则有

$$U=\hat{\beta}_1^2\sum_{i=1}^{n}(x_i-\overline{x})^2=\frac{S_{xy}^2}{S_{xx}} \tag{11.13}$$

$$Q=S_{yy}-U=S_{yy}\Big(1-\frac{S_{xy}^2}{S_{xx}S_{yy}}\Big) \tag{11.14}$$

213

选取统计量

$$F = \frac{U}{Q/(n-2)} \tag{11.15}$$

如果有(11.5)的假定条件,在 $H_0$ 成立时,统计量 $F \sim F(1, n-2)$。对于给定的 $\alpha$,可以找出临界值 $F_\alpha(1, n-2)$ 与计算出的 $F$ 值比较:如果 $F > F_\alpha$,则否定假设 $H_0$,认为 $x$ 与 $y$ 之间存在线性相关关系。只有存在线性相关关系的变量之间建立回归直线方程才是有意义的。

为了检验相关性,有时选用样本相关系数

$$R = \frac{S_{xy}}{\sqrt{S_{xx}S_{yy}}} \tag{11.16}$$

为统计量,并把 $R$ 的临界值列成相关系数表。不过这两种检验方法是一致的。这是由于

$$F = \frac{U}{Q/(n-2)} \overset{(11.13)}{\underset{(11.14)}{=\!=\!=}} \frac{(n-2)S_{xy}{}^2/S_{xx}}{S_{yy}(1 - \frac{S_{xy}{}^2}{S_{xx}S_{yy}})}$$

$$F = \frac{(n-2)R^2}{1-R^2} \tag{11.17}$$

因此,$F$ 的值较大等价于 $|R|$ 较大,可以用 $|R| > R_\alpha(n-2)$ 来否定 $H_0$。

以例1为例,说明相关性检验的步骤:

(1)列出计算表如表 11-3。

表 **11-3**

| $p_i$ | 1 | 2 | 2 | 2.3 | 2.5 | 2.6 | 2.8 | 3 | 3.3 | 3.5 | 25 |
|---|---|---|---|---|---|---|---|---|---|---|---|
| $d_i$ | 5 | 3.5 | 3 | 2.7 | 2.4 | 2.5 | 2 | 1.5 | 1.2 | 1.2 | 25 |
| $p_i d_i$ | 5 | 7 | 6 | 6.21 | 6 | 6.5 | 5.6 | 4.5 | 3.96 | 4.2 | 54.97 |
| $p_i^2$ | 1 | 4 | 4 | 5.29 | 6.25 | 6.76 | 7.84 | 9 | 10.89 | 12.25 | 67.28 |
| $d_i^2$ | 25 | 12.25 | 9 | 7.29 | 5.76 | 6.25 | 4 | 2.25 | 1.44 | 1.44 | 74.68 |

(2)利用表中结果计算:

214

$$S_{pp} = \sum_{i=1}^{n} p_i^2 - n\bar{p}^2 = 67.28 - 10 \times 2.5^2 = 4.78$$

$$S_{dd} = \sum_{i=1}^{n} d_i^2 - n\bar{d}^2 = 74.68 - 10 \times 2.5^2 = 12.18$$

$$S_{pd} = \sum_{i=1}^{n} p_i d_i - n\bar{p}\bar{d}^2 = 54.97 - 10 \times 2.5^2 = -7.53$$

(3)列出方差计算表如表 11-4。

表　11-4

| 方差来源 | 离差平方和 | 自由度 | $F$ 的值 | $F$ 临界值 |
|---|---|---|---|---|
| 回　归　和 | $U \approx 11.86$ | 1 | $F \approx \dfrac{11.86 \times 8}{0.32}$ $= 296.5$ | $F_{0.05}(1.8)$ $= 5.32$ |
| 余　　　和 | $Q \approx 0.32$ | 8 | | |
| 总　　　和 | $S = 12.18$ | 9 | | |

（4）下结论：由于 $F=296.5 \gg 5.32$，因此，应该否定 $H_0$，认为 $\beta_1 \neq 0$。即变量 $p$ 对 $d$ 有极其显著的线性影响，也就是可以认为 $p$ 与 $d$ 之间近似地存在线性关系。

## §11.3　可线性化的回归方程

如果由观察数据画出的散点图或由经验认为两个变量之间不能用线性关系近似描述，但是其中有些回归方程仍可化为线性回归方程，那么，只要进行变量替换，就能直接利用线性回归方程的结果。在经济领域中常用的有下面几种形式。

**（一）双曲线型**

$$\hat{y} = \beta_0 + \frac{\beta_1}{x}$$

令 $u = \dfrac{1}{x}$，得 $\hat{y} = \beta_0 + \beta_1 u$。

## (二)指数曲线型

1. $\hat{y} = ce^{ax}$

若 $c > 0$，令 $v = \ln y$，得 $\hat{v} = \beta_0 + ax$。其中 $\beta_0 = \ln c$。

若 $c < 0$，令 $v = \ln(-y)$，得 $\hat{v} = \beta_0 + ax$。其中 $\beta_0 = \ln(-c)$。

2. $\hat{y} = ce^{\frac{b}{x}}$

若 $c > 0$[①]，令 $v = \ln y, u = \dfrac{1}{x}$，得 $\hat{v} = \beta_0 + bu$。其中 $\beta_0 = \ln c$。

## (三)幂函数型

$$\hat{y} = cx^b \quad (x > 0)$$

若 $c > 0$[①]，令 $v = \ln y, u = \ln x$，得 $\hat{v} = \beta_0 + bu$。其中 $\beta_0 = \ln c$。

## (四)S 曲线型

$$\hat{y} = \frac{1}{\beta_0 + \beta_1 e^{-x}}$$

令 $v = \dfrac{1}{y}, u = e^{-x}$，得 $\hat{v} = \beta_0 + \beta_1 u$。

## (五)对数曲线型

1. 双对数型

$$\log \hat{y} = \log a + b \log x$$

令 $v = \log y, u = \log x$，得 $\hat{v} = \beta_0 + bu$。其中 $\beta_0 = \log a$。

2. 半对数型

(1) $\hat{y} = \beta_0 + b \log x$。

令 $u = \log x$，得 $\hat{y} = \beta_0 + bu$。

(2) $\log \hat{y} = \beta_0 + \beta_1 x$。

---

① 若 $c < 0$，类似(1)中的方法处理。

令 $v=\log y$，得 $\hat{v}=\beta_0+\beta_1 x$。

例　同一生产面积上某作物单位产品的成本与产量间近似满足双曲线型关系：

$$\hat{y}=\beta_0+\frac{\beta_1}{x}$$

试利用下列资料(见表 11-5)，求出 $y$ 对 $x$ 的回归曲线方程。

表　11-5

| $x_i$ | 5.67 | 4.45 | 3.84 | 3.84 | 3.73 | 2.18 |
|---|---|---|---|---|---|---|
| $y_i$ | 17.7 | 18.5 | 18.9 | 18.8 | 18.3 | 19.1 |

解　令 $u=1/x$，则回归方程为 $\hat{y}=\beta_0+\beta_1 u$。列出回归计算表如表 11-6。

表　11-6

| $x_i$ | 5.67 | 4.45 | 3.84 | 3.84 | 3.73 | 2.18 | |
|---|---|---|---|---|---|---|---|
| $y_i$ | 17.7 | 18.5 | 18.9 | 18.8 | 18.3 | 19.1 | 111.3 |
| $u_i=1/x_i$ | 0.18 | 0.22 | 0.26 | 0.26 | 0.27 | 0.46 | 1.65 |
| $u_i^2$ | 0.032 4 | 0.048 4 | 0.067 6 | 0.067 6 | 0.072 9 | 0.211 6 | 0.500 5 |
| $u_i y_i$ | 3.186 | 4.07 | 4.914 | 4.888 | 4.941 | 8.786 | 30.785 |

再利用公式(11.8)及(11.9)，可求出 $\hat{\beta}_0$ 及 $\hat{\beta}_1$：

$$\hat{\beta}_1=\frac{\sum u_i y_i-n\bar{u}\ \bar{y}}{\sum u_i^2-n\bar{u}^2}\approx\frac{0.177\ 5}{0.046\ 75}\approx3.80$$

$$\hat{\beta}_0=\bar{y}-\hat{\beta}_1\bar{u}=18.55-3.80\times0.275=17.505$$

故　　　$$\hat{y}=\frac{3.80}{x}+17.505$$

## $^{*}$ §11.4　多元线性回归方程

在许多实际问题中，还会遇到一个随机变量与一组变量的相关关系问题。这要用多元回归分析的方法来解决。上面介绍的一元回归可以看作它的特殊情形。

## （一）多元线性回归的数学模型

设随机变量 $y$ 与一组 ($k$ 个)变量 $x_1,\cdots,x_k$ 有关系式：

$$y=\beta_0+\beta_1 x_1+\cdots+\beta_k x_k+\varepsilon \tag{11.18}$$

其中 $\varepsilon$ 是随机项，服从正态分布 $N(0,\sigma^2)$。如果 $(y_1;x_{11},x_{21},\cdots,x_{k1}),\cdots,(y_n;x_{1n},x_{2n},\cdots,x_{kn})$ 是一个容量为 $n$ 的样本，则有

$$
\begin{cases}
y_1=\displaystyle\sum_{j=0}^{k}\beta_j x_{j1}+\varepsilon_1 \\
\cdots\cdots \\
y_n=\displaystyle\sum_{j=0}^{k}\beta_j x_{jn}+\varepsilon_n
\end{cases} \tag{11.18'}
$$

$\beta_0,\cdots,\beta_k$ 为未知参数，$\varepsilon_1,\cdots,\varepsilon_n$ 满足 (11.5) 的假定，$x_{0i}=1(i=1,\cdots,n)$。

问题是根据样本数据，求出参数 $\beta_j$ 的估计值 $\hat{\beta}_j(j=0,1,\cdots,k)$，从而得到 $y$ 对 $x_1,\cdots,x_k$ 的线性回归方程 $\hat{y}=\hat{\beta}_0+\hat{\beta}_1 x_1+\cdots+\hat{\beta}_k x_k$

## （二）最小二乘估计与正规方程组

$$Q=\sum_{i=1}^{n}\left[y_i-(\beta_0+\beta_1 x_{1i}+\cdots+\beta_k x_{ki})\right]^2$$

$$\frac{\partial Q}{\partial \beta_0}=-2\sum_{i=1}^{n}\left[y_i-(\beta_0+\beta_1 x_{1i}+\cdots+\beta_k x_{ki})\right]=0$$

$$\frac{\partial Q}{\partial \beta_1}=-2\sum_{i=1}^{n}\left[y_i-(\beta_0+\beta_1 x_{1i}+\cdots+\beta_k x_{ki})x_{1i}\right]=0$$

$$\cdots\quad\cdots\quad\cdots\quad\cdots$$

$$\frac{\partial Q}{\partial \beta_k}=-2\sum_{i=1}^{n}\left[y_i-(\beta_0+\beta_1 x_{1i}+\cdots+\beta_k x_{ki})x_{ki}\right]=0$$

整理后可得正规方程组

$$\begin{cases} n\beta_0 + \sum_{i=1}^{n} x_{1i}\beta_1 + \cdots + \sum_{i=1}^{n} x_{ki}\beta_k = \sum_{i=1}^{n} y_i \\ \sum_{i=1}^{n} x_{1i}\beta_0 + \sum_{i=1}^{n} x_{1i}^2\beta_1 + \cdots + \sum_{i=1}^{n} x_{1i}x_{ki}\beta_k = \sum_{i=1}^{n} x_{1i}y_i \\ \cdots\cdots\cdots\cdots\cdots\cdots\cdots\cdots \\ \sum_{i=1}^{n} x_{ki}\beta_0 + \sum_{i=1}^{n} x_{ki}x_{1i}\beta_1 + \cdots + \sum_{i=1}^{n} x_{ki}^2\beta_k = \sum_{i=1}^{n} x_{ki}y_i \end{cases} \quad (11.19)$$

若记

$$S_{lt} = \sum_{i=1}^{n} x_{li}x_{ti} - n\bar{x}_l\bar{x}_t = \sum_{i=1}^{n} (x_{li} - \bar{x}_l)(x_{ti} - \bar{x}_t)$$
$$(l,t = 1,2,\cdots,k)$$

$$S_{ty} = \sum_{i=1}^{n} x_{ti}y_i - n\bar{x}_t\bar{y} = \sum_{i=1}^{n} (x_t - \bar{x}_t)(y_i - \bar{y})$$
$$(t = 1,2,\cdots,k)$$

$$\bar{x}_t = \frac{1}{n} \sum_{i=1}^{n} x_{ti} \qquad (t = 1,2,\cdots,n)$$

则正规方程组还可以写成下面形式:

$$\begin{cases} \beta_0 = \bar{y} - \beta_1\bar{x}_1 - \beta_2\bar{x}_2 - \cdots - \beta_k\bar{x}_k \\ s_{11}\beta_1 + s_{12}\beta_2 + \cdots + s_{1k}\beta_k = s_{1y} \\ s_{21}\beta_1 + s_{22}\beta_2 + \cdots + s_{2k}\beta_k = s_{2y} \\ \cdots\cdots\cdots\cdots\cdots \\ s_{k1}\beta_1 + s_{k2}\beta_2 + \cdots + s_{kk}\beta_k = s_{ky} \end{cases} \quad (11.20)$$

正规方程组(11.19)的矩阵形式是

$$X'X\beta = X'Y \qquad (11.21)$$

其中

$$X = \begin{bmatrix} x_{01} & x_{11} & \cdots & x_{k1} \\ x_{02} & x_{12} & \cdots & x_{k2} \\ \cdots & \cdots & \cdots & \cdots \\ x_{0n} & x_{1n} & \cdots & x_{kn} \end{bmatrix} \quad Y = \begin{bmatrix} y_1 \\ y_2 \\ \vdots \\ y_n \end{bmatrix} \quad \beta = \begin{bmatrix} \beta_0 \\ \beta_1 \\ \vdots \\ \beta_k \end{bmatrix}$$

如果矩阵 $X$ 满秩,则矩阵 $X'X$ 的逆矩阵 $(X'X)^{-1}$ 存在,正规方程组有唯一解。其解 $\hat{\beta} = (X'X)^{-1} X'Y$ 就是参数向量 $\beta$ 的最小二乘估计。$y$ 对 $x_1, \cdots, x_k$ 的线性回归方程为

$$\hat{y} = \hat{\beta}_0 + \hat{\beta}_1 x_1 + \cdots + \hat{\beta}_k x_k$$

其矩阵形式是

$$\hat{y} = X\hat{\beta}$$

其中 $\hat{y} = (\hat{y}_1, \cdots, \hat{y}_n)'$,$\hat{\beta} = (\beta_0, \beta_1, \cdots, \beta_k)'$。

### (三)相关性检验

与一元回归情况相似,首先建立待检假设 $H_0$:

$$H_0: \beta_1 = \beta_2 = \cdots = \beta_k = 0$$

若能通过检验否定 $H_0$,则 $y$ 与 $x_1, \cdots, x_k$ 之间存在线性相关关系。

为选取统计量,仍采用方差分析的方法:

$$\begin{aligned} S_{yy} &= \sum_{i=1}^{n} (y_i - \overline{y})^2 = \sum_{i=1}^{n} [(y_i - \hat{y}_i) + (\hat{y}_i - \overline{y})]^2 \\ &= \sum_{i=1}^{n} (y_i - \hat{y}_i)^2 + \sum_{i=1}^{n} (\hat{y}_i - \overline{y})^2 \\ &= Q + U \end{aligned} \tag{11.22}$$

其中,$\sum_{i=1}^{n} (y_i - \hat{y}_i)(\hat{y}_i - \overline{y}) = 0$。所以

$$F = \frac{U/k}{Q/(n-k-1)} = \frac{\dfrac{1}{k} \sum_{i=1}^{n} (\hat{y}_i - \overline{y})^2}{\dfrac{1}{n-k-1} \sum_{i=1}^{n} (y_i - \hat{y})^2} \tag{11.23}$$

在 $H_0$ 成立的条件下,服从第一个自由度为 $k$,第二个自由度为 $n$

$-k-1$ 的 $F$ 分布。

对于给定的 $\alpha$，查表确定临界值 $F_\alpha(k, n-k-1)$ 与由观测数据计算出的 $F$ 值比较，如果 $F > F_\alpha$，则否定 $H_0$，反之不然。相应的方差分析表与一元回归情形相似(略)。

在多元线性回归模型中，否定 $H_0$ 的假设，即回归方程显著。然而 $x_1, \cdots, x_k$ 对 $y$ 的影响并不都是重要的，人们还关心 $y$ 对 $x_1, \cdots, x_k$ 的线性回归中哪些因素更重要些，哪些不重要。要剔除不重要的，需要分别对每个 $\beta_j (j=1,2,\cdots,k)$ 检验其是否为零。通常使用统计量

$$F = \frac{\beta_j^2 / a_{jj}}{Q/(n-k-1)} \qquad (j=1,\cdots,k)$$

其中 $a_{jj}$ 是矩阵 $(X'X)^{-1}$ 的主对角线上第 $j+1$ 个元素。在 $H_0$(即 $\beta_j = 0$)成立的条件下，$F$ 服从第一个自由度为 1，第二个自由度为 $n-k-1$ 的 $F$ 分布。当 $F > F_\alpha(1, n-k-1)$ 时否定 $H_0$。

在一元回归问题中，如果回归方程是一个 $k$ 次多项式：

$$\hat{y} = \beta_0 + \beta_1 x + \cdots + \beta_k x^k$$

则令 $x_1 = x, x_2 = x^2, \cdots, x_k = x^k$。就可把一个 $k$ 阶多项式回归问题转化为 $k$ 元线性回归问题来解决。正规方程组为

$$\begin{cases} n\beta_0 + \sum_{i=1}^{n} x_i \beta_1 + \cdots + \sum_{i=1}^{n} x_i^k \beta_k = \sum_{i=1}^{n} y_i \\ \sum_{i=1}^{n} x_i \beta_0 + \sum_{i=1}^{n} x_i^2 \beta_1 + \cdots + \sum_{i=1}^{n} x_i^{k+1} \beta_k = \sum_{i=1}^{n} x_i y_i \\ \cdots \quad \cdots \quad \cdots \quad \cdots \\ \sum_{i=1}^{n} x_i^k \beta_0 + \sum_{i=1}^{n} x_i^{k+1} \beta_1 + \cdots + \sum_{i=1}^{n} x_i^{2k} \beta_k = \sum_{i=1}^{n} x_i^k y_i \end{cases}$$

由此可解出 $\hat{\beta}_0, \hat{\beta}_1, \cdots, \hat{\beta}_k$。

例 观测落叶松的树龄 $x$ 和平均高度 $H$ 有如下资料(见表 11-7)。

表 11-7

| $x_i$ | 2 | 3 | 4 | 5 | 6 | 7 | 8 | 9 | 10 | 11 |
|---|---|---|---|---|---|---|---|---|---|---|
| $h_i$ | 5.6 | 8 | 10.4 | 12.8 | 15.3 | 17.8 | 19.9 | 21.4 | 22.4 | 23.2 |

若 $h$ 对 $x$ 的回归方程为抛物线型,试求出其方程中的未知参数。

解 列出回归计算表如表 11-8。

表 11-8

| $x_i$ | 2 | 3 | 4 | 5 | 6 | 7 | 8 | 9 | 10 | 11 | 65 |
|---|---|---|---|---|---|---|---|---|---|---|---|
| $h_i$ | 5.6 | 8 | 10.4 | 12.8 | 15.3 | 17.8 | 19.9 | 21.4 | 22.4 | 23.2 | 156.8 |
| $x_i^2$ | 4 | 9 | 16 | 25 | 36 | 49 | 64 | 81 | 100 | 121 | 505 |
| $x_i^3$ | 8 | 27 | 64 | 125 | 216 | 343 | 512 | 729 | 1 000 | 1 331 | 4 355 |
| $x_i^4$ | 16 | 81 | 256 | 625 | 1 296 | 2 401 | 4 096 | 6 561 | 10 000 | 14 641 | 39 973 |
| $x_i h_i$ | 11.2 | 24 | 41.6 | 64 | 91.8 | 124.6 | 159.2 | 192.6 | 224 | 255.2 | 1 188.2 |
| $x_i^2 h_i$ | 22.4 | 72 | 166.4 | 320 | 550.8 | 872.2 | 1 273.6 | 1 733.4 | 2 240 | 2 807.2 | 10 058 |

代入正规方程组,得

$$\begin{cases} 10\beta_0 + 65\beta_1 + 505\beta_2 = 156.8 \\ 65\beta_0 + 505\beta_1 + 4\ 355\beta_2 = 1\ 188.2 \\ 505\beta_0 + 4\ 355\beta_1 + 39\ 973\beta_2 = 10\ 058 \end{cases}$$

其解为

$$\begin{cases} \hat{\beta}_0 = -1.33 \\ \hat{\beta}_1 = 3.46 \\ \hat{\beta}_2 = -0.11 \end{cases}$$

$h$ 对 $x$ 的回归方程为

$$\hat{h} = -1.33 + 3.46x - 0.11x^2$$

相关性检验

$$H_0 : \beta_1 = \beta_2 = 0$$

$$F = \frac{U/k}{Q/(n-k-1)} = \frac{\sum\limits_{i=1}^{n}(\hat{y}_i - \bar{y})^2/2}{\sum\limits_{i=1}^{n}(y_i - \hat{y}_i)^2/7}$$

$$= 997.9$$

而 $F_{0.05}(2,7) = 4.74$，因此否定 $H_0$。

若检验 $H_0 : \beta_2 = 0$，由

$$X'X = \begin{pmatrix} 10 & 65 & 505 \\ 65 & 505 & 4\ 355 \\ 505 & 4\ 355 & 39\ 973 \end{pmatrix}$$

令 
$$(X'X)^{-1} = \begin{pmatrix} a_{00} & a_{01} & a_{02} \\ a_{10} & a_{11} & a_{12} \\ a_{20} & a_{21} & a_{22} \end{pmatrix}$$

得 
$$a_{22} = \frac{1}{|X'X|} \begin{vmatrix} 10 & 65 \\ 65 & 505 \end{vmatrix} = 0.001\ 9$$

$$F = \frac{\hat{\beta}_2^2/a_{22}}{Q/(n-k-1)} = 36.1$$

而 $F_{0.05}(1,7) = 5.59 < 36.1$，因此否定 $H_0$，即 $x^2$ 项对 $h$ 的影响显著。

# 习 题 十 一

1. 在某种产品表面进行腐蚀刻线试验，得到腐蚀深度 $y$ 与腐蚀时间 $t$ 之间对应的一组数据如表 11-9。

表 11-9

| 时间 $t$(s) | 5 | 10 | 15 | 20 | 30 | 40 | 50 | 60 | 70 | 90 | 120 |
|---|---|---|---|---|---|---|---|---|---|---|---|
| 深度 $y$(μm) | 6 | 10 | 10 | 13 | 16 | 17 | 19 | 23 | 25 | 29 | 46 |

试求腐蚀深度 $y$ 对时间 $t$ 的回归直线方程。

2. 为定义一种变量,用来描述某种商品的供给量与价格间的相关关系。首先要收集给定时期内的价格 $p$ 与供给量 $s$ 的观察数据,假定有表 11-10 所列的一组观测数据,试确定 $s$ 对 $p$ 的回归直线方程。

表 11-10

| 价格 $p$(元) | 2 | 3 | 4 | 5 | 6 | 8 | 10 | 12 | 14 | 16 |
|---|---|---|---|---|---|---|---|---|---|---|
| 供给量 $s$(吨) | 15 | 20 | 25 | 30 | 35 | 45 | 60 | 80 | 80 | 110 |

3. 有人认为,企业的利润水平和它的研究费用间存在近似的线性关系,表 11-11 所列资料能否证实这种论断($\alpha = 0.05$)?

表 11-11

| 时 间 | 1955 | 1956 | 1957 | 1958 | 1959 | 1960 | 1961 | 1962 | 1963 | 1964 |
|---|---|---|---|---|---|---|---|---|---|---|
| 研究费用 | 10 | 10 | 8 | 8 | 8 | 12 | 12 | 12 | 11 | 11 |
| 利润(万元) | 100 | 150 | 200 | 180 | 250 | 300 | 280 | 310 | 320 | 300 |

4. 随机抽取 12 个城市居民家庭关于收入与食品支出的样本,数据如表 11-12。试判断食品支出与家庭收入是否存在线性相关关系,求出食品支出与收入间的回归直线方程($\alpha = 0.05$)。

表 11-12

| 家庭收入 $m_i$ | 82 | 93 | 105 | 130 | 144 | 150 | 160 | 180 | 200 | 270 | 300 | 400 |
|---|---|---|---|---|---|---|---|---|---|---|---|---|
| 每月食品支出 $y_i$<br>(单位:元) | 75 | 85 | 92 | 105 | 120 | 120 | 130 | 145 | 156 | 200 | 200 | 240 |

5. 根据表 11-13 中数据判断某商品的供给量 $s$ 与价格 $p$ 间回归函数的类型,并求出 $s$ 对 $p$ 的回归方程($\alpha = 0.05$)。

表 11-13

| 价格 $p_i$(元) | 7 | 12 | 6 | 9 | 10 | 8 | 12 | 6 | 11 | 9 | 12 | 10 |
|---|---|---|---|---|---|---|---|---|---|---|---|---|
| 供给量 $s$(吨) | 57 | 72 | 51 | 57 | 60 | 55 | 70 | 55 | 70 | 53 | 76 | 56 |

6. 树的平均高度 $h$ 与树的胸径 $d$ 之间有密切联系,根据表 11-14 所列资料估计 $h$ 对 $d$ 的线性回归方程中的参数 $\beta_0$ 及 $\beta_1$,并进行相关性检验($\alpha=0.05$)。

表 11-14

| 胸径 $d_i$(cm) | 15 | 20 | 25 | 30 | 35 | 40 | 45 | 50 |
|---|---|---|---|---|---|---|---|---|
| 平均树高 $h_i$(m) | 13.9 | 17.1 | 20 | 22.4 | 24 | 25.6 | 27 | 28.3 |

# 补 充 习 题

1. 某工厂每天分 3 个班生产,事件 $A_i$ 表示第 $i$ 班超额完成生产任务($i = 1,2,3$)。则至少有两个班超额完成任务可以表示为（　　）。

(a) $A_1 A_2 \overline{A}_3 + \overline{A}_1 A_2 A_3 + A_1 \overline{A}_2 A_3$　　(b) $A_1 A_2 + A_1 A_3 + A_2 A_3$

(c) $A_1 A_2 \overline{A}_3 + \overline{A}_1 A_2 A_3 + A_1 \overline{A}_2 A_3 + A_1 A_2 A_3$

(d) $\overline{\overline{A}_1 \overline{A}_2 + \overline{A}_1 \overline{A}_3 + \overline{A}_2 \overline{A}_3}$

2. 射击 3 次,事件 $A_i$ 表示第 $i$ 次命中目标($i = 1,2,3$),则事件（　　）表示至少命中一次。

(a) $A_1 + A_2 + A_3$　　(b) $A_1 + (A_2 - A_1) + [(A_3 - A_2) - A_1]$

(c) $\Omega - \overline{ABC}$　　　　(d) $A_1 \overline{A}_2 \overline{A}_3 + \overline{A}_1 A_2 \overline{A}_3 + \overline{A}_1 \overline{A}_2 A_3$

3. 事件 $A,B$ 为对立事件,则（　　）成立。

(a) $P(\overline{AB}) = 0$　　(b) $P(B|A) = 0$

(c) $P(\overline{A}|B) = 1$　　(d) $P(A + B) = 1$

4. 如果（　　）成立,则事件 $A$ 与 $B$ 为对立事件。

(a) $AB = \Phi$　　　　　　　(b) $A + B = \Omega$

(c) $AB = \Phi$ 且 $A + B = \Omega$　　(d) $\overline{A}$ 与 $\overline{B}$ 为对立事件

5. 同时抛掷 3 枚匀称的硬币,则恰好有两枚正面向上的概率为（　　）。

(a) 0.5　　(b) 0.25　　(c) 0.125　　(d) 0.375

6. 对于事件 $A,B$,命题（　　）是正确的。

(a) 如果 $A,B$ 互不相容,那么 $\overline{A},\overline{B}$ 也互不相容

(b) 如果 $A,B$ 独立,那么 $\overline{A},\overline{B}$ 也独立

(c) 如果 $A,B$ 相容,那么 $\overline{A},\overline{B}$ 也相容

(d) 如果 $A,B$ 对立,那么 $\overline{A},\overline{B}$ 也对立

　　7. 事件 $A,B$ 为任意两个事件,则(　　)成立。

(a) $(A + B) - B = A$　　　(b) $(A + B) - B \subset A$

(c) $(A - B) + B = A$　　　(d) $(A - B) + B = A + B$

　　8. 已知 $P(B) > 0,A_1A_2 = \varnothing$,则(　　)成立。

(a) $P(A_1 | B) \geqslant 0$

(b) $P[(A_1 + A_2) | B] = P(A_1 | B) + P(A_2 | B)$

(c) $P(A_1A_2 | B) = 0$　　　(d) $P(\overline{A_1}\overline{A_2} | B) = 1$

　　9. 已知 $P(B) > 0,P[(A_1 + A_2) | B] = P(A_1 | B) + P(A_2 | B)$,则(　　)成立。

(a) $P(A_1A_2) = 0$　　　　(b) $P(A_1 + A_2) = P(A_1) + P(A_2)$

(c) $P(A_1B + A_2B) = P(A_1B) + P(A_2B)$

(d) $P(B) = P(A_1)P(B | A_1) + P(A_2)P(B | A_2)$

　　10. 如果 $P(A) > 0,P(B) > 0,P(A | B) = P(A)$,则(　　)成立。

(a) $P(B | A) = P(B)$　　　(b) $P(\overline{A} | \overline{B}) = P(\overline{A})$

(c) $A,B$ 相容　　　　　　(d) $A,B$ 不相容

　　11. 事件 $A_1,A_2,A_3$ 相互独立,则(　　)成立。

(a) 它们中任何两个事件独立

(b) 它们中任何一个事件与另两个事件的并独立

(c) 它们中任何一个事件与另两个事件的交独立

(d) 它们中任何一个事件与另两个事件的差独立

　　12. 袋中有 5 个黑球,3 个白球,大小相同,一次随机地摸出 4 个球,其中恰有 3 个白球的概率为(　　)。

(a) $\dfrac{3}{8}$　　(b) $(\dfrac{3}{8})^5 \dfrac{1}{8}$　　(c) $C_8^4(\dfrac{3}{8})^3 \dfrac{1}{8}$　　(d) $\dfrac{5}{C_8^4}$

　　13. 已知 $P(B) > 0,P(A_i) > 0(i = 1,2,\cdots)$,如果它们还满足

条件（　　）,则等式 $P(B) = \sum_i P(A_i)P(B|A_i)$ 成立。

(a) $A_1, A_2, \cdots$ 构成一个完备事件组

(b) $A_1, A_2, \cdots$ 两两互不相容

(c) $A_1, A_2, \cdots$ 相互独立

(d) $A_1B, A_2B, \cdots$ 两两互不相容,且 $\sum_i A_i \supset B$

14. 10 张奖券中含有 3 张中奖的奖券,每人购买一张,则前 3 个购买者中恰有一人中奖的概率为（　　）。

(a) $C_{10}^3 \times 0.7^2 \times 0.3$　　(b) 0.3　　(c) 7/40

(d) 21/40

15. 每次试验的成功率为 $p(0 < p < 1)$,则在 3 次重复试验中至少失败一次的概率为（　　）。

(a) $(1-p)^3$　　　　(b) $1-p^3$

(c) $3(1-p)$　　　　(d) $(1-p)^3 + p(1-p)^2 + p^2(1-p)$

16. 每次试验的成功率为 $p(0 < p < 1)$,重复进行试验直到第 $n$ 次才取得 $r(1 \leqslant r \leqslant n)$ 次成功的概率为（　　）。

(a) $C_n^r p^r (1-p)^{n-r}$　　(b) $C_{n-1}^{r-1} p^r (1-p)^{n-r}$

(c) $p^r (1-p)^{n-r}$　　(d) $C_{n-1}^{r-1} p^{r-1} (1-p)^{n-r}$

17. 离散型随机变量 $\xi$ 的分布为 $P(\xi = k) = b\lambda^k (k = 1, 2, \cdots)$,则（　　）成立。

(a) $b > 0$　　(b) $\lambda > 0$　　(c) $b = \lambda^{-1} - 1$

(d) $\lambda = (1+b)^{-1}$

18. 已知 $P\{\xi = k\} = c^{-1}\lambda^k/k! (k = 1, 2, \cdots)$,其中 $\lambda > 0$,则 $c = （　　）$。

(a) $e^{-\lambda}$　　(b) $e^{\lambda}$　　(c) $e^{-\lambda} - 1$　　(d) $e^{\lambda} - 1$

19. 如果随机变量 $\xi$ 的可能值充满区间（　　）,那么 $\sin x$ 可以成为一个随机变量的概率密度。

(a) $[0, 0.5\pi]$　　(b) $[0.5\pi, \pi]$　　(c) $[0, \pi]$　　(d) $[\pi, 1.5\pi]$

228

20. 如果常数 $c$ 为( ),则函数 $\varphi(x)$ 可以成为一个随机变量的概率密度,其中

$$\varphi(x) = \begin{cases} c^{-1} x e^{-\frac{x^2}{2c}} & x > 0 \\ 0 & \text{其它} \end{cases}$$

(a) 任何实数        (b) 正数

(c) 1                   (d) 任何非零实数

21. 如果 $\xi \sim \varphi(x)$,而

$$\varphi(x) = \begin{cases} x & 0 \leqslant x \leqslant 1 \\ 2 - x & 1 \leqslant x \leqslant 2 \\ 0 & \text{其它} \end{cases}$$

则 $P\{\xi \leqslant 1.5\} = ($   $)$。

(a) 0.875          (b) $\int_0^{1.5} (2 - x)\mathrm{d}x$

(c) $\int_0^{1.5} \varphi(x)\mathrm{d}x$      (d) $\int_{-\infty}^{1.5} (2 - x)\mathrm{d}x$

22. 任何一个连续型随机变量的概率密度 $\varphi(x)$ 一定满足( )。

(a) $0 \leqslant \varphi(x) \leqslant 1$        (b) 在定义域内单调不减

(c) $\int_{-\infty}^{+\infty} \varphi(x)\mathrm{d}x = 1$      (d) $\varphi(x) > 0$

23. $\xi \sim \varphi(x)$,对于任何实数 $x$,有( )。

(a) $P\{\xi = x\} = 0$      (b) $F(x) = \varphi(x)$

(c) $\varphi(x) = 0$          (d) $P\{\xi \leqslant x\} = \int_{-\infty}^{x} \varphi(t)\mathrm{d}t$

24. 若 $\xi$ 服从 $[0,1]$ 上的均匀分布,$\eta = 2\xi + 1$,则( )。

(a) $\eta$ 也服从 $[0,1]$ 上的均匀分布

(b) $\eta$ 服从 $[1,3]$ 上的均匀分布

(c) $P\{0 \leqslant \eta \leqslant 1\} = 1$      (d) $P\{0 \leqslant \eta \leqslant 1\} = 0$

25. $\xi,\eta$ 独立并且都服从区间 $[0,1]$ 上的均匀分布,则( )服从相应区间或区域上的均匀分布。

(a) $\xi^2$    (b) $\xi - \eta$    (c) $\xi + \eta$    (d) $(\xi, \eta)$

26. $\xi \sim \varphi(x)$,而 $\varphi(x) = [\pi(1 + x^2)]^{-1}$,则 $2\xi$ 的概率密度为（　　）。

(a) $\dfrac{1}{\pi(1 + x^2)}$       (b) $\dfrac{2}{\pi(4 + x^2)}$

(c) $\dfrac{1}{\pi(1 + x^2/4)}$     (d) $\dfrac{1}{\pi(1 + 4x^2)}$

27. $P(\xi = n) = P(\xi = -n) = 1/2n(n+1)(n = 1, 2, \cdots)$,则 $E\xi = (\qquad)$。

(a) 0    (b) 1    (c) 0.5    (d) 不存在

28. $\xi_1, \xi_2$ 都服从区间 $[0, 2]$ 上的均匀分布,则 $E(\xi_1 + \xi_2) = (\qquad)$。

(a) 1    (b) 2    (c) 1.5    (d) 无法计算

29. 人的体重 $\xi \sim \varphi(x)$,$E\xi = a$,$D\xi = b$,10 个人的平均体重记作 $\eta$,则（　　）成立。

(a) $E\eta = a$    (b) $E\eta = 0.1a$    (c) $D\eta = b$

(d) $D\eta = 0.1b$

30. $\xi$ 的分布函数为 $F(x)$,而

$$F(x) = \begin{cases} 0 & y < 0 \\ y^3 & 0 \leqslant y \leqslant 1 \\ 1 & y > 1 \end{cases}$$

则 $E\xi = (\qquad)$。

(a) $\displaystyle\int_0^{+\infty} y^4 \mathrm{d}y$       (b) $\displaystyle\int_0^1 y^4 \mathrm{d}y + \int_1^{+\infty} y\mathrm{d}y$

(c) $\displaystyle\int_0^1 3y^2 \mathrm{d}y$       (d) $\displaystyle\int_0^1 3y^3 \mathrm{d}y$

31. $(\xi, \eta) \sim \varphi(x, y) = \begin{cases} x + y & 0 \leqslant x, y \leqslant 1 \\ 0 & \text{其它} \end{cases}$,则有（　　）。

(a) $E\xi = E\eta = 1.5$       (b) $E\xi = E\eta = 7/12$

230

(c) $D\xi = D\eta = 11/144$      (d) $D(\xi + \eta) = 11/72$

32. 两个随机变量 $\xi$ 与 $\eta$ 的协方差 $cov(\xi, \eta) = ($　　$)$。

(a) $E(\eta - E\eta)(\xi - E\xi)$      (b) $E(\xi - E\xi) \cdot E(\eta - E\eta)$

(c) $E(\xi\eta)^2 - (E\xi \cdot E\eta)^2$      (d) $E(\xi\eta) - E\xi \cdot E\eta$

33. 如果 $\xi$ 与 $\eta$ 不相关,则($　　$)。

(a) $D(\xi + \eta) = D\xi + D\eta$      (b) $D(\xi - \eta) = D\xi - D\eta$

(c) $D(\xi\eta) = D\xi \cdot D\eta$      (d) $E(\xi\eta) = E\xi \cdot E\eta$

34. 如果 $\xi$ 与 $\eta$ 独立,则($　　$)。

(a) $cov(\xi, \eta) = 0$      (b) $D(\xi \pm \eta) = D\xi + D\eta$

(c) $D(\xi\eta) = D\xi \cdot D\eta$      (d) $D(\xi - \eta) = D\xi - D\eta$

35. 如果 $\xi$ 与 $\eta$ 满足 $D(\xi + \eta) = D(\xi - \eta)$,则必有($　　$)。

(a) $\xi$ 与 $\eta$ 独立      (b) $\xi$ 与 $\eta$ 不相关

(c) $D\eta = 0$      (d) $D\xi \cdot D\eta = 0$

36. $\xi$ 与 $\eta$ 独立,其方差分别为 6 和 3,则 $D(2\xi - \eta) = ($　　$)$。

(a) 9      (b) 15      (c) 21      (d) 27

37. 已知 $\xi$ 与 $\eta$ 的联合分布如右表所示,则有($　　$)。

| $\xi$ \ $\eta$ | 0 | 1 | 2 |
|---|---|---|---|
| 0 | 0.1 | 0.05 | 0.25 |
| 1 | 0 | 0.1 | 0.2 |
| 2 | 0.2 | 0.1 | 0 |

(a) $\xi$ 与 $\eta$ 不独立

(b) $\xi$ 与 $\eta$ 独立

(c) $\xi$ 与 $\eta$ 不相关      (d) $\xi$ 与 $\eta$ 相关

38. $P\{\xi = k\} = c\lambda^k e^{-\lambda}/k! (k = 0, 2, 4, \cdots)$,是随机变量 $\xi$ 的概率函数,则 $\lambda, c$ 一定满足($　　$)。

(a) $\lambda > 0$      (b) $c > 0$      (c) $c\lambda > 0$

(d) $c > 0$ 且 $\lambda > 0$

39. 如果($　　$),则 $\xi$ 一定服从普哇松分布。

(a) $E\xi = D\xi$      (b) $E\xi^2 = E\xi$

(c) $\xi$ 取一切非负整数值

(d) $\xi$ 是有限个相互独立且都服从参数为 $\lambda$ 的普哇松分布的随机

变量的和

40. $\xi_1, \xi_2$ 相互独立, $\xi_1 \sim$ 0-1 分布, $p = 0.6, \xi_2$ 服从 $\lambda = 2$ 的普哇松分布, 则 $\xi_1 + \xi_2$ ( )。

(a) 服从普哇松分布　　(b) 仍是离散型随机变量
(c) 为二元随机变量　　(d) 其方差为 2.24

41. $\xi_1 \sim N(\mu, \sigma^2), \xi_2$ 服从期望值为 $\lambda^{-1}$ 的指数分布, 则
( )。

(a) $E(\xi_1 + \xi_2) = \mu + \lambda^{-1}$　　(b) $D(\xi_1 + \xi_2) = \sigma^2 + \lambda^{-2}$
(c) $E\xi_1^2 = \mu^2 + \sigma^2, E\xi_2^2 = 2\lambda^{-2}$
(d) $E(\xi_1^2 + \xi_2^2) = \sigma^2 + \mu^2 + 2\lambda^{-2}$

42. $\xi \sim N(1, 1)$, 概率密度记为 $\varphi(x)$, 则有( )。
(a) $P(\xi \leqslant 0) = P(\xi \geqslant 0) = 0.5$
(b) $\varphi(x) = \varphi(-x), x \in (-\infty, +\infty)$
(c) $P(\xi \leqslant 1) = P(\xi \geqslant 1) = 0.5$
(d) $F(x) = 1 - F(-x), x \in (-\infty, +\infty)$

43. $\xi \sim N(0, \sigma^2)$, 对于任何实数 $\lambda$ 都有( )。
(a) $P(\xi \leqslant \lambda) = 1 - P(\xi \leqslant -\lambda)$
(b) $P(\xi \leqslant \lambda) = P(\xi \geqslant \lambda)$
(c) $|\lambda|\xi \sim N(0, |\lambda|\sigma^2)$
(d) $\xi + \lambda \sim N(\lambda, \sigma^2 + \lambda^2)$

44. $\xi \sim N(0, 1), \eta = 2\xi - 1$, 则 $\eta \sim$ ( )。
(a) $N(0, 1)$　　　　(b) $N(-1, 4)$
(c) $N(-1, 3)$　　　　(d) $N(-1, 1)$

45. 若 $\eta = \xi_1 + \xi_2, \xi_i \sim N(0, 1)(i = 1, 2)$, 则( )。
(a) $E\eta = 0$　　　　　(b) $D\eta = 2$
(c) $\eta \sim N(0, 1)$　　　　(d) $\eta \sim N(0, 2)$

46. $\xi \sim \varphi(x)$, 如果( ), 则恒有 $0 \leqslant \varphi(x) \leqslant 1$。
(a) $\xi \sim N(0, 1)$　　(b) $\xi \sim N(\mu, \sigma^2)$

(c) $\xi \sim N(\mu,1)$　　(d) $\xi \sim N(0,\sigma^2)$

47. $\xi_1,\cdots,\xi_9$ 相互独立，$E\xi_i = 1, D\xi_i = 1(i = 1,\cdots,9)$，则对于任意给定的 $\varepsilon > 0$，有（　　）。

(a) $P\{|\sum_{i=1}^9 \xi_i - 1| < \varepsilon\} \geqslant 1 - \varepsilon^{-2}$

(b) $P\{|\frac{1}{9}\sum_{i=1}^9 \xi_i - 1| < \varepsilon\} \geqslant 1 - \varepsilon^{-2}$

(c) $P\{|\sum_{i=1}^9 \xi_i - 9| < \varepsilon\} \geqslant 1 - \varepsilon^{-2}$

(d) $P\{|\sum_{i=1}^9 \xi_i - 9| < \varepsilon\} \geqslant 1 - 9\varepsilon^{-2}$

48. 仅仅知道随机变量 $\xi$ 的期望 $E\xi$ 及方差 $D\xi$，而分布未知，则对于任何实数 $a,b(a < b)$，都可以估计出概率（　　）。

(a) $P(a < \xi < b)$　　(b) $P(a < \xi - E\xi < b)$

(c) $P(-a < \xi < a)$　　(d) $P(|\xi - E\xi| \geqslant b - a)$

49. $\xi_1,\xi_2,\cdots$ 相互独立，都服从 $[-\sqrt[4]{n},\sqrt[4]{n}]$ 上的均匀分布，则有（　　）。

(a) 每一个 $\xi_i(i = 1,2,\cdots)$ 都满足切贝谢夫不等式

(b) $\xi_1 + \cdots + \xi_n(n = 1,2,\cdots)$ 满足切贝谢夫不等式

(c) $\xi_1,\xi_2,\cdots$ 满足切贝谢夫大数定律

(d) $\xi_1,\xi_2,\cdots$ 不满足切贝谢夫大数定律

50. 已知随机变量 $\xi$ 满足 $P\{|\xi - E\xi| \geqslant 2\} = 1/16$，则必有（　　）。

(a) $D\xi = 1/4$　　　　　　　　(b) $D\xi \geqslant 1/4$

(c) $P\{|\xi - E\xi| < 2\} = 15/16$　　(d) $D\xi < 1/4$

51. $\xi_1,\xi_2,\cdots$ 相互独立，$\xi_i \sim \varphi(x)$，$\varphi(x) = 2x^{-3}(x \geqslant 1, i = 1, 2,\cdots)$，则有（　　）。

(a) 对每一个 $\xi_i(i = 1,2,\cdots)$ 都满足切谢夫不等式

(b) $\xi_i (i = 1, 2, \cdots)$ 都不满足切贝谢夫不等式的条件

(c) $\xi_1, \xi_2, \cdots$ 满足大数定律

(d) $\xi_1, \xi_2, \cdots$ 不满足大数定律的条件

52. 已知 $\xi_i$ 的概率密度为 $\varphi(x_i)(i = 1, 2, \cdots, 100)$，并且它们相互独立，则对任何实数 $x$，概率 $P\{\sum\limits_{i=1}^{100} \xi_i \leqslant x\}$ 为（    ）。

(a) 无法计算

(b) $\int\limits_{x_1 + \cdots + x_{100} \leqslant x} \cdots \int \varphi(x_i) \cdots \varphi(x_{100}) \mathrm{d}x_1 \cdots \mathrm{d}x_{100}$

(c) 可以用中心极限定理计算出近似值

(d) 不可以用中心极限定理计算其近似值

53. 如果 $\{\xi_n, n = 1, 2, \cdots\}$ 构成一个马尔可夫链，那么 $\xi_1, \xi_2, \cdots$ 为（    ）。

(a) 相互独立同分布    (b) 相互独立不同分布

(c) 同分布不相互独立

(d) 不一定相互独立，也不一定有相同分布

54. $\xi_1, \xi_2, \cdots$ 是相互独立、同分布的随机变量序列，如果 $\eta_n = $（    ）$(n = 1, 2, \cdots)$，那么 $\{\eta_n, n = 1, 2, \cdots\}$ 构成一个马尔可夫链。

(a) $\xi_n$    (b) $\xi_n^m$（$m$ 是任意正整数）

(c) $\sum\limits_{i=1}^{n} \xi_i$    (d) $\xi_n^m + \xi_n$（$m$ 是任意正整数）

55. 一个马尔可夫链的状态空间 $E$（    ）。

(a) 一定是有限集    (b) 不能是有限集

(c) 不能是空集    (d) 是有限或无限可列集

56. 设马尔可夫链的状态空间中有 $n$ 个元素，则转移矩阵 $P$ 的所有元素 $p_{ij}$ 之和 $\sum\limits_{i} \sum\limits_{j} p_{ij} = $（    ）。

(a) 1    (b) 一个正整数

(c) $n$    (d) $\lambda, \lambda > 0$ 但不一定是整数

57. 样本 $(X_1, \cdots, X_n)$ 取自概率密度为 $\varphi(x)$ 的总体,则有( )。

(a) $X_i \sim \varphi(x)(i = 1, 2, \cdots, n)$

(b) $\min(X_1, \cdots, X_n) \sim \varphi(x)$

(c) $\dfrac{1}{n}\sum\limits_{i=1}^{n} X_i \sim \varphi(x)$  (d) $\dfrac{1}{n}\sum\limits_{i=1}^{n} X_i$ 与 $\sum\limits_{i=1}^{n} X_i^2$ 独立

58. 样本 $(X_1, \cdots, X_n)$ 取自标准正态分布总体 $N(0,1)$, $\overline{X}, S$ 分别为样本平均数及标准差,则( )。

(a) $\overline{X} \sim N(0,1)$   (b) $n\overline{X} \sim N(0,1)$

(c) $\sum\limits_{i=1}^{u} X_i^2 \sim x^2(n)$  (d) $\overline{X}/S \sim t(n-1)$

59. 样本 $(X_1, \cdots, X_n)$ 取自总体 $\xi$, $E\xi = \mu$, $D\xi = \sigma^2$,则有( )。

(a) $X_i(1 \leqslant i \leqslant n)$ 是 $\mu$ 的无偏估计

(b) $\overline{X}$ 是 $\mu$ 的无偏估计

(c) $X_i^2$ 是 $\sigma^2$ 的无偏估计

(d) $\overline{X}^2$ 是 $\sigma^2$ 的无偏估计

60. 样本 $(X_1, \cdots, X_n)$ 取自总体 $\xi$, $E\xi = \mu$, $D\xi = \sigma^2$,则( ) 可以作为 $\sigma^2$ 的无偏估计。

(a) 当 $\mu$ 已知时,统计量 $\sum\limits_{i=1}^{n}(X_i - \mu)^2/n$

(b) 当 $\mu$ 已知时,统计量 $\sum\limits_{i=1}^{n}(X_i - \mu)^2/(n-1)$

(c) 当 $\mu$ 未知时,统计量 $\sum\limits_{i=1}^{n}(X_i - \overline{X})^2/n$

(d) 当 $\mu$ 未知时,统计量 $\sum\limits_{i=1}^{n}(X_i - \overline{X})^2/(n-1)$

61. 进行假设检验时,选取的统计量(　　　)。

(a) 是样本的函数

(b) 不能包含总体分布中的任何参数

(c) 可以包含总体分布中的已知参数

(d) 其值可以由取定的样本值计算出来

62. 在假设检验问题中,检验水平 $a$ 的意义是(　　　)。

(a) 原假设 $H_0$ 成立,经检验被拒绝的概率

(b) 原假设 $H_0$ 成立,经检验不能拒绝的概率

(c) 原假设 $H_0$ 不成立,经检验被拒绝的概率

(d) 原假设 $H_0$ 不成立,经检验不能拒绝的概率

63. 在线性模型 $y = \beta_0 + \beta_1 x + \varepsilon$ 的相关性检验中,如果原假设 $H_0 : \beta_1 = 0$ 没有被否定,则表明(　　　)。

(a) 两个变量之间没有任何相关关系

(b) 两个变量之间不存在显著的线性相关关系

(c) 不能排除两变量间存在非线性相关关系

(d) 不存在一条曲线 $\hat{y} = f(x)$ 能近似地描述两变量间的关系

64. 样本相关系数 $R$ 的取值范围是(　　　)。

(a) $[0, +\infty)$　　　(b) $[0,1]$　　　(c) $[-1,1]$

(d) $(-\infty, +\infty)$

65. 多元线性回归的正规方程组中系数矩阵 $X'X$ 的阶数等于(　　　)。

(a) $k$　　　(b) $k-2$　　　(c) $n$　　　(d) $n-1$

其中 $n$ 为样本容量,$k$ 为模型中被估计的参数个数。

# 习　题　答　案

## 习　题　一

1. (1) 互不相容事件　　(2) 对立事件
　 (3) 互不相容事件　　(4) 相容事件
　 (5) 互不相容事件　　(6) 对立事件

2. $B-A=\{(1,1),(2,2),(3,3),(4,4),(5,5),(6,6)\}$
　$BC=\{(1,1),(2,2),(3,3),(4,4)\}$　$B+\overline{C}=\{(1,1),(2,2),(3,3),(4,4),(5,5),(6,6),(4,6),(6,4),(5,6),(6,5)\}$

3. 4. 5. 略

6. 0.868 80，　0.805 21，　0.677 87

7. 0.85

8. 0.125

9. 0.53

10. 0.083

11. 0.856，　0.138，　0.006，　0.000

12. 略

13. 0.25

14. 0.25，　0.375

15. 0.96

16. 0.5

17. 0.994

18. 0.927，　0.780，　0.158，　0.805

19. 0.214，　0.375，　0.633

20. 0.988, 0.829

21. 略

22. 0.93

23. 0.455

24. 0.056, 0.05

25. 0.367

26. 0.2

27. 0.417

28. 白色球的可能性大

29. 0.467, 0.220

30. 0.923, 0.75

31. (1)0.56 (2)0.24 (3)0.14

32. 0.42

33. 0.684

34. 0.63

35. 第一种工艺的一级品率较大

36. 0.6

37. 0.104

38. 0.901

39. 1/27, 1/9, 2/9, 8/9, 8/27, 1/27, 5/9

40. 两台

# 习 题 二

1.

| $\xi$ | 0 | 1 |
|-------|-----|-----|
| $P$   | 0.5 | 0.5 |

$$F(x)=\begin{cases} 0 & x<0 \\ 0.5 & 0\leqslant x<1 \\ 1 & x\geqslant 1 \end{cases}$$

2.

| $\xi$ | 0 | 1 |
|---|---|---|
| $P$ | 1/3 | 2/3 |

$$F(x)=\begin{cases} 0 & x<0 \\ 1/3 & 0\leqslant x<1 \\ 1 & x\geqslant 1 \end{cases}$$

3. 图略。 $F(x)=\begin{cases} 0 & x<a \\ 1 & x\geqslant a \end{cases}$

4.

| $\xi$ | 1 | 2 | 3 |
|---|---|---|---|
| $P$ | 4/7 | 2/7 | 1/7 |

5.

| $\xi$ | 0 | 1 | 2 | 3 | 4 |
|---|---|---|---|---|---|
| $P$ | 0.28 | 0.47 | 0.22 | 0.03 | 0.00 |

6. $P\{\xi=k\}=\dfrac{10}{13}\times\left(\dfrac{3}{13}\right)^{k-1}$ $\quad(k=1,2,\cdots)$

7.

| $\xi$ | 1 | 2 | 3 | 4 |
|---|---|---|---|---|
| $P$ | 10/13 | 33/169 | 72/2 197 | 6/2 197 |

8. $P\{\xi=k\}=pq^k$ $\quad(k=0,1,\cdots)$

9. 2.3125, 0.32

10.

$$F(x)=\begin{cases} 0 & x<1 \\ 4/7 & 1\leqslant x<2 \\ 6/7 & 2\leqslant x<3 \\ 1 & x\geqslant 3 \end{cases}$$

$$F(x)=\begin{cases} 0 & x<-1 \\ 0.22 & -1\leqslant x<0 \\ 0.54 & 0\leqslant x<1 \\ 0.81 & 1\leqslant x<2 \\ 1 & x\geqslant 2 \end{cases}$$

11. 图略。

$$F(x)=\begin{cases} 0 & x\leqslant 0 \\ \sqrt{x} & 0<x<1 \\ 1 & x\geqslant 1 \end{cases}$$

12. 0.25, 0,

$$F(x)=\begin{cases} 0 & x<0 \\ x^2 & 0\leqslant x<1 \\ 1 & x\geqslant 1 \end{cases}$$

13. 8/27

14. $1,0.4,\varphi(x)=\begin{cases} 2x & 0<x<1 \\ 0 & 其它 \end{cases}$

15. $0.5,\pi^{-1},0.5,\varphi(x)=\dfrac{1}{\pi(1+x^2)}$

16. $0.5,F(x)=\begin{cases} \dfrac{1}{2}e^x & x<0 \\ 1-\dfrac{1}{2}e^{-x} & x\geqslant 0 \end{cases}$

17. 0.578

18. $c=\dfrac{1}{\sqrt[4]{\pi^2 e}}$

19. $e^{\lambda a},1-e^{-\lambda}$

20.

| $\xi$ | 0 | 1 | 2 | 3 |
|---|---|---|---|---|
| $P$ | 0.627 | 0.260 | 0.095 | 0.018 |

| $\eta$ | 0 | 1 | 2 | 3 | 4 | 5 | 6 |
|---|---|---|---|---|---|---|---|
| $P$ | 0.202 | 0.273 | 0.208 | 0.128 | 0.1 | 0.06 | 0.029 |

$\xi$ 与 $\eta$ 不独立。

21. (1) 0.52　(2) 0.14　(3) 0.89

22. $p_{12}=p_{21}=p_{22}=1/3,p_{11}=0$

23.

| $\xi$ ＼ $\eta$ | 0 | 1/3 | 1 |
|---|---|---|---|
| $-1$ | 0 | 1/12 | 1/3 |
| 0 | 1/6 | 0 | 0 |
| 2 | 5/12 | 0 | 0 |

| $\eta$ | 0 | 1/3 | 1 |
|---|---|---|---|
| $P$ | 7/12 | 1/12 | 1/3 |

24. $p_{12}=p_{21}=p_{22}=p_{23}=p_{32}=1/6$,

   $p_{13}=p_{31}=1/12$,

   $p_{11}=p_{33}=0$

25. $p_{ij}=\begin{cases}\dfrac{1}{4i} & j=1,\cdots,i \\ 0 & \text{其余}\end{cases}(i=1,2,3,4)$

26. $c=\sqrt{2}+1$,

   $\varphi_\eta(y)=(\sqrt{2}+1)\sqrt{2-\sqrt{2}}\sin(y+\dfrac{\pi}{8})$

   $(0\leqslant y\leqslant\pi/4)$

27.

| $\eta$ / $\xi$ | 1 | 2 | 3 |
|---|---|---|---|
| 0 | 0.1 | 0.2 | 0.1 |
| 1 | 0.3 | 0.1 | 0.2 |

$\eta\neq1$ 时,

| $\xi$ | 0 | 1 |
|---|---|---|
| $P$ | 0.5 | 0.5 |

28. 不独立,$P\{\eta=2|\xi=1\}=1$

29. 联合概率分布略,$1/12,3/4$

30.

| $\xi$ | 96 | 98 | 100 | 102 | 104 |
|---|---|---|---|---|---|
| $P$ | 0.09 | 0.27 | 0.35 | 0.23 | 0.06 |

31.

| $\xi$ | $20\pi$ | $22\pi$ | $24\pi$ | $26\pi$ |
|---|---|---|---|---|
| $P$ | 0.1 | 0.4 | 0.3 | 0.2 |

| $\eta$ | $100\pi$ | $121\pi$ | $144\pi$ | $169\pi$ |
|---|---|---|---|---|
| $P$ | 0.1 | 0.4 | 0.3 | 0.2 |

32. $40,41,42,43,44,45,46,0.001,0.006$

33. $P\{\xi+\eta=3\}=2/3,P\{\xi+\eta=4\}=1/3$

34.

| $\xi-\eta$ | $-2$ | $-4/3$ | $0$ | $2$ |
|---|---|---|---|---|
| $P$ | $1/3$ | $1/12$ | $1/6$ | $5/12$ |

35. $a=6/11, b=36/49$,联合概率分布略

| $\xi+\eta$ | $-2$ | $-1$ | $0$ | $1$ | $2$ |
|---|---|---|---|---|---|
| $P$ | $24c$ | $66c$ | $251c$ | $126c$ | $72c$ |

$\left(c=\dfrac{1}{539}\right)$

36. $\varphi(x)=\begin{cases}1/3 & 1<x<4 \\ 0 & 其它\end{cases}$

37. $\varphi(x)=\dfrac{2\mathrm{e}^x}{\pi(1+\mathrm{e}^{2x})}$

## 习 题 三

1. $2/3$

2. $99.8$

3. (1) $11.6$　(2) 是　(3) 不能，$135.4\pi$

4. $k=3$，$a=2$

5. $E\xi=0$，$D\xi=2$

6. (1) $91.33$　(2) $96.17$

7. $494\,4$，$\cdot495\,9$

8. $1\,000\mathrm{g}$，$10\mathrm{g}$

9. $0.5$

10. $0.3$，$0.32$

11. $0.75$

12. $E\xi=1/\lambda$，$D\xi=1/\lambda^2$

13. $E\xi=0$，$D\xi=0.5$

14. $E(\xi+\eta)=10/3$，$D(\xi+\eta)=2/9$

15. $E(\xi-\eta)=1/18$, $D(\xi-\eta)=3\dfrac{47}{324}$

16. $D(\xi\eta)=E\xi^2\cdot E\eta^2-(E\xi)^2(E\eta)^2$

17. 18. 19. 略

20. 0

21. $\operatorname{cov}(\xi,\eta)=-1/9$

22. $\rho_{\xi\eta}=-221/275$

23. 0, 不独立

24. $D(\xi+\eta)=85$, $D(\xi-\eta)=37$

## 习 题 四

1. 0.009, 0.998, 7

2. 1.000

3. 0.206

4. 0.867

5. 0.531

6. $P\{\xi=k\}=C_4^k(\dfrac{1}{6})^k(\dfrac{5}{6})^{4-k}(k=0,1,2,3,4)$, $k_0=0$

$$F(x)=\begin{cases}0 & x<0\\ \sum\limits_{k\leqslant x}C_4^k(\dfrac{1}{6})^k(\dfrac{5}{6})^{4-k} & 0\leqslant x<4\\ 1 & x\geqslant4\end{cases}$$

7. (1) 5.7, 1.997 (2) 5 和 6

8. $p=1/3, n=36$

9. 约半小时

10. $(1-4pq^3-q^4)(1-q^4)^{-1}$

11. 0.802

12. 0.968

13. 0.243 5 和 0.243

14.

| $\xi$ | 0 | 1 | 2 | 3 | 4 | 5 |
|---|---|---|---|---|---|---|
| $P$ | 0.221 5 | 0.411 4 | 0.274 3 | 0.081 5 | 0.010 7 | 0.000 5 |

这里 $\sum\limits_{k} p_k = 0.999 \neq 1$，是由于在计算过程中的计算误差造成的。如果 $p_k$ 用分式表示就不会出现这种情况。

15. 0.678

16. 0.143 785，0.952 577

17. 0.001 412，9.61(元)

18. 0.004 5

19. $\varphi(x) = \begin{cases} \dfrac{1}{1\,000} e^{-\frac{x}{1\,000}} & x > 0 \\ 0 & x \leqslant 0 \end{cases}$

$P(1\,000 < \xi \leqslant 1\,200) = e^{-1} - e^{-1.2}$

20. $\Phi_0(0) = 0.5$，$\varphi_0(0) = 0.3989$，$P(\xi = 0) = 0$

21. $e^{-0.1}$

22. 略

23. $P\{\xi \geqslant 0\} = 0.5$，$P\{|\xi| < 3\} = 0.997\ 3$

$P\{0 < \xi \leqslant 5\} = 0.5$，$P\{\xi > 3\} = 0.001\ 35$

$P\{-1 < \xi < 3\} = 0.839\ 95$

24. 略

25. $P\{10 < \xi < 13\} = 0.433\ 19$，$P\{\xi > 13\} = 0.066\ 81$

$P\{|\xi - 10| < 2\} = 0.682\ 6$

26. $c = 3.92$，$d = 7$

27. 1.64，1.96，2.58

28. 0.954 5，0.000 7

29. $\text{cov}(\bar{\xi}, \xi_1) = 1/3$，$E\eta = 2$，$\text{cov}(\bar{\xi}, \eta) = 0$

30. $\varphi(x)=\begin{cases}\dfrac{1}{2}e^{-\frac{x}{2}} & x>0 \\ 0 & x\leqslant 0\end{cases}$

## 习　题　五

1. (1) 0.709　(2) 0.875

2. (1) 0.936　(2) 0.995

3. $P\{|\overline{X}-\mu|<\varepsilon\}\geqslant 1-\dfrac{8}{n\varepsilon^2}$

$P\{|\overline{X}-\mu|<4\}\geqslant 1-\dfrac{1}{2n}$

4. $P\{10<\xi<18\}\geqslant 0.271$

5. $P\{0<\xi<2(n+1)\}\geqslant \dfrac{n}{n+1}$

6. 0.000 2

7. $4.5\times 10^{-6}$

8. 0.999 95

9. 0.982 57

10. 2 265(电能单位)

11. 0.712 3

12. 643(件)

13. 0.952 54

14. (1) 0.180 24　(2) 446 个

15. 0.181 4

16. 272a(元)

## 习　题　六

1. 三个

2. 略

3. $\hat{P} = \begin{bmatrix} 1/3 & 1/3 & 1/3 \\ 1/2 & 1/4 & 1/4 \\ 0 & 4/7 & 3/7 \end{bmatrix}$

4. 证明略 $\quad P = \begin{pmatrix} 1-p & p \\ 1-p & p \end{pmatrix}$

5. 证明略 $\quad P = \begin{bmatrix} 1-p & p & 0 & \cdots \\ 0 & 1-p & p & \cdots \\ 0 & 0 & 1-p & \cdots \\ \cdots\cdots\cdots\cdots\cdots\cdots\cdots\cdots \\ \\ \cdots\cdots\cdots\cdots\cdots\cdots\cdots\cdots \\ \end{bmatrix}$

6. $P = \begin{bmatrix} 0.72 & 0.2 & 0.08 \\ 0.09 & 0.9 & 0.01 \\ 0.27 & 0.7 & 0.03 \end{bmatrix}$

7. $P^2 = P$

8. 状态空间 $E = \{0,1,2,3,4,5\}$

$$P = \begin{bmatrix} 1/3 & 2/3 & 0 & 0 & 0 & 0 \\ 1/3 & 0 & 2/3 & 0 & 0 & 0 \\ 0 & 1/3 & 0 & 2/3 & 0 & 0 \\ 0 & 0 & 1/3 & 0 & 2/3 & 0 \\ 0 & 0 & 0 & 1/3 & 0 & 2/3 \\ 0 & 0 & 0 & 0 & 1/3 & 2/3 \end{bmatrix}$$

可以到达状态 $0,2,4$, 不能到达状态 $1,3,5$

9. $p_{11}(3) = 0.25$

10. $0.260\ 56$

11. 有，$(p_1, p_2, p_3)' = (1/3, 1/3, 1/3)'$

12. $(p_1, p_2, p_3)' = (52a, 21a, 20a)'$，其中 $a = 1/93$

13. (1) $a=3(元)$　　(2) $a=3.7(元)$

# 习　题　七

1. 略
2. 略
3. 略
4. 略
5. 3 133，161 394
6. 3 230，131 684；　112.3，308.8；　206，102

# 习　题　八

1. 略

2. $\hat{\theta} = \dfrac{-n}{\sum\limits_{i=1}^{n} \ln x_i}$

3. $\bar{x}$

4. 0.000 86

5. (14.5，15.4)

6. (14.8，15.2)

7. (480，520)

8. 643，641

9. (9.23,10.77)，107 700kg

10. (109,116)

11. 2 116，1 784

12. (145.6,162.4)

13. (193,244)

14. (14.7,15.3)

15. (432,483)

16. (567,4 412)

17. (48 276,223 801)

18. (0.02,0.10)

19. (3 047,3 305), (62 838,194 749)

# 习　题　九

1. 可以

2. 不可以

3. 正常

4. 不能

5. 是

6. 有

7. 没有

8. 有

9. 是

10. 是

11. 是

# 习　题　十

1. 有

2. 无

3. 存在

4. 工人间无显著差异,而机器之间差异显著

5. 均无显著影响

6. 化验员技术无显著差异,而不同的时间其化验结果有明显差异

# 习 题 十 一

1. $\hat{y}=5.34+0.30t$

2. $\hat{s}=-1.43+6.43p$

3. 不能证实

4. $\hat{y}=40.18+0.54m$

5. 直线型，$\hat{s}=30.44+3.27p$

6. $\hat{\beta}_0=9.23,\hat{\beta}_1=0.40$,线性回归方程是显著的

## 补 充 习 题

1. (b,c,d)

2. (a,b,c)

3. (a,b,c,d)

4. (c,d)

5. (d)

6. (b,d)

7. (b,d)

8. (a,b,c)

9. (c)

10. (a,b,c)

11. (a,b,c,d)

12. (d)

13. (a,d)

14. (d)

15. (b)

16. (b)

17. (a,b,c,d)

18. (d)

19. (a,b)
20. (b,c)
21. (a,c)
22. (c)
23. (a,d)
24. (b,d)
25. (d)
26. (b)
27. (d)
28. (b)
29. (a,d)
30. (d)
31. (b,c)
32. (a,d)
33. (a,d)
34. (a,b)
35. (b)
36. (d)
37. (a,d)
38. (b)
39. (d)
40. (b,d)
41. (a,c,d)
42. (c)
43. (a)
44. (b)
45. (a)
46. (a,c)

47. (d)

48. (d)

49. (a,b,d)

50. (c)

51. (b,c,d)

52. (b,d)

53. (d)

54. (a,b,c,d)

55. (c,d)

56. (b,c)

57. (a)

58. (c)

59. (a,b)

60. (a,d)

61. (a,c,d)

62. (a)

63. (b,c)

64. (c)

65. (a)

附　　表

**附表一** 普哇松

$$P(\xi=m)=\frac{\lambda^m}{m!}e^{-\lambda}$$

| m \ λ | 0.1 | 0.2 | 0.3 | 0.4 | 0.5 | 0.6 | 0.7 | 0.8 |
|---|---|---|---|---|---|---|---|---|
| 0 | 0.904837 | 0.818731 | 0.740818 | 0.676320 | 0.606531 | 0.548812 | 0.496585 | 0.449329 |
| 1 | 0.090484 | 0.163746 | 0.222245 | 0.268128 | 0.303265 | 0.329287 | 0.347610 | 0.359463 |
| 2 | 0.004524 | 0.016375 | 0.033337 | 0.053626 | 0.075816 | 0.098786 | 0.121663 | 0.143785 |
| 3 | 0.000151 | 0.001092 | 0.003334 | 0.007150 | 0.012636 | 0.019757 | 0.028388 | 0.038343 |
| 4 | 0.000004 | 0.000055 | 0.000250 | 0.000715 | 0.001580 | 0.002964 | 0.004968 | 0.007669 |
| 5 | | 0.000002 | 0.000015 | 0.000057 | 0.000158 | 0.000356 | 0.000696 | 0.001227 |
| 6 | | | 0.000001 | 0.000004 | 0.000013 | 0.000036 | 0.000081 | 0.000164 |
| 7 | | | | | 0.000001 | 0.000003 | 0.000008 | 0.000019 |
| 8 | | | | | | | 0.000001 | 0.000002 |
| 9 | | | | | | | | |
| 10 | | | | | | | | |
| 11 | | | | | | | | |
| 12 | | | | | | | | |
| 13 | | | | | | | | |
| 14 | | | | | | | | |
| 15 | | | | | | | | |
| 16 | | | | | | | | |
| 17 | | | | | | | | |

# 概　率　分　布　表

| 0.9 | 1.0 | 1.5 | 2.0 | 2.5 | 3.0 | 3.5 | 4.0 |
|---|---|---|---|---|---|---|---|
| 0.406570 | 0.367879 | 0.223130 | 0.135335 | 0.082085 | 0.049787 | 0.030197 | 0.018316 |
| 0.365913 | 0.367879 | 0.334695 | 0.270671 | 0.205212 | 0.149361 | 0.105691 | 0.073263 |
| 0.164661 | 0.183940 | 0.251021 | 0.270671 | 0.256516 | 0.224042 | 0.184959 | 0.146525 |
| 0.049398 | 0.061313 | 0.125510 | 0.180447 | 0.213763 | 0.224042 | 0.215785 | 0.195367 |
| 0.011115 | 0.015328 | 0.047067 | 0.090224 | 0.133602 | 0.168031 | 0.188812 | 0.195367 |
| 0.002001 | 0.003066 | 0.014120 | 0.036089 | 0.066801 | 0.100819 | 0.132169 | 0.156293 |
| 0.000300 | 0.000511 | 0.003530 | 0.012030 | 0.027834 | 0.050409 | 0.077098 | 0.104196 |
| 0.000039 | 0.000073 | 0.000756 | 0.003437 | 0.009941 | 0.021604 | 0.038549 | 0.059540 |
| 0.000004 | 0.000009 | 0.000142 | 0.000859 | 0.003106 | 0.008102 | 0.016865 | 0.029770 |
|  | 0.000001 | 0.000024 | 0.000191 | 0.000863 | 0.002701 | 0.006559 | 0.013231 |
|  |  | 0.000004 | 0.000038 | 0.000216 | 0.000810 | 0.002296 | 0.005292 |
|  |  |  | 0.000007 | 0.000049 | 0.000221 | 0.000730 | 0.001925 |
|  |  |  | 0.000001 | 0.000010 | 0.000055 | 0.000213 | 0.000642 |
|  |  |  |  | 0.000002 | 0.000013 | 0.000057 | 0.000197 |
|  |  |  |  |  | 0.000003 | 0.000014 | 0.000056 |
|  |  |  |  |  | 0.000001 | 0.000003 | 0.000015 |
|  |  |  |  |  |  | 0.000001 | 0.000004 |
|  |  |  |  |  |  |  | 0.000001 |

| λ \ m | 4.5 | 5.0 | 5.5 | 6.0 | 6.5 | 7.0 | 7.5 | 8.0 |
|---|---|---|---|---|---|---|---|---|
| 0 | 0.011109 | 0.006738 | 0.004087 | 0.002479 | 0.001503 | 0.000912 | 0.000553 | 0.000335 |
| 1 | 0.049990 | 0.033690 | 0.022477 | 0.014873 | 0.009773 | 0.006383 | 0.004148 | 0.002684 |
| 2 | 0.112479 | 0.084224 | 0.061812 | 0.044618 | 0.031760 | 0.022341 | 0.015556 | 0.010735 |
| 3 | 0.168718 | 0.140374 | 0.113323 | 0.089235 | 0.068814 | 0.052129 | 0.038888 | 0.028626 |
| 4 | 0.189808 | 0.175467 | 0.155819 | 0.133853 | 0.111822 | 0.091226 | 0.072917 | 0.057252 |
| 5 | 0.170827 | 0.175467 | 0.171001 | 0.160623 | 0.145369 | 0.127717 | 0.109374 | 0.091604 |
| 6 | 0.128120 | 0.146223 | 0.157117 | 0.160623 | 0.157483 | 0.149003 | 0.136719 | 0.122138 |
| 7 | 0.082363 | 0.104445 | 0.123449 | 0.137677 | 0.146234 | 0.149003 | 0.146484 | 0.139587 |
| 8 | 0.046329 | 0.065278 | 0.084872 | 0.103258 | 0.118815 | 0.130377 | 0.137328 | 0.139587 |
| 9 | 0.023165 | 0.036266 | 0.051866 | 0.068838 | 0.085811 | 0.101405 | 0.114441 | 0.124077 |
| 10 | 0.010424 | 0.018133 | 0.028526 | 0.041303 | 0.055777 | 0.070983 | 0.085830 | 0.099262 |
| 11 | 0.004264 | 0.008242 | 0.014263 | 0.022529 | 0.032959 | 0.045171 | 0.058521 | 0.072190 |
| 12 | 0.001599 | 0.003434 | 0.006537 | 0.011264 | 0.017853 | 0.026350 | 0.036575 | 0.048127 |
| 13 | 0.000554 | 0.001321 | 0.002766 | 0.005199 | 0.008927 | 0.014188 | 0.021101 | 0.029616 |
| 14 | 0.000178 | 0.000472 | 0.001086 | 0.002228 | 0.004144 | 0.007094 | 0.011305 | 0.016924 |
| 15 | 0.000053 | 0.000157 | 0.000399 | 0.000891 | 0.001796 | 0.003311 | 0.005652 | 0.009026 |
| 16 | 0.000015 | 0.000049 | 0.000137 | 0.000334 | 0.000730 | 0.001448 | 0.002649 | 0.004513 |
| 17 | 0.000004 | 0.000014 | 0.000044 | 0.000118 | 0.000279 | 0.000596 | 0.001169 | 0.002124 |
| 18 | 0.000001 | 0.000004 | 0.000014 | 0.000039 | 0.000100 | 0.000232 | 0.000487 | 0.000944 |
| 19 |  | 0.000001 | 0.000004 | 0.000012 | 0.000035 | 0.000085 | 0.000192 | 0.000397 |
| 20 |  |  | 0.000001 | 0.000004 | 0.000011 | 0.000030 | 0.000072 | 0.000159 |
| 21 |  |  |  | 0.000001 | 0.000004 | 0.000010 | 0.000026 | 0.000061 |
| 22 |  |  |  |  | 0.000001 | 0.000003 | 0.000009 | 0.000022 |
| 23 |  |  |  |  |  | 0.000001 | 0.000003 | 0.000008 |
| 24 |  |  |  |  |  |  | 0.000001 | 0.000003 |
| 25 |  |  |  |  |  |  |  | 0.000001 |
| 26 |  |  |  |  |  |  |  |  |
| 27 |  |  |  |  |  |  |  |  |
| 28 |  |  |  |  |  |  |  |  |
| 29 |  |  |  |  |  |  |  |  |

| 8.5 | 9.0 | 9.5 | 10.0 | $\dfrac{\lambda}{m}$ | 20 | $\dfrac{\lambda}{m}$ | 30 · |
|---|---|---|---|---|---|---|---|
| 0.000203 | 0.000123 | 0.000075 | 0.000045 | 5 | 0.0001 | 12 | 0.0001 |
| 0.001730 | 0.001111 | 0.000711 | 0.000454 | 6 | 0.0002 | 13 | 0.0002 |
| 0.007350 | 0.004998 | 0.003378 | 0.002270 | 7 | 0.0005 | 14 | 0.0005 |
| 0.020826 | 0.014994 | 0.010696 | 0.007567 | 8 | 0.0013 | 15 | 0.0010 |
| 0.044255 | 0.033737 | 0.025403 | 0.018917 | 9 | 0.0029 | 16 | 0.0019 |
| 0.075233 | 0.060727 | 0.048265 | 0.037833 | 10 | 0.0058 | 17 | 0.0034 |
| 0.106581 | 0.091090 | 0.076421 | 0.063055 | 11 | 0.0106 | 18 | 0.0057 |
| 0.129419 | 0.117116 | 0.103714 | 0.090079 | 12 | 0.0176 | 19 | 0.0089 |
| 0.137508 | 0.131756 | 0.123160 | 0.112599 | 13 | 0.0271 | 20 | 0.0134 |
| 0.129869 | 0.131756 | 0.130003 | 0.125110 | 14 | 0.0382 | 21 | 0.0192 |
| 0.110303 | 0.118580 | 0.122502 | 0.125110 | 15 | 0.0517 | 22 | 0.0261 |
| 0.085300 | 0.097020 | 0.106662 | 0.113736 | 16 | 0.0646 | 23 | 0.0341 |
| 0.060421 | 0.072765 | 0.084440 | 0.094780 | 17 | 0.0760 | 24 | 0.0426 |
| 0.039506 | 0.050376 | 0.061706 | 0.072908 | 18 | 0.0814 | 25 | 0.0571 |
| 0.023986 | 0.032384 | 0.041872 | 0.052077 | 19 | 0.0888 | 26 | 0.0590 |
| 0.013592 | 0.019431 | 0.026519 | 0.034718 | 20 | 0.0888 | 27 | 0.0655 |
| 0.007220 | 0.010930 | 0.015746 | 0.021699 | 21 | 0.0846 | 28 | 0.0702 |
| 0.003611 | 0.005786 | 0.008799 | 0.012764 | 22 | 0.0767 | 29 | 0.0726 |
| 0.001705 | 0.002893 | 0.004644 | 0.007091 | 23 | 0.0669 | 30 | 0.0726 |
| 0.000762 | 0.001370 | 0.002322 | 0.003732 | 24 | 0.0557 | 31 | 0.0703 |
| 0.000324 | 0.000617 | 0.001103 | 0.001866 | 25 | 0.0446 | 32 | 0.0659 |
| 0.000132 | 0.000264 | 0.000433 | 0.000889 | 26 | 0.0343 | 33 | 0.0599 |
| 0.000050 | 0.000108 | 0.000216 | 0.000404 | 27 | 0.0254 | 34 | 0.0529 |
| 0.000019 | 0.000042 | 0.000089 | 0.000176 | 28 | 0.0182 | 35 | 0.0453 |
| 0.000007 | 0.000016 | 0.000025 | 0.000073 | 29 | 0.0125 | 36 | 0.0378 |
| 0.000002 | 0.000006 | 0.000014 | 0.000029 | 30 | 0.0083 | 37 | 0.0306 |
| 0.000001 | 0.000002 | 0.000004 | 0.000011 | 31 | 0.0054 | 38 | 0.0242 |
|  | 0.000002 | 0.000002 | 0.000004 | 32 | 0.0034 | 39 | 0.0186 |
|  | | 0.000001 | 0.000001 | 33 | 0.0020 | 40 | 0.0139 |
|  | | | 0.000001 | 34 | 0.0012 | 41 | 0.0102 |
|  | | | | | | 42 | 0.0073 |
|  | | | | | | 43 | 0.0051 |
|  | | | | 35 | 0.0007 | 44 | 0.0035 |
|  | | | | 36 | 0.0004 | 45 | 0.0023 |
|  | | | | 37 | 0.0002 | 46 | 0.0015 |
|  | | | | 38 | 0.0001 | 47 | 0.0010 |
|  | | | | 39 | 0.0001 | 48 | 0.0006 |

# 附表二 标准正态分布密度函数值表

$$\varphi(u) = \frac{1}{\sqrt{2\pi}} e^{-\frac{u^2}{2}}$$

| u | 0.00 | 0.01 | 0.02 | 0.03 | 0.04 | 0.05 | 0.06 | 0.07 | 0.08 | 0.09 |
|---|------|------|------|------|------|------|------|------|------|------|
| 0.0 | 0.3989 | 0.3989 | 0.3989 | 0.3988 | 0.3986 | 0.3984 | 0.3982 | 0.3980 | 0.3977 | 0.3973 |
| 0.1 | 0.3970 | 0.3965 | 0.3961 | 0.3956 | 0.3951 | 0.3945 | 0.3939 | 0.3932 | 0.3925 | 0.3918 |
| 0.2 | 0.3910 | 0.3902 | 0.3894 | 0.3885 | 0.3876 | 0.3867 | 0.3857 | 0.3847 | 0.3836 | 0.3825 |
| 0.3 | 0.3814 | 0.3802 | 0.3790 | 0.3778 | 0.3765 | 0.3752 | 0.3739 | 0.3725 | 0.3712 | 0.3697 |
| 0.4 | 0.3683 | 0.3668 | 0.3653 | 0.3637 | 0.3621 | 0.3605 | 0.3589 | 0.3572 | 0.3555 | 0.3538 |
| 0.5 | 0.3521 | 0.3503 | 0.3485 | 0.3467 | 0.3448 | 0.3429 | 0.3410 | 0.3391 | 0.3372 | 0.3352 |
| 0.6 | 0.3332 | 0.3312 | 0.3292 | 0.3271 | 0.3251 | 0.3230 | 0.3209 | 0.3187 | 0.3166 | 0.3144 |
| 0.7 | 0.3123 | 0.3101 | 0.3079 | 0.3056 | 0.3034 | 0.3011 | 0.2989 | 0.2966 | 0.2943 | 0.2920 |
| 0.8 | 0.2897 | 0.2874 | 0.2850 | 0.2827 | 0.2803 | 0.2780 | 0.2756 | 0.2732 | 0.2709 | 0.2685 |
| 0.9 | 0.2661 | 0.2637 | 0.2613 | 0.2589 | 0.2565 | 0.2541 | 0.2516 | 0.2492 | 0.2468 | 0.2444 |
| 1.0 | 0.2420 | 0.2396 | 0.2371 | 0.2347 | 0.2323 | 0.2299 | 0.2275 | 0.2251 | 0.2227 | 0.2203 |
| 1.1 | 0.2179 | 0.2155 | 0.2131 | 0.2107 | 0.2083 | 0.2056 | 0.2036 | 0.2012 | 0.1989 | 0.1965 |
| 1.2 | 0.1942 | 0.1919 | 0.1895 | 0.1872 | 0.1849 | 0.1826 | 0.1804 | 0.1781 | 0.1758 | 0.1736 |
| 1.3 | 0.1714 | 0.1691 | 0.1669 | 0.1647 | 0.1626 | 0.1604 | 0.1582 | 0.1561 | 0.1539 | 0.1518 |
| 1.4 | 0.1497 | 0.1476 | 0.1456 | 0.1435 | 0.1415 | 0.1394 | 0.1374 | 0.1354 | 0.1334 | 0.1315 |
| 1.5 | 0.1295 | 0.1276 | 0.1257 | 0.1238 | 0.1219 | 0.1200 | 0.1182 | 0.1163 | 0.1145 | 0.1127 |
| 1.6 | 0.1109 | 0.1092 | 0.1074 | 0.1057 | 0.1040 | 0.1023 | 0.1006 | 0.09893 | 0.09728 | 0.09566 |
| 1.7 | 0.09405 | 0.09246 | 0.09089 | 0.08933 | 0.08780 | 0.08628 | 0.08478 | 0.08329 | 0.08183 | 0.08038 |
| 1.8 | 0.07895 | 0.07754 | 0.07614 | 0.07477 | 0.07341 | 0.07206 | 0.07074 | 0.06943 | 0.06814 | 0.06687 |
| 1.9 | 0.06562 | 0.06438 | 0.06316 | 0.06195 | 0.06077 | 0.05959 | 0.05844 | 0.05730 | 0.05618 | 0.05508 |

| $x$ | .00 | .01 | .02 | .03 | .04 | .05 | .06 | .07 | .08 | .09 |
|---|---|---|---|---|---|---|---|---|---|---|
| 2.0 | 0.05399 | 0.05292 | 0.05186 | 0.05082 | 0.04980 | 0.04879 | 0.04780 | 0.04682 | 0.04586 | 0.04491 |
| 2.1 | 0.04398 | 0.04307 | 0.04217 | 0.04128 | 0.04041 | 0.03959 | 0.03871 | 0.03788 | 0.03706 | 0.03626 |
| 2.2 | 0.03547 | 0.03470 | 0.03394 | 0.03319 | 0.03246 | 0.03174 | 0.03103 | 0.03034 | 0.02965 | 0.02898 |
| 2.3 | 0.02833 | 0.02768 | 0.02705 | 0.02643 | 0.02582 | 0.02522 | 0.02463 | 0.02406 | 0.02349 | 0.02294 |
| 2.4 | 0.02239 | 0.02186 | 0.02134 | 0.02083 | 0.02033 | 0.01984 | 0.01936 | 0.01888 | 0.01842 | 0.01797 |
| 2.5 | 0.01753 | 0.01709 | 0.01667 | 0.01625 | 0.01585 | 0.01545 | 0.01506 | 0.01468 | 0.01431 | 0.01394 |
| 2.6 | 0.01358 | 0.01323 | 0.01287 | 0.01256 | 0.01223 | 0.01191 | 0.01160 | 0.01130 | 0.01100 | 0.01071 |
| 2.7 | 0.01042 | 0.01014 | $0.0^{2}9871$ | $0.0^{2}9606$ | $0.0^{2}9347$ | $0.0^{2}9094$ | $0.0^{2}8846$ | $0.0^{2}8605$ | $0.0^{2}8370$ | $0.0^{2}8140$ |
| 2.8 | $0.0^{2}7915$ | $0.0^{2}7697$ | $0.0^{2}7483$ | $0.0^{2}7274$ | $0.0^{2}7071$ | $0.0^{2}6873$ | $0.0^{2}6679$ | $0.0^{2}6491$ | $0.0^{2}6307$ | $0.0^{2}6127$ |
| 2.9 | $0.0^{2}5953$ | $0.0^{2}5782$ | $0.0^{2}5616$ | $0.0^{2}5454$ | $0.0^{2}5296$ | $0.0^{2}5143$ | $0.0^{2}4993$ | $0.0^{2}4847$ | $0.0^{2}4705$ | $0.0^{2}4567$ |
| 3.0 | $0.0^{2}4432$ | $0.0^{2}4301$ | $0.0^{2}4173$ | $0.0^{2}4049$ | $0.0^{2}3928$ | $0.0^{2}3810$ | $0.0^{2}3695$ | $0.0^{2}3584$ | $0.0^{2}3475$ | $0.0^{2}3370$ |
| 3.1 | $0.0^{2}3267$ | $0.0^{2}3167$ | $0.0^{2}3070$ | $0.0^{2}2975$ | $0.0^{2}2884$ | $0.0^{2}2794$ | $0.0^{2}2707$ | $0.0^{2}2623$ | $0.0^{2}2541$ | $0.0^{2}2461$ |
| 3.2 | $0.0^{2}2384$ | $0.0^{2}2309$ | $0.0^{2}2236$ | $0.0^{2}2165$ | $0.0^{2}2096$ | $0.0^{2}2029$ | $0.0^{2}1964$ | $0.0^{2}1901$ | $0.0^{2}1840$ | $0.0^{2}1780$ |
| 3.3 | $0.0^{2}1723$ | $0.0^{2}1667$ | $0.0^{2}1612$ | $0.0^{2}1560$ | $0.0^{2}1508$ | $0.0^{2}1459$ | $0.0^{2}1411$ | $0.0^{2}1364$ | $0.0^{2}1319$ | $0.0^{2}1275$ |
| 3.4 | $0.0^{2}1232$ | $0.0^{2}1191$ | $0.0^{2}1151$ | $0.0^{2}1112$ | $0.0^{2}1075$ | $0.0^{2}1033$ | $0.0^{2}1003$ | $0.0^{3}9689$ | $0.0^{3}9358$ | $0.0^{3}9037$ |
| 3.5 | $0.0^{3}8727$ | $0.0^{3}8426$ | $0.0^{3}8135$ | $0.0^{3}7853$ | $0.0^{3}7581$ | $0.0^{3}7317$ | $0.0^{3}7061$ | $0.0^{3}6814$ | $0.0^{3}6575$ | $0.0^{3}6343$ |
| 3.6 | $0.0^{3}6119$ | $0.0^{3}5902$ | $0.0^{3}5693$ | $0.0^{3}5490$ | $0.0^{3}5294$ | $0.0^{3}5105$ | $0.0^{3}4921$ | $0.0^{3}4744$ | $0.0^{3}4573$ | $0.0^{3}4408$ |
| 3.7 | $0.0^{3}4248$ | $0.0^{3}4093$ | $0.0^{3}3944$ | $0.0^{3}3800$ | $0.0^{3}3661$ | $0.0^{3}3526$ | $0.0^{3}3396$ | $0.0^{3}3271$ | $0.0^{3}3149$ | $0.0^{3}3032$ |
| 3.8 | $0.0^{3}2919$ | $0.0^{3}2810$ | $0.0^{3}2705$ | $0.0^{3}2604$ | $0.0^{3}2506$ | $0.0^{3}2411$ | $0.0^{3}2320$ | $0.0^{3}2232$ | $0.0^{3}2147$ | $0.0^{3}2065$ |
| 3.9 | $0.0^{3}1987$ | $0.0^{3}1910$ | $0.0^{3}1837$ | $0.0^{3}1766$ | $0.0^{3}1693$ | $0.0^{3}1633$ | $0.0^{3}1569$ | $0.0^{3}1508$ | $0.0^{3}1449$ | $0.0^{3}1393$ |
| 4.0 | $0.0^{3}1333$ | $0.0^{3}1286$ | $0.0^{3}1235$ | $0.0^{3}1186$ | $0.0^{3}1140$ | $0.0^{3}1094$ | $0.0^{3}1051$ | $0.0^{3}1009$ | $0.0^{4}9687$ | $0.0^{4}9299$ |
| 4.1 | $0.0^{4}8926$ | $0.0^{4}8567$ | $0.0^{4}8222$ | $0.0^{4}7890$ | $0.0^{4}7570$ | $0.0^{4}7263$ | $0.0^{4}6967$ | $0.0^{4}6683$ | $0.0^{4}6410$ | $0.0^{4}6147$ |
| 4.2 | $0.0^{4}5894$ | $0.0^{4}5652$ | $0.0^{4}5418$ | $0.0^{4}5194$ | $0.0^{4}4979$ | $0.0^{4}4772$ | $0.0^{4}4573$ | $0.0^{4}4382$ | $0.0^{4}4199$ | $0.0^{4}4023$ |
| 4.3 | $0.0^{4}3854$ | $0.0^{4}3691$ | $0.0^{4}3535$ | $0.0^{4}3386$ | $0.0^{4}3242$ | $0.0^{4}3104$ | $0.0^{4}2972$ | $0.0^{4}2845$ | $0.0^{4}2723$ | $0.0^{4}2606$ |
| 4.4 | $0.0^{4}2494$ | $0.0^{4}2387$ | $0.0^{4}2284$ | $0.0^{4}2185$ | $0.0^{4}2090$ | $0.0^{4}1999$ | $0.0^{4}1912$ | $0.0^{4}1829$ | $0.0^{4}1749$ | $0.0^{4}1672$ |
| 4.5 | $0.0^{4}1593$ | $0.0^{4}1528$ | $0.0^{4}1461$ | $0.0^{4}1396$ | $0.0^{4}1334$ | $0.0^{4}1275$ | $0.0^{4}1218$ | $0.0^{4}1164$ | $0.0^{4}1112$ | $0.0^{4}1062$ |
| 4.6 | $0.0^{4}1014$ | $0.0^{5}9684$ | $0.0^{5}9248$ | $0.0^{5}8830$ | $0.0^{5}8430$ | $0.0^{5}8047$ | $0.0^{5}7681$ | $0.0^{5}7331$ | $0.0^{5}6996$ | $0.0^{5}6676$ |
| 4.7 | $0.0^{5}6370$ | $0.0^{5}6077$ | $0.0^{5}5797$ | $0.0^{5}5530$ | $0.0^{5}5274$ | $0.0^{5}5030$ | $0.0^{5}4796$ | $0.0^{5}4573$ | $0.0^{5}4360$ | $0.0^{5}4156$ |
| 4.8 | $0.0^{5}3961$ | $0.0^{5}3775$ | $0.0^{5}3593$ | $0.0^{5}3428$ | $0.0^{5}3267$ | $0.0^{5}3112$ | $0.0^{5}2965$ | $0.0^{5}2824$ | $0.0^{5}2690$ | $0.0^{5}2561$ |
| 4.9 | $0.0^{5}2439$ | $0.0^{5}2322$ | $0.0^{5}2211$ | $0.0^{5}2105$ | $0.0^{5}2003$ | $0.0^{5}1907$ | $0.0^{5}1814$ | $0.0^{5}1727$ | $0.0^{5}1643$ | $0.0^{5}1563$ |

## 附表三　标准正态分布函数表

$$\Phi_0(u) = \frac{1}{\sqrt{2\pi}} \int_{-\infty}^{u} e^{-\frac{x^2}{2}} dx \quad (u \geq 0)$$

| u | 0.00 | 0.01 | 0.02 | 0.03 | 0.04 | 0.05 | 0.06 | 0.07 | 0.08 | 0.09 |
|---|---|---|---|---|---|---|---|---|---|---|
| 0.0 | 0.50000 | 0.5040 | 0.5080 | 0.5120 | 0.5160 | 0.5199 | 0.5239 | 0.5279 | 0.5319 | 0.5359 |
| 0.1 | 0.5398 | 0.5438 | 0.5478 | 0.5517 | 0.5557 | 0.5596 | 0.5636 | 0.5675 | 0.5714 | 0.5753 |
| 0.2 | 0.5793 | 0.5832 | 0.5871 | 0.5910 | 0.5948 | 0.5987 | 0.6026 | 0.6064 | 0.6103 | 0.6141 |
| 0.3 | 0.6179 | 0.6217 | 0.6255 | 0.6293 | 0.6331 | 0.6368 | 0.6404 | 0.6443 | 0.6480 | 0.6517 |
| 0.4 | 0.6554 | 0.6591 | 0.6628 | 0.6664 | 0.6700 | 0.6736 | 0.6772 | 0.6808 | 0.6844 | 0.6879 |
| 0.5 | 0.6915 | 0.6950 | 0.6985 | 0.7019 | 0.7054 | 0.7088 | 0.7123 | 0.7157 | 0.7190 | 0.7224 |
| 0.6 | 0.7257 | 0.7291 | 0.7324 | 0.7357 | 0.7389 | 0.7422 | 0.7454 | 0.7486 | 0.7517 | 0.7549 |
| 0.7 | 0.7580 | 0.7611 | 0.7642 | 0.7673 | 0.7703 | 0.7734 | 0.7764 | 0.7794 | 0.7823 | 0.7852 |
| 0.8 | 0.7881 | 0.7910 | 0.7939 | 0.7967 | 0.7995 | 0.8023 | 0.8051 | 0.8078 | 0.8106 | 0.8133 |
| 0.9 | 0.8159 | 0.8186 | 0.8212 | 0.8238 | 0.8264 | 0.8289 | 0.8315 | 0.8340 | 0.8365 | 0.8389 |
| 1.0 | 0.8413 | 0.8438 | 0.8461 | 0.8485 | 0.8508 | 0.8531 | 0.8554 | 0.8577 | 0.8599 | 0.8621 |
| 1.1 | 0.8643 | 0.8665 | 0.8686 | 0.8708 | 0.8729 | 0.8749 | 0.8770 | 0.8790 | 0.8810 | 0.8830 |
| 1.2 | 0.8849 | 0.8869 | 0.8888 | 0.8907 | 0.8925 | 0.8944 | 0.8962 | 0.8980 | 0.8997 | 0.90147 |
| 1.3 | 0.90320 | 0.90490 | 0.90658 | 0.90824 | 0.90988 | 0.91149 | 0.91309 | 0.91466 | 0.91621 | 0.91774 |
| 1.4 | 0.91924 | 0.92073 | 0.92220 | 0.92364 | 0.92507 | 0.92647 | 0.92785 | 0.92922 | 0.93056 | 0.93189 |
| 1.5 | 0.93319 | 0.93448 | 0.93574 | 0.93699 | 0.93822 | 0.93943 | 0.94062 | 0.94179 | 0.94295 | 0.94408 |
| 1.6 | 0.94520 | 0.94630 | 0.94738 | 0.94845 | 0.94950 | 0.95053 | 0.95154 | 0.95254 | 0.95352 | 0.95449 |
| 1.7 | 0.95543 | 0.95637 | 0.95728 | 0.95818 | 0.95907 | 0.95994 | 0.96080 | 0.96164 | 0.96246 | 0.96327 |
| 1.8 | 0.96407 | 0.96485 | 0.96562 | 0.96638 | 0.96721 | 0.96784 | 0.96856 | 0.96926 | 0.96995 | 0.97062 |
| 1.9 | 0.97128 | 0.97193 | 0.97257 | 0.97320 | 0.97381 | 0.97441 | 0.97500 | 0.97558 | 0.97615 | 0.97670 |

| x | | | | | | | | | | |
|---|---|---|---|---|---|---|---|---|---|---|
| 2.0 | 0.98169 | 0.98124 | 0.98077 | 0.98030 | 0.97982 | 0.97932 | 0.97882 | 0.97831 | 0.97778 | 0.97725 |
| 2.1 | 0.98574 | 0.98537 | 0.98500 | 0.98461 | 0.98422 | 0.98382 | 0.98341 | 0.98300 | 0.98257 | 0.98214 |
| 2.2 | 0.98899 | 0.98870 | 0.98840 | 0.98809 | 0.98778 | 0.98745 | 0.98713 | 0.98679 | 0.98645 | 0.98610 |
| 2.3 | $0.9^{2}1576$ | $0.9^{2}1344$ | $0.9^{2}1106$ | $0.9^{2}0863$ | $0.9^{2}0613$ | $0.9^{2}0358$ | $0.9^{2}0097$ | 0.98983 | 0.98956 | 0.98928 |
| 2.4 | $0.9^{2}3613$ | $0.9^{2}3431$ | $0.9^{2}3244$ | $0.9^{2}3053$ | $0.9^{2}2857$ | $0.9^{2}2656$ | $0.9^{2}2451$ | $0.9^{2}2240$ | $0.9^{2}2024$ | $0.9^{2}1802$ |
| 2.5 | $0.9^{2}5201$ | $0.9^{2}5060$ | $0.9^{2}4915$ | $0.9^{2}4766$ | $0.9^{2}4614$ | $0.9^{2}4457$ | $0.9^{2}4297$ | $0.9^{2}4132$ | $0.9^{2}3963$ | $0.9^{2}3790$ |
| 2.6 | $0.9^{2}6427$ | $0.9^{2}6319$ | $0.9^{2}6207$ | $0.9^{2}6093$ | $0.9^{2}5975$ | $0.9^{2}5855$ | $0.9^{2}5731$ | $0.9^{2}5604$ | $0.9^{2}5473$ | $0.9^{2}5339$ |
| 2.7 | $0.9^{2}7365$ | $0.9^{2}7282$ | $0.9^{2}7197$ | $0.9^{2}7110$ | $0.9^{2}7020$ | $0.9^{2}6928$ | $0.9^{2}6833$ | $0.9^{2}6736$ | $0.9^{2}6636$ | $0.9^{2}6533$ |
| 2.8 | $0.9^{2}8074$ | $0.9^{2}8012$ | $0.9^{2}7948$ | $0.9^{2}7882$ | $0.9^{2}7814$ | $0.9^{2}7744$ | $0.9^{2}7673$ | $0.9^{2}7599$ | $0.9^{2}7523$ | $0.9^{2}7445$ |
| 2.9 | $0.9^{2}8605$ | $0.9^{2}8559$ | $0.9^{2}8511$ | $0.9^{2}8462$ | $0.9^{2}8411$ | $0.9^{2}8359$ | $0.9^{2}8305$ | $0.9^{2}8250$ | $0.9^{2}8193$ | $0.9^{2}8134$ |
| 3.0 | $0.9^{2}8999$ | $0.9^{2}8965$ | $0.9^{2}8930$ | $0.9^{2}8893$ | $0.9^{2}8856$ | $0.9^{2}8817$ | $0.9^{2}8777$ | $0.9^{2}8736$ | $0.9^{2}8694$ | $0.9^{2}8650$ |
| 3.1 | $0.9^{3}2886$ | $0.9^{3}2636$ | $0.9^{3}2378$ | $0.9^{3}2112$ | $0.9^{3}1836$ | $0.9^{3}1553$ | $0.9^{3}1260$ | $0.9^{3}0957$ | $0.9^{3}0646$ | $0.9^{3}0324$ |
| 3.2 | $0.9^{3}4911$ | $0.9^{3}4810$ | $0.9^{3}4623$ | $0.9^{3}4429$ | $0.9^{3}4230$ | $0.9^{3}4024$ | $0.9^{3}3810$ | $0.9^{3}3590$ | $0.9^{3}3363$ | $0.9^{3}3129$ |
| 3.3 | $0.9^{3}6505$ | $0.9^{3}6376$ | $0.9^{3}6242$ | $0.9^{3}6103$ | $0.9^{3}5959$ | $0.9^{3}5811$ | $0.9^{3}5658$ | $0.9^{3}5499$ | $0.9^{3}5335$ | $0.9^{3}5166$ |
| 3.4 | $0.9^{3}7585$ | $0.9^{3}7493$ | $0.9^{3}7398$ | $0.9^{3}7299$ | $0.9^{3}7197$ | $0.9^{3}7091$ | $0.9^{3}6982$ | $0.9^{3}6869$ | $0.9^{3}6752$ | $0.9^{3}6633$ |
| 3.5 | $0.9^{3}8347$ | $0.9^{3}8282$ | $0.9^{3}8215$ | $0.9^{3}8146$ | $0.9^{3}8074$ | $0.9^{3}7999$ | $0.9^{3}7922$ | $0.9^{3}7842$ | $0.9^{3}7759$ | $0.9^{3}7674$ |
| 3.6 | $0.9^{3}8879$ | $0.9^{3}8834$ | $0.9^{3}8787$ | $0.9^{3}8739$ | $0.9^{3}8689$ | $0.9^{3}8637$ | $0.9^{3}8583$ | $0.9^{3}8527$ | $0.9^{3}8469$ | $0.9^{3}8409$ |
| 3.7 | $0.9^{4}2468$ | $0.9^{4}2159$ | $0.9^{4}1838$ | $0.9^{4}1504$ | $0.9^{4}1158$ | $0.9^{4}0799$ | $0.9^{4}0426$ | $0.9^{4}0039$ | $0.9^{3}8964$ | $0.9^{3}8922$ |
| 3.8 | $0.9^{4}4988$ | $0.9^{4}4777$ | $0.9^{4}4558$ | $0.9^{4}4331$ | $0.9^{4}4094$ | $0.9^{4}3848$ | $0.9^{4}3593$ | $0.9^{4}3327$ | $0.9^{4}3052$ | $0.9^{4}2765$ |
| 3.9 | $0.9^{4}6696$ | $0.9^{4}6554$ | $0.9^{4}6406$ | $0.9^{4}6253$ | $0.9^{4}6092$ | $0.9^{4}5926$ | $0.9^{4}5753$ | $0.9^{4}5573$ | $0.9^{4}5385$ | $0.9^{4}5190$ |
| 4.0 | $0.9^{4}7843$ | $0.9^{4}7748$ | $0.9^{4}7649$ | $0.9^{4}7546$ | $0.9^{4}7439$ | $0.9^{4}7327$ | $0.9^{4}7211$ | $0.9^{4}7090$ | $0.9^{4}6964$ | $0.9^{4}6833$ |
| 4.1 | $0.9^{4}8605$ | $0.9^{4}8542$ | $0.9^{4}8477$ | $0.9^{4}8409$ | $0.9^{4}8338$ | $0.9^{4}8263$ | $0.9^{4}8186$ | $0.9^{4}8106$ | $0.9^{4}8022$ | $0.9^{4}7934$ |
| 4.2 | $0.9^{5}1066$ | $0.9^{5}0655$ | $0.9^{5}0226$ | $0.9^{4}8978$ | $0.9^{4}8931$ | $0.9^{4}8882$ | $0.9^{4}8832$ | $0.9^{4}8778$ | $0.9^{4}8723$ | $0.9^{4}8665$ |
| 4.3 | $0.9^{5}4332$ | $0.9^{5}4066$ | $0.9^{5}3788$ | $0.9^{5}3497$ | $0.9^{5}3193$ | $0.9^{5}2882$ | $0.9^{5}2545$ | $0.9^{5}2199$ | $0.9^{5}1837$ | $0.9^{5}1460$ |
| 4.4 | $0.9^{5}6439$ | $0.9^{5}6268$ | $0.9^{5}6089$ | $0.9^{5}5902$ | $0.9^{5}5706$ | $0.9^{5}5502$ | $0.9^{5}5288$ | $0.9^{5}5065$ | $0.9^{5}4831$ | $0.9^{5}4587$ |
| 4.5 | $0.9^{5}7784$ | $0.9^{5}7675$ | $0.9^{5}7561$ | $0.9^{5}7442$ | $0.9^{5}7318$ | $0.9^{5}7187$ | $0.9^{5}7051$ | $0.9^{5}6908$ | $0.9^{5}6759$ | $0.9^{5}6602$ |
| 4.6 | $0.9^{5}8634$ | $0.9^{5}8566$ | $0.9^{5}8494$ | $0.9^{5}8419$ | $0.9^{5}8340$ | $0.9^{5}8258$ | $0.9^{5}8172$ | $0.9^{5}8081$ | $0.9^{5}7987$ | $0.9^{5}7888$ |
| 4.7 | $0.9^{6}1661$ | $0.9^{6}1235$ | $0.9^{6}0789$ | $0.9^{6}0320$ | $0.9^{5}8983$ | $0.9^{5}8931$ | $0.9^{5}8877$ | $0.9^{5}8821$ | $0.9^{5}8761$ | $0.9^{5}8699$ |
| 4.8 | $0.9^{6}4958$ | $0.9^{6}4696$ | $0.9^{6}4420$ | $0.9^{6}4131$ | $0.9^{6}3827$ | $0.9^{6}3508$ | $0.9^{6}3173$ | $0.9^{6}2822$ | $0.9^{6}2453$ | $0.9^{6}2067$ |
| 4.9 | $0.9^{6}6981$ | $0.9^{6}6821$ | $0.9^{6}6652$ | $0.9^{6}6475$ | $0.9^{6}6289$ | $0.9^{6}6094$ | $0.9^{6}5889$ | $0.9^{6}5673$ | $0.9^{6}5446$ | $0.9^{6}5208$ |

## 附表四 t 分布双侧临界值表

$$P(|t(n)|>t_a)=\alpha \qquad n:自由度$$

| $n$ \ $\alpha$ | 0.001 | 0.01 | 0.02 | 0.05 | 0.1 | 0.2 | 0.3 | 0.4 | 0.5 | 0.6 | 0.7 | 0.8 | 0.9 |
|---|---|---|---|---|---|---|---|---|---|---|---|---|---|
| 1 | 636.619 | 63.657 | 31.821 | 12.706 | 6.314 | 3.078 | 1.963 | 1.376 | 1.000 | 0.727 | 0.510 | 0.325 | 0.158 |
| 2 | 31.598 | 9.925 | 6.965 | 4.303 | 2.920 | 1.886 | 1.386 | 1.061 | 0.816 | 0.617 | 0.445 | 0.289 | 0.142 |
| 3 | 12.924 | 5.841 | 4.541 | 3.182 | 2.353 | 1.638 | 1.250 | 0.978 | 0.765 | 0.584 | 0.424 | 0.277 | 0.137 |
| 4 | 8.610 | 4.604 | 3.747 | 2.776 | 2.132 | 1.533 | 1.190 | 0.941 | 0.741 | 0.569 | 0.414 | 0.271 | 0.134 |
| 5 | 6.859 | 4.032 | 3.365 | 2.571 | 2.015 | 1.476 | 1.156 | 0.920 | 0.727 | 0.559 | 0.408 | 0.267 | 0.132 |
| 6 | 5.959 | 3.707 | 3.143 | 2.447 | 1.943 | 1.440 | 1.134 | 0.906 | 0.718 | 0.553 | 0.404 | 0.265 | 0.131 |
| 7 | 5.405 | 3.499 | 2.998 | 2.365 | 1.895 | 1.415 | 1.119 | 0.896 | 0.711 | 0.549 | 0.402 | 0.263 | 0.130 |
| 8 | 5.041 | 3.355 | 2.896 | 2.306 | 1.860 | 1.397 | 1.108 | 0.889 | 0.706 | 0.546 | 0.399 | 0.262 | 0.130 |
| 9 | 4.781 | 3.250 | 2.821 | 2.262 | 1.833 | 1.383 | 1.100 | 0.883 | 0.703 | 0.543 | 0.398 | 0.261 | 0.129 |
| 10 | 4.587 | 3.169 | 2.764 | 2.228 | 1.812 | 1.372 | 1.093 | 0.879 | 0.700 | 0.542 | 0.397 | 0.260 | 0.129 |
| 11 | 4.437 | 3.106 | 2.718 | 2.201 | 1.796 | 1.363 | 1.088 | 0.876 | 0.697 | 0.540 | 0.396 | 0.260 | 0.129 |
| 12 | 4.318 | 3.055 | 2.681 | 2.179 | 1.782 | 1.356 | 1.083 | 0.873 | 0.695 | 0.539 | 0.395 | 0.259 | 0.128 |
| 13 | 4.221 | 3.012 | 2.650 | 2.160 | 1.771 | 1.350 | 1.079 | 0.870 | 0.694 | 0.538 | 0.394 | 0.259 | 0.128 |
| 14 | 4.140 | 2.977 | 2.624 | 2.145 | 1.761 | 1.345 | 1.076 | 0.868 | 0.692 | 0.537 | 0.393 | 0.258 | 0.128 |
| 15 | 4.073 | 2.947 | 2.602 | 2.131 | 1.753 | 1.341 | 1.074 | 0.866 | 0.691 | 0.536 | 0.393 | 0.258 | 0.128 |
| 16 | 4.015 | 2.921 | 2.583 | 2.120 | 1.746 | 1.337 | 1.071 | 0.865 | 0.690 | 0.535 | 0.392 | 0.258 | 0.128 |
| 17 | 3.965 | 2.898 | 2.567 | 2.110 | 1.740 | 1.333 | 1.069 | 0.863 | 0.689 | 0.534 | 0.392 | 0.257 | 0.128 |
| 18 | 3.922 | 2.878 | 2.552 | 2.101 | 1.734 | 1.330 | 1.067 | 0.862 | 0.688 | 0.534 | 0.392 | 0.257 | 0.127 |
| 19 | 3.883 | 2.861 | 2.539 | 2.093 | 1.729 | 1.328 | 1.066 | 0.861 | 0.688 | 0.533 | 0.391 | 0.257 | 0.127 |
| 20 | 3.850 | 2.845 | 2.528 | 2.086 | 1.725 | 1.325 | 1.064 | 0.860 | 0.687 | 0.533 | 0.391 | 0.257 | 0.127 |

| df | | | | | | | | | | | | | |
|---|---|---|---|---|---|---|---|---|---|---|---|---|---|
| 21 | 3.819 | 2.831 | 2.518 | 2.080 | 1.721 | 1.323 | 1.063 | 0.859 | 0.686 | 0.532 | 0.391 | 0.257 | 0.127 |
| 22 | 3.792 | 2.819 | 2.508 | 2.074 | 1.717 | 1.321 | 1.061 | 0.858 | 0.686 | 0.532 | 0.390 | 0.256 | 0.127 |
| 23 | 3.767 | 2.807 | 2.500 | 2.069 | 1.714 | 1.319 | 1.060 | 0.858 | 0.685 | 0.532 | 0.390 | 0.256 | 0.127 |
| 24 | 3.745 | 2.797 | 2.492 | 2.064 | 1.711 | 1.318 | 1.059 | 0.857 | 0.685 | 0.531 | 0.390 | 0.256 | 0.127 |
| 25 | 3.725 | 2.787 | 2.485 | 2.060 | 1.708 | 1.316 | 1.058 | 0.856 | 0.684 | 0.531 | 0.390 | 0.256 | 0.127 |
| 26 | 3.707 | 2.779 | 2.479 | 2.056 | 1.706 | 1.315 | 1.058 | 0.856 | 0.684 | 0.531 | 0.390 | 0.256 | 0.127 |
| 27 | 3.690 | 2.771 | 2.473 | 2.052 | 1.703 | 1.314 | 1.057 | 0.855 | 0.684 | 0.531 | 0.389 | 0.256 | 0.127 |
| 28 | 3.674 | 2.763 | 2.467 | 2.048 | 1.701 | 1.313 | 1.056 | 0.855 | 0.683 | 0.530 | 0.389 | 0.256 | 0.127 |
| 29 | 3.659 | 2.756 | 2.462 | 2.045 | 1.699 | 1.311 | 1.055 | 0.854 | 0.683 | 0.530 | 0.389 | 0.256 | 0.127 |
| 30 | 3.646 | 2.750 | 2.457 | 2.042 | 1.697 | 1.310 | 1.055 | 0.854 | 0.683 | 0.530 | 0.389 | 0.256 | 0.127 |
| 40 | 3.551 | 2.704 | 2.432 | 2.021 | 1.684 | 1.303 | 1.050 | 0.851 | 0.681 | 0.529 | 0.388 | 0.255 | 0.126 |
| 60 | 3.460 | 2.660 | 2.390 | 2.000 | 1.671 | 1.296 | 1.046 | 0.848 | 0.679 | 0.527 | 0.387 | 0.254 | 0.126 |
| 120 | 3.373 | 2.617 | 2.358 | 1.980 | 1.658 | 1.289 | 1.041 | 0.845 | 0.677 | 0.526 | 0.386 | 0.254 | 0.126 |
| ∞ | 3.291 | 2.576 | 2.326 | 1.960 | 1.645 | 1.282 | 1.036 | 0.842 | 0.674 | 0.524 | 0.385 | 0.253 | 0.126 |

# 附表五  $\chi^2$ 分布的上侧临界值 $\chi^2_\alpha$ 表

$$P(\chi^2(n)\geq\chi^2_\alpha)=\alpha \qquad n:\text{自由度}$$

| $n$ \ $\alpha$ | 0.995 | 0.99 | 0.98 | 0.975 | 0.95 | 0.90 | 0.10 | 0.05 | 0.025 | 0.02 | 0.01 | 0.005 |
|---|---|---|---|---|---|---|---|---|---|---|---|---|
| 1 | $0.0^3393$ | $0.0^3157$ | $0.0^3628$ | $0.0^3982$ | $0.0^2393$ | 0.0158 | 2.71 | 3.84 | 5.02 | 5.41 | 6.63 | 7.88 |
| 2 | 0.0100 | 0.0201 | 0.0404 | 0.0506 | 0.103 | 0.211 | 4.61 | 5.99 | 7.38 | 7.82 | 9.21 | 10.6 |
| 3 | 0.0717 | 0.115 | 0.185 | 0.216 | 0.352 | 0.584 | 6.25 | 7.81 | 9.35 | 9.84 | 11.3 | 12.8 |
| 4 | 0.2070 | 0.297 | 0.429 | 0.484 | 0.711 | 1.06 | 7.78 | 9.49 | 11.1 | 11.7 | 12.3 | 14.9 |
| 5 | 0.4120 | 0.554 | 0.752 | 0.831 | 1.145 | 1.61 | 9.24 | 11.1 | 12.8 | 13.4 | 15.1 | 16.7 |
| 6 | 0.676 | 0.872 | 1.13 | 1.24 | 1.64 | 2.20 | 10.6 | 12.6 | 14.4 | 15.0 | 16.8 | 18.5 |
| 7 | 0.989 | 1.24 | 1.56 | 1.69 | 2.17 | 2.83 | 12.0 | 14.1 | 16.0 | 16.6 | 18.5 | 20.3 |
| 8 | 1.340 | 1.65 | 2.03 | 2.18 | 2.73 | 3.49 | 13.4 | 15.5 | 17.5 | 18.2 | 20.1 | 22.0 |
| 9 | 1.730 | 2.09 | 2.53 | 2.70 | 3.33 | 4.17 | 14.7 | 16.9 | 19.0 | 19.7 | 21.7 | 23.6 |
| 10 | 2.160 | 2.56 | 3.06 | 3.25 | 3.94 | 4.87 | 16.0 | 18.3 | 20.5 | 21.2 | 23.2 | 25.2 |
| 11 | 2.60 | 3.05 | 3.61 | 3.82 | 4.57 | 5.58 | 17.3 | 19.7 | 21.9 | 22.6 | 24.7 | 26.8 |
| 12 | 3.07 | 3.57 | 4.18 | 4.40 | 5.23 | 6.30 | 18.5 | 21.0 | 23.3 | 24.0 | 26.2 | 28.3 |
| 13 | 3.57 | 4.11 | 4.77 | 5.01 | 5.89 | 7.04 | 19.8 | 22.4 | 24.7 | 25.5 | 27.7 | 29.8 |
| 14 | 4.07 | 4.66 | 5.37 | 5.63 | 6.57 | 7.79 | 21.10 | 23.7 | 26.1 | 26.9 | 29.1 | 31.3 |
| 15 | 4.60 | 5.23 | 5.99 | 6.26 | 7.26 | 8.55 | 22.3 | 25.0 | 27.5 | 28.3 | 30.6 | 32.8 |
| 16 | 5.14 | 5.81 | 6.61 | 6.91 | 7.96 | 9.31 | 23.5 | 26.3 | 28.8 | 29.6 | 32.0 | 34.3 |
| 17 | 5.70 | 6.41 | 7.26 | 7.56 | 8.67 | 10.1 | 24.8 | 27.6 | 30.2 | 31.0 | 33.4 | 35.7 |
| 18 | 6.26 | 7.01 | 7.91 | 8.23 | 9.39 | 10.9 | 26.0 | 28.9 | 31.5 | 32.3 | 34.8 | 37.2 |
| 19 | 6.84 | 7.63 | 8.57 | 8.91 | 10.1 | 11.7 | 27.2 | 30.1 | 32.9 | 33.7 | 36.2 | 38.6 |
| 20 | 7.43 | 8.26 | 9.24 | 9.59 | 10.9 | 12.4 | 28.4 | 31.4 | 34.2 | 35.0 | 37.6 | 40.0 |

| | | | | | | | | | | | | |
|---|---|---|---|---|---|---|---|---|---|---|---|---|
| 21 | 8.03 | 8.90 | 9.92 | 10.3 | 11.6 | 13.2 | 29.6 | 32.7 | 35.5 | 36.3 | 38.9 | 41.4 |
| 22 | 8.64 | 9.54 | 10.6 | 11.0 | 12.3 | 14.0 | 20.8 | 33.9 | 36.8 | 37.7 | 40.3 | 42.8 |
| 23 | 9.26 | 10.2 | 11.3 | 11.7 | 13.1 | 14.8 | 32.0 | 35.2 | 38.1 | 39.0 | 41.6 | 44.2 |
| 24 | 9.89 | 10.9 | 12.0 | 12.4 | 13.8 | 15.7 | 33.2 | 36.4 | 39.4 | 40.3 | 43.0 | 45.6 |
| 25 | 10.5 | 11.5 | 12.7 | 13.1 | 14.6 | 16.5 | 34.4 | 37.7 | 40.6 | 41.6 | 44.3 | 46.9 |
| 26 | 11.2 | 12.2 | 13.4 | 13.8 | 15.4 | 17.3 | 35.6 | 38.9 | 41.9 | 42.9 | 45.6 | 48.3 |
| 27 | 11.8 | 12.9 | 14.1 | 14.6 | 16.2 | 18.1 | 36.7 | 40.1 | 43.2 | 44.1 | 47.0 | 49.6 |
| 28 | 12.5 | 13.6 | 14.8 | 15.3 | 16.9 | 18.9 | 37.9 | 41.3 | 44.5 | 45.4 | 48.3 | 51.0 |
| 29 | 13.1 | 14.3 | 15.6 | 16.0 | 17.7 | 19.8 | 39.1 | 42.6 | 45.7 | 46.7 | 49.6 | 52.3 |
| 30 | 13.8 | 15.0 | 16.3 | 16.8 | 18.5 | 20.6 | 40.3 | 43.8 | 47.0 | 48.0 | 50.9 | 53.7 |

$$P\{F(n_1,n_2)>F_a\}=\alpha$$

| $n_2$ \ $n_1$ | 1 | 2 | 3 | 4 | 5 | 6 | 7 | 8 | 9 |
|---|---|---|---|---|---|---|---|---|---|
| 1 | 161. 4 | 199. 5 | 215. 7 | 224. 6 | 230. 2 | 234. 0 | 236. 8 | 238. 9 | 240. 5 |
| 2 | 18. 51 | 19. 00 | 19. 16 | 19. 25 | 19. 30 | 19. 33 | 19. 35 | 19. 37 | 19. 38 |
| 3 | 10. 13 | 9. 55 | 9. 28 | 9. 12 | 9. 01 | 8. 94 | 8. 89 | 8. 85 | 8. 81 |
| 4 | 7. 71 | 6. 94 | 6. 59 | 6. 39 | 6. 26 | 6. 16 | 6. 09 | 6. 04 | 6. 00 |
| 5 | 6. 61 | 5. 79 | 5. 41 | 5. 19 | 5. 05 | 4. 95 | 4. 88 | 4. 82 | 4. 77 |
| 6 | 5. 99 | 5. 14 | 4. 76 | 4. 53 | 4. 39 | 4. 28 | 4. 21 | 4. 15 | 4. 10 |
| 7 | 5. 59 | 4. 74 | 4. 35 | 4. 12 | 3. 97 | 3. 87 | 3. 79 | 3. 73 | 3. 68 |
| 8 | 5. 32 | 4. 46 | 4. 07 | 3. 84 | 3. 69 | 3. 58 | 3. 50 | 3. 44 | 3. 39 |
| 9 | 5. 12 | 4. 26 | 3. 86 | 3. 63 | 3. 48 | 3. 37 | 3. 29 | 3. 23 | 3. 18 |
| 10 | 4. 96 | 4. 10 | 3. 71 | 3. 48 | 3. 33 | 3. 22 | 3. 14 | 3. 07 | 3. 02 |
| 11 | 4. 84 | 3. 98 | 3. 59 | 3. 36 | 3. 20 | 3. 07 | 3. 01 | 2. 95 | 2. 90 |
| 12 | 4. 75 | 3. 89 | 3. 49 | 3. 26 | 3. 11 | 3. 00 | 2. 91 | 2. 85 | 2. 80 |
| 13 | 4. 67 | 3. 81 | 3. 41 | 3. 18 | 3. 03 | 2. 52 | 2. 85 | 2. 77 | 2. 71 |
| 14 | 4. 60 | 3. 74 | 3. 34 | 3. 11 | 2. 96 | 2. 85 | 2. 76 | 2. 70 | 2. 65 |
| 15 | 4. 54 | 3. 68 | 3. 29 | 3. 06 | 2. 90 | 2. 79 | 2. 71 | 2. 64 | 2. 59 |
| 16 | 4. 49 | 3. 63 | 3. 24 | 3. 01 | 2. 85 | 2. 74 | 2. 66 | 2. 59 | 2. 54 |
| 17 | 4. 45 | 3. 59 | 3. 20 | 2. 96 | 2. 81 | 2. 70 | 2. 61 | 2. 55 | 2. 49 |
| 18 | 4. 41 | 3. 55 | 3. 16 | 2. 93 | 2. 77 | 2. 66 | 2. 58 | 2. 51 | 2. 46 |
| 19 | 4. 38 | 3. 52 | 3. 13 | 2. 90 | 2. 74 | 2. 63 | 2. 54 | 2. 48 | 2. 42 |
| 20 | 4. 35 | 3. 49 | 3. 10 | 2. 87 | 2. 71 | 2. 60 | 2. 51 | 2. 45 | 2. 39 |
| 21 | 4. 32 | 3. 47 | 3. 07 | 2. 84 | 2. 68 | 2. 57 | 2. 49 | 2. 42 | 2. 37 |
| 22 | 4. 30 | 3. 44 | 3. 05 | 2. 82 | 2. 66 | 2. 55 | 2. 46 | 2. 40 | 2. 34 |
| 23 | 4. 28 | 3. 42 | 3. 03 | 2. 80 | 2. 64 | 2. 53 | 2. 44 | 2. 37 | 2. 32 |
| 24 | 4. 26 | 3. 40 | 3. 01 | 2. 78 | 2. 62 | 2. 51 | 2. 42 | 2. 36 | 2. 30 |
| 25 | 4. 24 | 3. 39 | 2. 99 | 2. 76 | 2. 60 | 2. 49 | 2. 40 | 2. 34 | 2. 28 |
| 26 | 4. 23 | 3. 37 | 2. 98 | 2. 74 | 2. 59 | 2. 47 | 2. 39 | 2. 32 | 2. 27 |
| 27 | 4. 21 | 3. 35 | 2. 96 | 2. 73 | 2. 57 | 2. 46 | 2. 37 | 2. 31 | 2. 25 |
| 28 | 4. 20 | 3. 34 | 2. 95 | 2. 71 | 2. 56 | 2. 45 | 2. 36 | 2. 29 | 2. 24 |
| 29 | 4. 18 | 3. 33 | 2. 93 | 2. 70 | 2. 55 | 2. 43 | 2. 35 | 2. 28 | 2. 22 |
| 30 | 4. 17 | 3. 32 | 2. 92 | 2. 69 | 2. 53 | 2. 42 | 2. 33 | 2. 27 | 2. 21 |
| 40 | 4. 08 | 3. 23 | 2. 84 | 2. 61 | 2. 45 | 2. 34 | 2. 25 | 2. 18 | 2. 12 |
| 60 | 4. 00 | 3. 15 | 2. 76 | 2. 53 | 2. 37 | 2. 25 | 2. 17 | 2. 10 | 2. 04 |
| 120 | 3. 92 | 3. 07 | 2. 68 | 2. 45 | 2. 29 | 2. 17 | 2. 09 | 2. 02 | 1. 96 |
| ∞ | 3. 84 | 3. 00 | 2. 60 | 2. 37 | 2. 21 | 2. 10 | 2. 01 | 1. 94 | 1. 88 |

266

# 上侧临界值表

(α＝0.05)

| 10 | 12 | 15 | 20 | 24 | 30 | 40 | 60 | 120 | ∞ |
|---|---|---|---|---|---|---|---|---|---|
| 241.9 | 243.9 | 245.9 | 248.0 | 249.1 | 250.1 | 251.1 | 252.2 | 253.3 | 254.3 |
| 19.40 | 19.41 | 19.43 | 19.45 | 19.45 | 19.46 | 19.47 | 19.48 | 19.49 | 19.30 |
| 8.79 | 8.74 | 8.70 | 8.66 | 8.64 | 8.62 | 8.59 | 8.57 | 8.55 | 8.53 |
| 5.96 | 5.91 | 5.86 | 5.80 | 5.77 | 5.75 | 5.72 | 5.69 | 5.66 | 5.63 |
| 4.74 | 4.68 | 4.62 | 4.56 | 4.53 | 4.50 | 4.46 | 4.43 | 4.40 | 4.36 |
| 4.06 | 4.00 | 3.94 | 3.87 | 3.84 | 3.81 | 3.77 | 3.74 | 3.70 | 3.67 |
| 3.64 | 3.57 | 3.51 | 3.44 | 3.41 | 3.38 | 3.34 | 3.30 | 3.27 | 3.23 |
| 3.35 | 3.28 | 3.22 | 3.15 | 3.12 | 3.08 | 3.04 | 3.01 | 2.97 | 2.93 |
| 3.14 | 3.07 | 3.01 | 2.94 | 2.90 | 2.86 | 2.83 | 2.79 | 2.75 | 2.71 |
| 2.98 | 2.91 | 2.85 | 2.77 | 2.74 | 2.70 | 2.66 | 2.62 | 2.58 | 2.54 |
| 2.85 | 2.79 | 2.72 | 2.65 | 2.61 | 2.57 | 2.53 | 2.49 | 2.45 | 2.40 |
| 2.75 | 2.69 | 2.62 | 2.54 | 2.51 | 2.47 | 2.43 | 2.38 | 2.34 | 2.30 |
| 2.67 | 2.60 | 2.53 | 2.46 | 2.42 | 2.38 | 2.34 | 2.30 | 2.25 | 2.21 |
| 2.60 | 2.53 | 2.46 | 2.39 | 2.35 | 2.31 | 2.27 | 2.22 | 2.18 | 2.13 |
| 2.54 | 2.48 | 2.40 | 2.33 | 2.29 | 2.25 | 2.20 | 2.16 | 2.11 | 2.07 |
| 2.49 | 2.42 | 2.35 | 2.28 | 2.24 | 2.19 | 2.15 | 2.11 | 2.06 | 2.01 |
| 2.45 | 2.38 | 2.31 | 2.23 | 2.19 | 2.15 | 2.10 | 2.06 | 2.01 | 1.96 |
| 2.41 | 2.34 | 2.27 | 2.19 | 2.15 | 2.11 | 2.06 | 2.02 | 1.97 | 1.92 |
| 2.38 | 2.31 | 2.23 | 2.16 | 2.11 | 2.07 | 2.03 | 1.98 | 1.93 | 1.88 |
| 2.35 | 2.28 | 2.20 | 2.12 | 2.08 | 2.04 | 1.99 | 1.95 | 1.90 | 1.84 |
| 2.32 | 2.25 | 2.18 | 2.10 | 2.05 | 2.01 | 1.96 | 1.92 | 1.87 | 1.81 |
| 2.30 | 2.23 | 2.15 | 2.07 | 2.03 | 1.98 | 1.94 | 1.89 | 1.84 | 1.78 |
| 2.27 | 2.20 | 2.13 | 2.05 | 2.01 | 1.96 | 1.91 | 1.86 | 1.81 | 1.76 |
| 2.25 | 2.18 | 2.11 | 2.03 | 1.98 | 1.94 | 1.89 | 1.84 | 1.79 | 1.73 |
| 2.24 | 2.16 | 2.09 | 2.01 | 1.96 | 1.92 | 1.87 | 1.82 | 1.77 | 1.71 |
| 2.22 | 2.15 | 2.07 | 1.99 | 1.95 | 1.90 | 1.85 | 1.80 | 1.75 | 1.69 |
| 2.20 | 2.13 | 2.06 | 1.97 | 1.93 | 1.88 | 1.84 | 1.79 | 1.73 | 1.67 |
| 2.19 | 2.12 | 2.04 | 1.96 | 1.91 | 1.87 | 1.82 | 1.77 | 1.71 | 1.65 |
| 2.18 | 2.10 | 2.03 | 1.94 | 1.90 | 1.85 | 1.81 | 1.75 | 1.70 | 1.64 |
| 2.16 | 2.09 | 2.01 | 1.93 | 1.89 | 1.84 | 1.79 | 1.74 | 1.68 | 1.62 |
| 2.08 | 2.00 | 1.92 | 1.84 | 1.79 | 1.74 | 1.69 | 1.64 | 1.58 | 1.51 |
| 1.99 | 1.92 | 1.84 | 1.75 | 1.70 | 1.65 | 1.59 | 1.53 | 1.47 | 1.39 |
| 1.91 | 1.83 | 1.75 | 1.66 | 1.61 | 1.55 | 1.50 | 1.43 | 1.35 | 1.25 |
| 1.83 | 1.75 | 1.67 | 1.57 | 1.52 | 1.46 | 1.39 | 1.32 | 1.22 | 1.00 |

| $n_2$ \ $n_1$ | 1 | 2 | 3 | 4 | 5 | 6 | 7 | 8 | 9 | 10 |
|---|---|---|---|---|---|---|---|---|---|---|
| 1 | 647.8 | 799.5 | 864.2 | 899.6 | 921.8 | 937.1 | 948.2 | 956.7 | 963.3 | 968.6 |
| 2 | 38.51 | 39.60 | 39.17 | 39.25 | 39.30 | 39.33 | 39.36 | 39.37 | 39.39 | 39.40 |
| 3 | 17.44 | 16.04 | 15.44 | 15.10 | 14.88 | 14.73 | 14.62 | 14.54 | 14.47 | 14.42 |
| 4 | 12.22 | 10.65 | 9.98 | 9.60 | 9.36 | 9.20 | 9.07 | 8.98 | 8.98 | 8.84 |
| 5 | 10.01 | 8.43 | 7.76 | 7.39 | 7.15 | 6.98 | 6.85 | 6.76 | 6.68 | 6.62 |
| 6 | 8.31 | 7.26 | 6.60 | 6.23 | 5.99 | 5.82 | 5.70 | 5.60 | 5.52 | 5.46 |
| 7 | 8.07 | 6.54 | 5.89 | 5.52 | 5.29 | 5.12 | 4.99 | 4.90 | 4.82 | 4.76 |
| 8 | 7.57 | 6.06 | 5.42 | 5.05 | 4.82 | 4.65 | 4.53 | 4.43 | 4.36 | 4.30 |
| 9 | 7.21 | 5.71 | 5.08 | 4.72 | 4.48 | 4.32 | 4.20 | 4.10 | 4.03 | 3.96 |
| 10 | 6.94 | 5.46 | 4.83 | 4.47 | 4.24 | 4.07 | 3.95 | 3.85 | 3.78 | 3.72 |
| 11 | 6.72 | 5.26 | 4.63 | 4.28 | 4.04 | 4.88 | 3.76 | 3.66 | 3.59 | 3.53 |
| 12 | 6.55 | 5.10 | 4.47 | 4.12 | 3.89 | 3.73 | 3.61 | 3.51 | 3.44 | 3.37 |
| 13 | 6.41 | 4.97 | 4.35 | 4.00 | 3.77 | 3.60 | 3.48 | 3.39 | 3.31 | 3.25 |
| 14 | 6.30 | 4.86 | 4.24 | 3.89 | 3.66 | 3.50 | 3.38 | 3.29 | 3.21 | 3.15 |
| 15 | 6.20 | 4.77 | 4.15 | 3.80 | 3.58 | 3.41 | 3.29 | 3.20 | 3.12 | 3.06 |
| 16 | 6.12 | 4.69 | 4.08 | 3.73 | 3.50 | 3.34 | 3.22 | 3.12 | 3.05 | 2.99 |
| 17 | 6.04 | 4.62 | 4.01 | 3.66 | 3.44 | 3.28 | 3.16 | 3.06 | 2.98 | 2.92 |
| 18 | 5.98 | 4.56 | 3.95 | 3.61 | 3.38 | 3.22 | 3.10 | 3.01 | 2.93 | 2.87 |
| 19 | 5.92 | 4.51 | 3.90 | 3.56 | 3.33 | 3.17 | 3.05 | 2.96 | 2.88 | 2.82 |
| 20 | 5.87 | 4.46 | 3.86 | 3.51 | 3.29 | 3.13 | 3.01 | 2.91 | 2.84 | 2.77 |
| 21 | 5.83 | 4.42 | 3.82 | 3.48 | 3.25 | 3.09 | 2.97 | 2.87 | 2.80 | 2.73 |
| 22 | 5.79 | 4.38 | 3.78 | 3.44 | 3.22 | 3.05 | 2.93 | 2.84 | 2.76 | 2.70 |
| 23 | 5.75 | 4.35 | 3.75 | 3.41 | 3.18 | 3.02 | 2.90 | 2.81 | 2.73 | 2.67 |
| 24 | 5.72 | 4.32 | 3.72 | 3.38 | 3.15 | 2.99 | 2.87 | 2.78 | 2.70 | 2.64 |
| 25 | 5.69 | 4.29 | 3.69 | 3.35 | 3.13 | 2.97 | 2.85 | 2.75 | 2.68 | 2.61 |
| 26 | 5.66 | 4.27 | 3.67 | 3.33 | 3.10 | 2.94 | 2.82 | 2.73 | 2.65 | 2.59 |
| 27 | 5.63 | 4.24 | 3.65 | 3.31 | 3.08 | 2.92 | 2.80 | 2.71 | 2.63 | 2.57 |
| 28 | 5.61 | 4.22 | 3.63 | 3.29 | 3.06 | 2.90 | 2.78 | 2.69 | 2.61 | 2.55 |
| 29 | 5.59 | 4.20 | 3.61 | 3.27 | 3.04 | 2.88 | 2.76 | 2.67 | 2.59 | 2.53 |
| 30 | 5.57 | 4.18 | 3.59 | 3.25 | 3.03 | 2.87 | 2.75 | 2.65 | 2.57 | 2.51 |
| 40 | 5.42 | 4.05 | 3.46 | 3.13 | 2.90 | 2.74 | 2.62 | 2.53 | 2.45 | 2.39 |
| 60 | 5.29 | 3.93 | 3.34 | 3.01 | 2.79 | 2.63 | 2.51 | 2.41 | 2.33 | 2.27 |
| 120 | 5.15 | 3.80 | 3.23 | 2.89 | 2.67 | 2.52 | 2.39 | 2.30 | 2.22 | 2.16 |
| ∞ | 5.02 | 3.69 | 3.12 | 2.79 | 2.57 | 2.41 | 2.29 | 2.19 | 2.11 | 2.05 |

268

$(\alpha = 0.025)$

| $n_1$<br>$n_2$ | 12 | 15 | 20 | 24 | 30 | 40 | 60 | 120 | $\infty$ |
|---|---|---|---|---|---|---|---|---|---|
| 1 | 976.7 | 984.9 | 993.1 | 997.2 | 1001 | 1006 | 1010 | 1014 | 1018 |
| 2 | 39.41 | 39.43 | 39.45 | 39.46 | 39.46 | 39.47 | 39.48 | 39.49 | 39.50 |
| 3 | 14.34 | 14.25 | 14.17 | 14.12 | 14.08 | 14.04 | 13.99 | 13.95 | 13.90 |
| 4 | 8.75 | 8.66 | 8.56 | 8.51 | 8.46 | 8.41 | 8.36 | 8.31 | 8.26 |
| 5 | 6.52 | 6.43 | 6.33 | 6.28 | 6.23 | 6.18 | 6.12 | 6.07 | 6.02 |
| 6 | 5.37 | 5.27 | 5.17 | 5.12 | 5.07 | 5.01 | 4.96 | 4.90 | 4.85 |
| 7 | 4.67 | 4.57 | 4.47 | 4.42 | 4.36 | 4.31 | 4.25 | 4.20 | 4.14 |
| 8 | 4.20 | 4.10 | 4.00 | 3.95 | 3.89 | 3.84 | 3.78 | 3.73 | 3.67 |
| 9 | 3.87 | 3.77 | 3.67 | 3.61 | 3.56 | 3.51 | 3.45 | 3.39 | 3.33 |
| 10 | 3.62 | 3.52 | 3.42 | 3.37 | 3.31 | 3.26 | 3.20 | 3.14 | 3.08 |
| 11 | 3.43 | 3.33 | 3.23 | 3.17 | 3.12 | 3.06 | 3.00 | 2.94 | 2.88 |
| 12 | 3.28 | 3.18 | 3.07 | 3.02 | 2.96 | 2.91 | 2.85 | 2.79 | 2.72 |
| 13 | 3.15 | 3.05 | 2.95 | 2.89 | 2.84 | 2.78 | 2.72 | 2.66 | 2.60 |
| 14 | 3.05 | 2.95 | 2.84 | 2.79 | 2.73 | 2.67 | 2.61 | 2.55 | 2.49 |
| 15 | 2.96 | 2.86 | 2.76 | 2.70 | 2.64 | 2.59 | 2.52 | 2.46 | 2.40 |
| 16 | 2.89 | 2.79 | 2.68 | 2.63 | 2.57 | 2.51 | 2.45 | 2.38 | 2.32 |
| 17 | 2.82 | 2.72 | 2.62 | 2.56 | 2.50 | 2.44 | 2.38 | 2.32 | 2.25 |
| 18 | 2.77 | 2.67 | 2.56 | 2.50 | 2.44 | 2.38 | 2.32 | 2.26 | 2.19 |
| 19 | 2.72 | 2.62 | 2.51 | 2.45 | 2.39 | 2.33 | 2.27 | 2.20 | 2.13 |
| 20 | 2.68 | 2.57 | 2.46 | 2.41 | 2.35 | 2.29 | 2.22 | 2.16 | 2.09 |
| 21 | 2.64 | 2.53 | 2.42 | 2.37 | 2.31 | 2.25 | 2.18 | 2.11 | 2.04 |
| 22 | 2.60 | 2.50 | 2.39 | 2.33 | 2.27 | 2.21 | 2.14 | 2.08 | 2.00 |
| 23 | 2.57 | 2.47 | 2.36 | 2.30 | 2.24 | 2.18 | 2.11 | 2.04 | 1.97 |
| 24 | 2.54 | 2.44 | 2.33 | 2.27 | 2.21 | 2.15 | 2.08 | 2.01 | 1.94 |
| 25 | 2.51 | 2.41 | 2.30 | 2.24 | 2.18 | 2.12 | 2.05 | 1.98 | 1.91 |
| 26 | 2.49 | 2.39 | 2.28 | 2.22 | 2.16 | 2.09 | 2.03 | 1.95 | 1.88 |
| 27 | 2.47 | 2.36 | 2.25 | 2.19 | 2.13 | 2.07 | 2.00 | 1.93 | 1.85 |
| 28 | 2.45 | 2.34 | 2.23 | 2.17 | 2.11 | 2.05 | 1.98 | 1.91 | 1.83 |
| 29 | 2.43 | 2.32 | 2.21 | 2.15 | 2.09 | 2.03 | 1.96 | 1.89 | 1.81 |
| 30 | 2.41 | 2.31 | 2.20 | 2.14 | 2.07 | 2.01 | 1.94 | 1.87 | 1.79 |
| 40 | 2.29 | 2.18 | 2.07 | 2.01 | 1.94 | 1.88 | 1.80 | 1.72 | 1.64 |
| 60 | 2.17 | 2.06 | 1.94 | 1.88 | 1.82 | 1.74 | 1.67 | 1.58 | 1.48 |
| 120 | 2.05 | 1.94 | 1.82 | 1.76 | 1.69 | 1.61 | 1.53 | 1.43 | 1.31 |
| $\infty$ | 1.94 | 1.83 | 1.71 | 1.64 | 1.57 | 1.48 | 1.39 | 1.27 | 1.00 |

(续上页表)

| $n_1$ / $n_2$ | 1 | 2 | 3 | 4 | 5 | 6 | 7 | 8 | 9 | 10 |
|---|---|---|---|---|---|---|---|---|---|---|
| 1 | 4052 | 4999.5 | 5403 | 5625 | 5764 | 5859 | 5928 | 5982 | 6022 | 6056 |
| 2 | 98.50 | 99.00 | 99.17 | 99.25 | 99.30 | 99.33 | 99.36 | 99.37 | 99.39 | 99.40 |
| 3 | 34.12 | 30.82 | 29.46 | 28.71 | 28.24 | 27.91 | 27.67 | 27.49 | 27.35 | 27.23 |
| 4 | 21.20 | 18.00 | 16.69 | 15.98 | 15.52 | 15.21 | 14.98 | 14.80 | 14.66 | 14.55 |
| 5 | 16.26 | 13.27 | 12.06 | 11.39 | 10.97 | 10.67 | 10.46 | 10.29 | 10.16 | 10.05 |
| 6 | 13.75 | 10.92 | 9.78 | 9.15 | 8.75 | 8.47 | 8.26 | 8.10 | 7.98 | 7.87 |
| 7 | 12.25 | 9.55 | 8.45 | 7.85 | 7.46 | 7.19 | 6.99 | 6.84 | 6.72 | 6.62 |
| 8 | 11.26 | 8.65 | 7.59 | 7.01 | 6.63 | 6.37 | 6.18 | 6.03 | 5.91 | 5.81 |
| 9 | 10.56 | 8.02 | 6.99 | 6.42 | 6.06 | 5.80 | 5.61 | 5.47 | 5.35 | 5.26 |
| 10 | 10.04 | 7.56 | 6.55 | 5.99 | 5.64 | 5.39 | 5.20 | 5.06 | 4.94 | 4.85 |
| 11 | 9.65 | 7.21 | 6.22 | 5.67 | 5.32 | 5.07 | 4.89 | 4.74 | 4.63 | 4.54 |
| 12 | 9.33 | 6.93 | 5.95 | 5.41 | 5.06 | 4.82 | 4.64 | 4.50 | 4.39 | 4.30 |
| 13 | 9.07 | 6.70 | 5.74 | 5.21 | 4.86 | 4.62 | 4.44 | 4.30 | 4.19 | 4.10 |
| 14 | 8.86 | 6.51 | 5.56 | 5.04 | 4.69 | 4.46 | 4.28 | 4.14 | 4.03 | 3.94 |
| 15 | 8.68 | 6.36 | 5.42 | 4.89 | 4.56 | 4.32 | 4.14 | 4.00 | 3.89 | 3.80 |
| 16 | 8.53 | 6.23 | 5.29 | 4.77 | 4.44 | 4.20 | 4.03 | 3.89 | 3.78 | 3.69 |
| 17 | 8.40 | 6.11 | 5.18 | 4.67 | 4.34 | 4.10 | 3.93 | 3.79 | 3.68 | 3.59 |
| 18 | 8.29 | 6.01 | 5.09 | 4.58 | 4.25 | 4.01 | 3.84 | 3.71 | 3.60 | 3.51 |
| 19 | 8.18 | 5.93 | 5.01 | 4.50 | 4.17 | 3.94 | 3.77 | 3.63 | 3.52 | 3.43 |
| 20 | 8.10 | 5.85 | 4.94 | 4.43 | 4.10 | 3.87 | 3.70 | 3.56 | 3.46 | 3.37 |
| 21 | 8.02 | 5.78 | 4.87 | 4.37 | 4.04 | 3.81 | 3.64 | 3.51 | 3.40 | 3.31 |
| 22 | 7.95 | 5.72 | 4.82 | 4.31 | 3.99 | 3.76 | 3.59 | 3.45 | 3.35 | 3.26 |
| 23 | 7.88 | 5.66 | 4.76 | 4.26 | 3.94 | 3.71 | 3.54 | 3.41 | 3.30 | 3.21 |
| 24 | 7.82 | 5.61 | 4.72 | 4.22 | 3.90 | 3.67 | 3.50 | 3.36 | 3.26 | 3.17 |
| 25 | 7.77 | 5.57 | 4.68 | 4.18 | 3.85 | 3.63 | 3.46 | 3.32 | 3.22 | 3.13 |
| 26 | 7.72 | 5.53 | 4.64 | 4.14 | 3.82 | 3.59 | 3.42 | 3.29 | 3.18 | 3.09 |
| 27 | 7.68 | 5.49 | 4.60 | 4.11 | 3.78 | 3.56 | 3.39 | 3.26 | 3.15 | 3.06 |
| 28 | 7.64 | 5.45 | 4.57 | 4.07 | 3.75 | 3.53 | 3.36 | 3.23 | 3.12 | 3.03 |
| 29 | 7.60 | 5.42 | 4.54 | 4.04 | 3.73 | 3.50 | 3.33 | 3.20 | 3.09 | 3.00 |
| 30 | 7.56 | 5.39 | 4.51 | 4.02 | 3.70 | 3.47 | 3.30 | 3.17 | 3.07 | 2.98 |
| 40 | 7.31 | 5.18 | 4.31 | 3.83 | 3.51 | 3.29 | 3.12 | 2.99 | 2.89 | 2.80 |
| 60 | 7.08 | 4.98 | 4.13 | 3.65 | 3.34 | 3.12 | 2.95 | 2.82 | 2.72 | 2.63 |
| 120 | 6.85 | 4.79 | 3.95 | 3.48 | 3.17 | 2.96 | 2.79 | 2.66 | 2.56 | 2.47 |
| $\infty$ | 6.63 | 4.61 | 3.78 | 3.32 | 3.02 | 2.80 | 2.64 | 2.51 | 2.41 | 2.32 |

| $n_2$ \ $n_1$ | 12 | 15 | 20 | 24 | 30 | 40 | 60 | 120 | $\infty$ |
|---|---|---|---|---|---|---|---|---|---|
| 1 | 6106 | 6157 | 6209 | 6235 | 6261 | 6287 | 6313 | 6339 | 6366 |
| 2 | 99.42 | 99.43 | 99.45 | 99.46 | 99.47 | 99.47 | 99.48 | 99.49 | 99.50 |
| 3 | 27.05 | 26.87 | 26.69 | 26.60 | 26.50 | 26.41 | 26.32 | 26.22 | 26.13 |
| 4 | 14.37 | 14.20 | 14.02 | 13.93 | 13.84 | 13.75 | 13.65 | 13.56 | 13.46 |
| 5 | 9.89 | 9.72 | 9.55 | 9.47 | 9.38 | 9.29 | 9.20 | 9.11 | 9.02 |
| 6 | 7.72 | 7.56 | 7.40 | 7.31 | 7.23 | 7.14 | 7.06 | 6.97 | 6.88 |
| 7 | 6.47 | 6.31 | 6.16 | 6.07 | 5.99 | 5.91 | 5.82 | 5.74 | 5.65 |
| 8 | 5.67 | 5.52 | 5.36 | 5.28 | 5.20 | 5.12 | 5.03 | 4.95 | 4.86 |
| 9 | 5.11 | 4.96 | 4.81 | 4.73 | 4.65 | 4.57 | 4.48 | 4.40 | 4.31 |
| 10 | 4.71 | 4.56 | 4.41 | 4.33 | 4.25 | 4.17 | 4.08 | 4.00 | 3.91 |
| 11 | 4.40 | 4.25 | 4.10 | 4.02 | 3.94 | 3.86 | 3.78 | 3.69 | 3.60 |
| 12 | 4.16 | 4.01 | 3.86 | 3.78 | 3.70 | 3.62 | 3.54 | 3.45 | 3.36 |
| 13 | 3.96 | 3.82 | 3.66 | 3.59 | 3.51 | 3.43 | 3.34 | 3.25 | 3.17 |
| 14 | 3.80 | 3.66 | 3.51 | 3.43 | 3.35 | 3.27 | 3.18 | 3.09 | 3.00 |
| 15 | 3.67 | 3.52 | 3.37 | 3.29 | 3.21 | 3.13 | 3.05 | 2.96 | 2.87 |
| 16 | 3.55 | 3.41 | 3.26 | 3.18 | 3.10 | 3.02 | 2.93 | 2.84 | 2.75 |
| 17 | 3.46 | 3.31 | 3.16 | 3.08 | 3.00 | 2.92 | 2.83 | 2.75 | 2.65 |
| 18 | 3.37 | 3.23 | 3.08 | 3.00 | 2.92 | 2.84 | 2.75 | 2.66 | 2.57 |
| 19 | 3.30 | 3.15 | 3.00 | 2.92 | 2.84 | 2.76 | 2.67 | 2.58 | 2.49 |
| 20 | 3.23 | 3.09 | 2.94 | 2.86 | 2.78 | 2.69 | 2.61 | 2.52 | 2.42 |
| 21 | 3.17 | 3.03 | 2.88 | 2.80 | 2.72 | 2.64 | 2.55 | 2.46 | 2.36 |
| 22 | 3.12 | 2.98 | 2.83 | 2.75 | 2.67 | 2.58 | 2.50 | 2.40 | 2.31 |
| 23 | 3.07 | 2.93 | 2.78 | 2.70 | 2.62 | 2.54 | 2.45 | 2.35 | 2.26 |
| 24 | 3.03 | 2.89 | 2.74 | 2.66 | 2.58 | 2.49 | 2.40 | 2.31 | 2.21 |
| 25 | 2.99 | 2.85 | 2.70 | 2.62 | 2.54 | 2.45 | 2.36 | 2.27 | 2.17 |
| 26 | 2.96 | 2.81 | 2.66 | 2.58 | 2.50 | 2.42 | 2.33 | 2.23 | 2.13 |
| 27 | 2.93 | 2.78 | 2.63 | 2.55 | 2.47 | 2.38 | 2.29 | 2.20 | 2.10 |
| 28 | 2.90 | 2.75 | 2.60 | 2.52 | 2.44 | 2.35 | 2.26 | 2.17 | 2.06 |
| 29 | 2.87 | 2.73 | 2.57 | 2.49 | 2.41 | 2.33 | 2.23 | 2.14 | 2.03 |
| 30 | 2.84 | 2.70 | 2.55 | 2.47 | 2.39 | 2.30 | 2.21 | 2.11 | 2.01 |
| 40 | 2.66 | 2.52 | 2.37 | 2.29 | 2.20 | 2.11 | 2.02 | 1.92 | 1.80 |
| 60 | 2.50 | 2.35 | 2.20 | 2.12 | 2.03 | 1.94 | 1.84 | 1.73 | 1.60 |
| 120 | 2.34 | 2.19 | 2.03 | 1.95 | 1.86 | 1.76 | 1.66 | 1.53 | 1.38 |
| $\infty$ | 2.18 | 2.04 | 1.88 | 1.79 | 1.70 | 1.59 | 1.47 | 1.32 | 1.00 |

| $n_2$ \ $n_1$ | 1 | 2 | 3 | 4 | 5 | 6 | 7 | 8 | 9 | 10 |
|---|---|---|---|---|---|---|---|---|---|---|
| 1 | 16211 | 20000 | 21615 | 22300 | 23056 | 23437 | 23715 | 23925 | 24091 | 24224 |
| 2 | 198.5 | 199.0 | 199.2 | 199.2 | 199.3 | 199.3 | 199.4 | 199.4 | 199.4 | 199.4 |
| 3 | 55.55 | 49.80 | 47.47 | 46.19 | 45.39 | 44.84 | 44.43 | 44.13 | 43.88 | 43.69 |
| 4 | 31.33 | 26.28 | 24.26 | 23.15 | 22.46 | 21.97 | 21.62 | 21.35 | 21.14 | 20.97 |
| 5 | 22.78 | 18.31 | 16.53 | 15.56 | 14.94 | 14.51 | 14.20 | 13.96 | 13.77 | 13.62 |
| 6 | 18.63 | 14.54 | 12.92 | 12.03 | 11.46 | 11.07 | 10.79 | 10.57 | 10.39 | 10.25 |
| 7 | 16.24 | 12.40 | 10.88 | 10.05 | 9.52 | 9.16 | 8.89 | 8.68 | 8.51 | 8.38 |
| 8 | 14.69 | 11.04 | 9.60 | 8.81 | 8.30 | 7.95 | 7.69 | 7.50 | 7.34 | 7.21 |
| 9 | 13.61 | 10.11 | 8.72 | 7.96 | 7.47 | 7.13 | 6.88 | 6.69 | 6.54 | 6.42 |
| 10 | 12.83 | 9.43 | 8.08 | 7.34 | 6.87 | 6.54 | 6.30 | 6.12 | 5.97 | 5.85 |
| 11 | 12.23 | 8.91 | 7.60 | 6.88 | 6.42 | 6.10 | 5.86 | 5.68 | 5.54 | 5.42 |
| 12 | 11.75 | 8.51 | 7.23 | 6.52 | 6.07 | 5.76 | 5.52 | 5.35 | 5.20 | 5.09 |
| 13 | 11.37 | 8.19 | 6.93 | 6.23 | 5.79 | 5.48 | 5.25 | 5.08 | 4.94 | 4.82 |
| 14 | 11.06 | 7.92 | 6.68 | 6.00 | 5.56 | 5.26 | 5.03 | 4.86 | 4.72 | 4.60 |
| 15 | 11.80 | 7.70 | 6.48 | 5.80 | 5.37 | 5.07 | 4.85 | 4.67 | 4.54 | 4.42 |
| 16 | 10.58 | 7.51 | 6.30 | 5.64 | 5.21 | 4.91 | 4.69 | 4.52 | 4.38 | 4.27 |
| 17 | 10.38 | 7.35 | 6.16 | 5.50 | 5.07 | 4.78 | 4.56 | 4.39 | 4.25 | 4.14 |
| 18 | 10.22 | 7.21 | 6.03 | 5.37 | 4.96 | 4.66 | 4.44 | 4.28 | 4.14 | 4.03 |
| 19 | 10.07 | 7.09 | 5.92 | 5.27 | 4.85 | 4.56 | 4.34 | 4.18 | 4.04 | 3.93 |
| 20 | 9.94 | 6.99 | 5.82 | 5.17 | 4.76 | 4.47 | 4.26 | 4.09 | 3.96 | 3.85 |
| 21 | 9.83 | 6.89 | 5.73 | 5.09 | 4.68 | 4.39 | 4.18 | 4.01 | 3.88 | 3.77 |
| 22 | 9.73 | 6.81 | 5.65 | 5.02 | 4.61 | 4.32 | 4.11 | 3.94 | 3.81 | 3.70 |
| 23 | 9.63 | 6.73 | 5.58 | 4.95 | 4.54 | 4.26 | 4.05 | 3.88 | 3.75 | 3.64 |
| 24 | 9.55 | 6.66 | 5.52 | 4.89 | 4.49 | 4.20 | 3.99 | 3.83 | 3.69 | 3.59 |
| 25 | 9.48 | 6.60 | 5.46 | 4.84 | 4.43 | 4.15 | 3.94 | 3.78 | 3.64 | 3.54 |
| 26 | 9.41 | 6.54 | 5.41 | 4.79 | 4.38 | 4.10 | 3.89 | 3.73 | 3.60 | 3.49 |
| 27 | 9.34 | 6.49 | 5.36 | 4.74 | 4.34 | 4.06 | 3.85 | 3.69 | 3.56 | 3.45 |
| 28 | 9.28 | 6.44 | 5.32 | 4.70 | 4.30 | 4.02 | 3.81 | 3.65 | 3.52 | 3.41 |
| 29 | 9.23 | 6.40 | 5.28 | 4.66 | 4.26 | 3.98 | 3.77 | 3.61 | 3.48 | 3.38 |
| 30 | 9.18 | 6.35 | 5.24 | 4.62 | 4.23 | 3.95 | 3.74 | 3.58 | 3.45 | 3.34 |
| 40 | 8.83 | 6.07 | 4.98 | 4.37 | 3.99 | 3.71 | 3.51 | 3.35 | 3.22 | 3.12 |
| 60 | 8.49 | 5.79 | 4.73 | 4.14 | 3.76 | 3.49 | 3.29 | 3.13 | 3.01 | 2.90 |
| 120 | 8.18 | 5.54 | 4.50 | 3.92 | 3.55 | 3.28 | 3.09 | 2.93 | 2.81 | 2.71 |
| $\infty$ | 7.88 | 5.30 | 4.28 | 3.72 | 3.35 | 3.09 | 2.90 | 2.74 | 2.62 | 2.52 |

$(\alpha=0.005)$

| $n_2$ \ $n_1$ | 12 | 15 | 20 | 24 | 30 | 40 | 60 | 120 | $\infty$ |
|---|---|---|---|---|---|---|---|---|---|
| 1 | 24426 | 24630 | 24836 | 24940 | 25044 | 25148 | 25253 | 25359 | 25465 |
| 2 | 199.4 | 199.4 | 199.4 | 199.5 | 199.5 | 199.5 | 199.5 | 199.5 | 199.5 |
| 3 | 43.39 | 43.08 | 42.78 | 42.62 | 42.47 | 42.31 | 42.15 | 41.99 | 41.83 |
| 4 | 20.70 | 20.44 | 20.17 | 20.03 | 19.89 | 19.75 | 19.61 | 19.47 | 19.32 |
| 5 | 13.38 | 13.15 | 12.90 | 12.78 | 12.66 | 12.53 | 12.40 | 12.27 | 12.14 |
| 6 | 10.03 | 9.81 | 9.59 | 9.47 | 9.36 | 9.24 | 9.12 | 9.00 | 8.88 |
| 7 | 8.18 | 7.97 | 7.75 | 7.65 | 7.53 | 7.42 | 7.31 | 7.19 | 7.08 |
| 8 | 7.01 | 6.81 | 6.61 | 6.50 | 6.40 | 6.29 | 6.18 | 6.06 | 5.95 |
| 9 | 6.23 | 6.03 | 5.83 | 5.73 | 5.62 | 5.52 | 5.41 | 5.30 | 5.19 |
| 10 | 5.66 | 5.47 | 5.27 | 5.17 | 5.07 | 4.97 | 4.86 | 4.75 | 4.64 |
| 11 | 5.24 | 5.05 | 4.86 | 4.76 | 4.65 | 4.55 | 4.44 | 4.34 | 4.23 |
| 12 | 4.91 | 4.72 | 4.53 | 4.43 | 4.33 | 4.23 | 4.12 | 4.01 | 3.90 |
| 13 | 4.64 | 4.46 | 4.27 | 4.17 | 4.07 | 3.97 | 3.78 | 3.76 | 3.65 |
| 14 | 4.43 | 4.25 | 4.06 | 3.96 | 3.86 | 3.76 | 3.66 | 3.55 | 3.44 |
| 15 | 4.25 | 4.07 | 3.88 | 3.79 | 3.69 | 3.48 | 3.48 | 3.37 | 3.26 |
| 16 | 4.10 | 3.92 | 3.73 | 3.64 | 3.54 | 3.44 | 3.33 | 3.22 | 3.11 |
| 17 | 3.97 | 3.79 | 3.61 | 3.51 | 3.41 | 3.31 | 3.21 | 3.10 | 2.98 |
| 18 | 3.86 | 3.68 | 3.50 | 3.40 | 3.30 | 3.20 | 3.10 | 2.99 | 2.87 |
| 19 | 3.76 | 3.59 | 3.40 | 3.31 | 3.21 | 3.11 | 3.00 | 2.89 | 2.78 |
| 20 | 3.68 | 3.50 | 3.32 | 3.22 | 3.12 | 3.02 | 2.92 | 2.81 | 2.69 |
| 21 | 3.60 | 3.43 | 3.24 | 3.15 | 3.05 | 2.95 | 2.84 | 2.73 | 2.61 |
| 22 | 3.54 | 3.36 | 3.18 | 3.08 | 2.98 | 2.88 | 2.77 | 2.66 | 2.55 |
| 23 | 3.47 | 3.30 | 3.12 | 3.02 | 2.92 | 2.82 | 2.71 | 2.60 | 2.48 |
| 24 | 3.42 | 3.25 | 3.06 | 2.97 | 2.87 | 2.77 | 2.66 | 2.55 | 2.43 |
| 25 | 3.37 | 3.20 | 3.01 | 2.92 | 2.82 | 2.72 | 2.61 | 2.50 | 2.38 |
| 26 | 3.33 | 3.15 | 2.97 | 2.87 | 2.77 | 2.67 | 2.56 | 2.45 | 2.33 |
| 27 | 3.28 | 3.11 | 2.93 | 2.83 | 2.73 | 2.63 | 2.52 | 2.41 | 2.29 |
| 28 | 3.25 | 3.07 | 2.89 | 2.79 | 2.69 | 2.59 | 2.48 | 2.37 | 2.25 |
| 29 | 3.21 | 3.04 | 2.86 | 2.76 | 2.66 | 2.56 | 2.45 | 2.33 | 2.21 |
| 30 | 3.18 | 3.01 | 2.82 | 2.73 | 2.63 | 2.52 | 2.42 | 2.30 | 2.18 |
| 40 | 2.95 | 2.78 | 2.60 | 2.50 | 2.40 | 2.30 | 2.18 | 2.06 | 1.93 |
| 60 | 2.74 | 2.57 | 2.39 | 2.29 | 2.19 | 2.08 | 1.96 | 1.83 | 1.69 |
| 120 | 2.54 | 2.37 | 2.19 | 2.09 | 1.98 | 1.87 | 1.75 | 1.61 | 1.43 |
| $\infty$ | 2.36 | 2.19 | 2.00 | 1.90 | 1.79 | 1.67 | 1.53 | 1.36 | 1.00 |

# 附表七　检验相关系数的临界值表

$$P(|R|>r_\alpha)=\alpha$$

| $\alpha$ $n$ | 0.10 | 0.05 | 0.02 | 0.01 | 0.001 |
|---|---|---|---|---|---|
| 1 | 0.98769 | 0.99692 | 0.999507 | 0.999877 | 0.9999988 |
| 2 | 0.90000 | 0.95000 | 0.98000 | 0.99000 | 0.99900 |
| 3 | 0.8054 | 0.8783 | 0.93433 | 0.95873 | 0.99116 |
| 4 | 0.7293 | 0.8114 | 0.8822 | 0.91720 | 0.97406 |
| 5 | 0.6694 | 0.7545 | 0.8329 | 0.8745 | 0.95074 |
| 6 | 0.6215 | 0.7067 | 0.7887 | 0.8343 | 0.92493 |
| 7 | 0.5822 | 0.6664 | 0.7498 | 0.7977 | 0.8982 |
| 8 | 0.5494 | 0.6319 | 0.7155 | 0.7646 | 0.8721 |
| 9 | 0.5214 | 0.6021 | 0.6851 | 0.7348 | 0.8471 |
| 10 | 0.4933 | 0.5760 | 0.6581 | 0.7079 | 0.8233 |
| 11 | 0.4762 | 0.5529 | 0.6339 | 0.6835 | 0.8010 |
| 12 | 0.4575 | 0.5324 | 0.6120 | 0.6614 | 0.7800 |
| 13 | 0.4409 | 0.5139 | 0.5923 | 0.6411 | 0.7603 |
| 14 | 0.4259 | 0.4973 | 0.5742 | 0.6226 | 0.7420 |
| 15 | 0.4124 | 0.4821 | 0.5577 | 0.6055 | 0.7246 |
| 16 | 0.4000 | 0.4683 | 0.5425 | 0.5897 | 0.7084 |
| 17 | 0.3887 | 0.4555 | 0.5285 | 0.5751 | 0.6932 |
| 18 | 0.3783 | 0.4438 | 0.5155 | 0.5614 | 0.6787 |
| 19 | 0.3687 | 0.4329 | 0.5034 | 0.5487 | 0.6652 |
| 20 | 0.3598 | 0.4227 | 0.4921 | 0.5368 | 0.6524 |
| 25 | 0.3233 | 0.3809 | 0.4451 | 0.4869 | 0.5974 |
| 30 | 0.2960 | 0.3494 | 0.4093 | 0.4487 | 0.5541 |
| 35 | 0.2746 | 0.3246 | 0.3810 | 0.4182 | 0.5189 |
| 40 | 0.2573 | 0.3044 | 0.3578 | 0.3932 | 0.4896 |
| 45 | 0.2428 | 0.2875 | 0.3384 | 0.3721 | 0.4648 |
| 50 | 0.2306 | 0.2732 | 0.3218 | 0.3541 | 0.4433 |
| 60 | 0.2108 | 0.2500 | 0.2948 | 0.3248 | 0.4078 |
| 70 | 0.1954 | 0.2319 | 0.2737 | 0.3017 | 0.3799 |
| 80 | 0.1829 | 0.2172 | 0.2565 | 0.2830 | 0.3568 |
| 99 | 0.1726 | 0.2050 | 0.2422 | 0.2673 | 0.3375 |
| 100 | 0.1638 | 0.1946 | 0.2301 | 0.2540 | 0.3211 |

图书在版编目(CIP)数据

概率论与数理统计/袁荫棠编. 2版(修订本)
北京:中国人民大学出版社,1985.12(1998.1重印)
ISBN 978-7-300-00676-5

Ⅰ.概…
Ⅱ.袁…
Ⅲ.①概率论-高等学校-教材②数理统计-高等学校-教材
Ⅳ.021

中国版本图书馆 CIP 数据核字(98)第 01302 号

高等学校文科教材
经济应用数学基础(三)

**概率论与数理统计**

(修订本)

袁荫棠 编

Gaodeng Shuxue

| | | | | | |
|---|---|---|---|---|---|
| **出版发行** | 中国人民大学出版社 | | | | |
| **社 址** | 北京中关村大街 31 号 | | **邮政编码** | 100080 | |
| **电 话** | 010-62511242(总编室) | | 010-62511770(质管部) | | |
| | 010-82501766(邮购部) | | 010-62514148(门市部) | | |
| | 010-62515195(发行公司) | | 010-62515275(盗版举报) | | |
| **网 址** | http://www.crup.com.cn | | | | |
| **经 销** | 新华书店 | | | | |
| **印 刷** | 涿州市星河印刷有限公司 | | **版 次** | 1985 年 12 月第 1 版 | |
| **规 格** | 850×1168 毫米 1/32 | | | 1990 年 7 月第 2 版 | |
| **印 张** | 8.875 | | **印 次** | 2020 年 11 月第 65 次印刷 | |
| **字 数** | 217 000 | | **定 价** | 18.00 元 | |